GRAPH

COMPUTING AND RECOMMENDATION SYSTEM

图计算与推荐系统

刘宇 著

机械工业出版社
CHINA MACHINE PRESS

图书在版编目（CIP）数据

图计算与推荐系统 / 刘宇著 . —北京：机械工业出版社，2023.10

ISBN 978-7-111-73696-7

I. ①图… II. ①刘… III. ①图像数据处理 IV. ① TN911.73

中国国家版本馆 CIP 数据核字（2023）第 155463 号

机械工业出版社（北京市百万庄大街 22 号　邮政编码 100037）

策划编辑：杨福川　　责任编辑：杨福川　董惠芝

责任校对：韩佳欣　刘雅娜　陈立辉　　责任印制：李　昂

河北宝昌佳彩印刷有限公司印刷

2023 年 12 月第 1 版第 1 次印刷

186mm×240mm · 14.5 印张 · 249 千字

标准书号：ISBN 978-7-111-73696-7

定价：99.00 元

电话服务	网络服务
客服电话：010-88361066	机 工 官 网：www.cmpbook.com
010-88379833	机 工 官 博：weibo.com/cmp1952
010-68326294	金 书 网：www.golden-book.com
封底无防伪标均为盗版	机工教育服务网：www.cmpedu.com

推荐序一

十多年前，在数据挖掘的课堂上，我结识了刘宇。当时，他对这门课非常感兴趣，也非常用功。后来，他选择了自然语言处理方面的研究。在这十年间，他一直扎根于工业界，我很高兴看到他在专业领域的不断进步。尽管他已经离开了学校，但他在这个专业领域已经出版了 3 本专著，足见他平时的努力和勤奋。人生有很多重要的事情可做，然而他在创业的过程中，仍然能够关注一个领域的发展和方向，并将自己的心得体会整理成书，为后来者提供必要的帮助，这是非常不易的。我在教育领域工作多年，希望更多的学生能够关注技术领域的发展变化，热爱技术的革新，并能够将自己的所学、所看、所想整理成书去帮助更多的人。这是一件极有意义的事情，也是我们教学育人和科学研究的成功之处。

唐杰　清华大学计算机教授

推荐序二

我通过朋友网络认识了刘宇，就像他这本新书所涉及的方向一样，这是一件很有意思的事情。

我们主要研究图神经网络以及如何构建图神经网，并探索如何利用图神经网解决实际问题。尽管我们是通过关系网络加微信成为朋友的，但我是他的学长，因为大模型和百川智能的工作他找到了我，在短短几个月的时间里，我们对百川大模型进行了两三个版本的更新迭代，成为这个领域的先行者。作为一名创业老兵，我是他的前辈。令人开心的是，我的这位学弟也在创业的道路上前进着。我希望他的这本书能够给更多的人带来帮助，就像我做葡萄智学和百川智能的初衷一样。我们都有一种敢于为天下先的胸怀。

茹立云　百川智能 COO

推荐序三

在公司运营过程中，有一种重要的操作是对复杂关系图的识别和优化。公司运营需要运筹帷幄，步步为营。竞争环境千变万化，但底层逻辑相通。对于复杂事物的关系图研究，我们是否能利用图论或深度神经网络的技术来解决一些实际问题？以更理性的方法论来讨论组织、运营和供应链中所蕴含的各个复杂的图问题，这也是我们一直感兴趣的方向。很高兴有机会与我的学弟刘宇相识在北大，我们亦师亦友。从他的经历来看，他一直不断探索技术领域，从聊天机器人到推荐技术，最后到图神经网络。我很高兴看到他在技术领域的不断进步。当然，他也是一个执着的创业者，希望他能秉承创业者精神，将自己的事业不断发展壮大。同时，我也非常高兴他选择了我所喜欢的研究领域，希望他能在不同行业和领域都取得相应的成就。

翟昕　北京大学光华管理学院

前 言 *Preface*

为什么要写本书

2023 年各大会议的投稿统计显示，图神经网络仍然是一个热点方向。实际上，图在任何领域都是一种复杂的数据结构。正是由于复杂，才吸引了众多专家进行研究。推荐系统是颇具应用前景的人工智能方向之一，它与图神经网络的结合必将产生巨大价值。

2003 年，我开始接触知识图谱。知识图谱符合人类的学习和认知习惯，其出现大大提高了信息检索能力。人类能够处理复杂信号，从中学到有用的信息，是因为人的大脑已将这部分复杂信号处理成相互影响、有联系的信息，甚至提炼成有价值的知识。2012 年，我因项亮等编写的《推荐系统实践》一书开始接触检索系统并特别关注推荐系统，当时脑海中有很多奇怪的想法。首先，用户怎么才能得到最好的检索结果？其次，系统推荐的物品到底是不是用户真正想要的？最后，系统如果一直推送用户喜欢的物品，它到底是怎么做到的？我带着这些疑问进一步学习。后来，我在工作中将深度学习和信息检索联系起来，在实践中取得了不错的效果，于是就有了将深度学习、推荐系统以及知识图谱结合起来的想法，并申请了一些专利。

2023 年，ChatGPT 横空出世。ChatGPT 的出现让人们看到了人工智能的曙光，它的发展也让我们这些技术人员有了隐隐的担忧：它有可能改变信息检索的业态吗？但是，从另一个角度来看，人类进化了这么长时间，思考事物的底层逻辑仍然是不可取代的。

因此，当神经网络再次流行，当知识图谱概念盛行，当基于图数据的深度神经网络流行起来时，我有了将十几年的工作经验总结出来的想法，于是有了这本书。希望本书能让更多的技术人员在学习和前行的道路上不惶恐、不焦虑。

读者对象

本书是一本介绍图计算、建模以及基于图的推荐原理与实践的书籍，适合以下人群阅读。

- 推荐系统研发中高级工程师
- 自然语言处理中高级工程师
- 图神经网络中高级工程师
- 深度学习中高级工程师
- 人工智能中高级工程师

如何阅读本书

本书分为两篇。

第一篇：图数据与图模型（第 1~3 章）

第 1 章主要介绍图数据的基础知识，帮助读者理解数据结构中图的概念以及图数据结构的表示。

第 2 章主要介绍图神经网络基础知识。

第 3 章主要介绍知识图谱的基础知识。

第二篇：推荐系统（第 4~9 章）

第 4 章主要介绍推荐系统的架构。推荐系统是一种信息过滤技术，旨在为用户提供个性化的推荐内容，帮助用户发现感兴趣的物品或资源。推荐系统的核心目标是根据用户的偏好和行为，预测和推荐用户可能感兴趣的物品。

第 5 章和第 6 章主要介绍基于 GNN 的推荐系统的构建基础知识，以及利用图数据进行推荐的算法。

第 7 章对知识图谱在推荐系统中的应用展开讲解。

第 8 章和第 9 章介绍推荐系统的热点问题和研究方向以及实践案例。研究人员致力于开发可解释的推荐模型，以提高用户对推荐结果的信任度和满意度。

勘误和支持

由于作者水平有限，书中难免会有一些错误或者不准确的地方，恳请读者批评指正。

如果你有更多的宝贵意见，也欢迎发送邮件至邮箱 841412988@qq.com，期待得到你的真挚反馈。

致谢

感谢董文兴博士、邓宇博士认真细致地审稿并提供宝贵的意见。

感谢我的妻子和两个可爱的女儿，她们时时刻刻给予我信心和力量！

谨以此书献给我最亲爱的家人，以及众多热爱人工智能和机器学习的朋友们！

Contents 目录

第二篇 推荐系统

第一篇　图数据与图模型

- 第 1 章　图数据基础
- 第 2 章　图神经网络基础
- 第 3 章　知识图谱基础

Chapter 1 第1章

图数据基础

本章将简要介绍关于图数据的基础知识，已经对本章涉及的基础知识有了解的读者，可以将本章作为复习模块，也可以直接跳过本章阅读后面的内容。

1.1 数学基础

矩阵： 矩阵是一个二维数组，其中的每一个元素由两个索引确定。可以用 $\boldsymbol{A}$ 表示矩阵。

矩阵的秩： 设在矩阵 $\boldsymbol{A}$ 中有一个不等于 0 的 r 阶子式 $\boldsymbol{D}$，且所有 r+1 阶子式（如果存在的话）全等于 0，那么，$\boldsymbol{D}$ 称为矩阵 $\boldsymbol{A}$ 的最高阶非零子式，r 称为矩阵 $\boldsymbol{A}$ 的秩，记作 $R(\boldsymbol{A})=r$。

矩阵的乘法： 设矩阵 $\boldsymbol{A}$ 为 $m\times s$ 阶矩阵，$\boldsymbol{B}$ 为 $s\times n$ 阶矩阵，那么 $\boldsymbol{C}=\boldsymbol{A}\times\boldsymbol{B}$ 是 $m\times n$ 阶矩阵，其中

$$c_{ij}=\sum_{k=1}^{s}a_{ik}b_{kj}$$

两个相同维数的向量 $\boldsymbol{x}$ 和 $\boldsymbol{y}$ 的点积可看作矩阵乘积 $\boldsymbol{x}^{\mathrm{T}}\boldsymbol{y}$。矩阵乘积 $\boldsymbol{C}=\boldsymbol{A}\times\boldsymbol{B}$ 中 c_{ij} 的计算步骤可以看作 $\boldsymbol{A}$ 的第 i 行和 $\boldsymbol{B}$ 的第 j 列之间的点积。

单位矩阵和逆矩阵： 任意向量和单位矩阵相乘，都不会改变。我们将保持 n 维向量

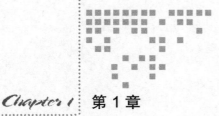

不变的单位矩阵记作 $\boldsymbol{I}_n$。形式上，单位矩阵的结构是所有沿主对角线的元素都是 1，其他位置的元素都是 0。逆矩阵满足 $\boldsymbol{A}^{-1}\boldsymbol{A}=\boldsymbol{I}$。

矩阵特征向量和特征值：矩阵 $\boldsymbol{A}$ 的特征向量是指与 $\boldsymbol{A}$ 相乘后相当于对该向量进行缩放的非零向量 $\boldsymbol{x}$：

$$\boldsymbol{Ax}=\lambda\boldsymbol{x}$$

标量 λ 被称为这个特征向量对应的特征值。类似地，我们也可以定义左特征向量 $\boldsymbol{x}^{\mathrm{T}}\boldsymbol{A}=\lambda\boldsymbol{x}^{\mathrm{T}}$，但是通常我们更关注右特征向量。

奇异值分解：除了前述由特征向量和特征值组成的特征分解外，奇异值分解（Singular Value Decomposition，SVD）也是使用较为广泛的矩阵分解方法。它是将矩阵分解为奇异向量和奇异值，通过奇异值分解可以得到与特征分解类似的信息。与特征分解不同的是，针对非方阵矩阵，奇异值分解也能进行，因此奇异值分解应用更加广泛。

奇异值分解将矩阵 $\boldsymbol{A}$ 分解为 3 个小矩阵的乘积：

$$\boldsymbol{A}=\boldsymbol{UDV}^{\mathrm{T}}$$

$\boldsymbol{A}$ 为 $m\times n$ 阶矩阵，$\boldsymbol{U}$ 为 $m\times m$ 阶矩阵，$\boldsymbol{D}$ 为 $m\times n$ 阶矩阵，$\boldsymbol{V}$ 为 $n\times n$ 阶矩阵。矩阵 $\boldsymbol{U}$ 和 $\boldsymbol{V}$ 为正交矩阵（如果 $\boldsymbol{AA}^{\mathrm{T}}=\boldsymbol{E}$，则 n 阶实矩阵 $\boldsymbol{A}$ 称为正交矩阵），矩阵 $\boldsymbol{U}$ 的列向量称为左奇异向量，矩阵 $\boldsymbol{V}$ 的列向量称为右奇异向量。$\boldsymbol{D}$ 为对角矩阵（主对角线之外的元素皆为 0 的矩阵，常写为 diag），对角矩阵上的元素称为矩阵 $\boldsymbol{A}$ 的奇异值。

期望：对于离散型期望，假设$P\{X=x_i\}=p_i$，$E(X)=\sum\limits_i x_i p_i$；对于连续型期望，假设$X\sim f(x)$，$E(X)=\int_{-\infty}^{+\infty}xf(x)\mathrm{d}x$。期望代表概率加权下随机变量的平均值。平均值的计算为$\bar{X}=\frac{1}{n}\sum\limits_{i=1}^{n}x_i$，如求 1~10 个数字的均值，计算过程为$\bar{A}=\frac{1+2+\cdots+9+10}{10}=5.5$。期望除了表示均值外，还可表示随机变量的概率。

例如掷骰子，骰子有 6 个面，分别是（1，2，3，4，5，6），如果掷 10000 次骰子，假设骰子被掷到某个面的概率是均匀的，那么按照上面的计算方法投掷 10000 次后的均值约为 3.5。如果所掷骰子的概率不服从均匀分布，均值计算同上面期望的计算。

方差：$D(X)=E[X-E(X)]^2=E(X^2)-[E(X)]^2$。

标准差：$\sqrt{D(X)}=\sqrt{E[X-E(X)]^2}$。

协方差：$\mathrm{Cov}(X,Y)=E(XY)-E(X)E(Y)$。协方差是两个随机变量具有相同方向变化趋势的度量。若$\mathrm{Cov}(X,Y)>0$，它们的变化趋势相同；若$\mathrm{Cov}(X,Y)<0$，它们的变化趋势相反；若$\mathrm{Cov}(X,Y)=0$，X与Y不相关。

概率分布：描述一个或多个随机变量在每一个状态的概率。下面介绍几种机器学习中常用的分布。

正态分布：随机变量X服从均值为μ、方差为σ^2的分布，则称为正态分布，又叫作高斯分布，记为

$$N(x\mid\mu,\sigma^2)=\frac{1}{\sigma\sqrt{2\pi}}\exp\left[-\frac{(x-\mu)^2}{2\sigma^2}\right]$$

其中，μ和σ^2分别为x的均值（期望）和方差。

伯努利分布：对于一个值可能为0或1的随机变量X，其值为1的概率记为$P(X=1)=p$，那么伯努利分布为

$$P(X=x)=p^x(1-p)^{(1-x)}，\ x\in\{0,1\}$$

显然，$E(X)=p$且$\mathrm{Var}(X)=p(1-p)$。

二项分布：假设一个可重复实验只有A或者$\overline{\mathrm{A}}$两种结果发生，如果实验重复n次，出现k次A结果的概率为：

$$P(X=k)=\mathrm{C}_n^k p^k(1-p)^{(n-k)}；\ \mathrm{C}_n^k=n!/(k!\times(n-k)!)$$

拉普拉斯分布：$P(x|\mu,b)=\dfrac{1}{2b}\exp\left(\dfrac{-|x-\mu|}{b}\right)$，其中$\mu$是位置参数，$b$是尺度参数。$E(X)=\mu$且$\mathrm{Var}(X)=2b^2$。

1.2 图的基本知识

图是我们日常生活中一种常见的数据结构，也是一种可以表示复杂关系的数据结构。图在计算机科学中一直是研究的热点和难点。因为万物互联都可以抽象成图模型，所以可以将图及图的拓扑结构的研究结果拓展到新的领域。

1.2.1 什么是图

在离散数学和计算机科学领域，图被抽象为由多个点及连接这些点的线所构成的对

象，如图 1-1 所示。图中有多个点，这些点被称为顶点或者节点。顶点之间由线连接，这些线被称为边。

图关系可以应用于许多领域，如社会学、语言学、化学、物理学、植物学等，因为它可以描述实体之间的关系。在社会学中，图可以表示个体之间的关系。在语言学中，图可以用于分析句子的结构和语法。在化学中，图可以表示以原子为顶点、以化学键为边的化合物。图结构还可以应用于知识图谱领域，让科学家在自然语言处理、图像处理以及其他人工智能领域拥有更强大的工具。例如，文本段落中的实体可以构建成网络来用于问答系统中，文本之间的相似度可以构建成图来实现文本分类。科学家还使用机器学习分析、研究图结构，这个领域的研究成果受到越来越多的关注。例如，我们可以使用图结构进行节点分类、链接预测和聚类分析，最具代表性的实例是推荐系统。对于推荐系统，一般是构建在用户和产品图上，根据用户的购买习惯给用户推荐感兴趣的产品，我们可以把它看作一个异构图上的链路预测问题。此外，图结构也可以用于生物医疗领域，例如预测蛋白质的作用界面等。

1.2.2 图中基本元素及定义

如图 1-1 所示，图中所有的边都是没有方向的，所以它被称为无向图。反之，如果图中所有的边都是有方向的，那么它被称为有向图，如图 1-2 所示。

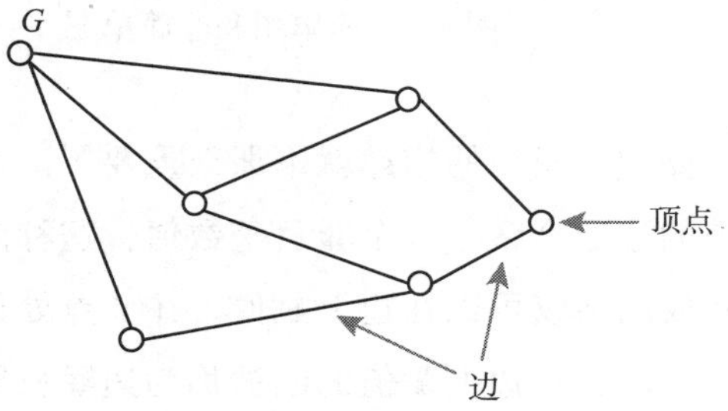

图 1-1　无向图

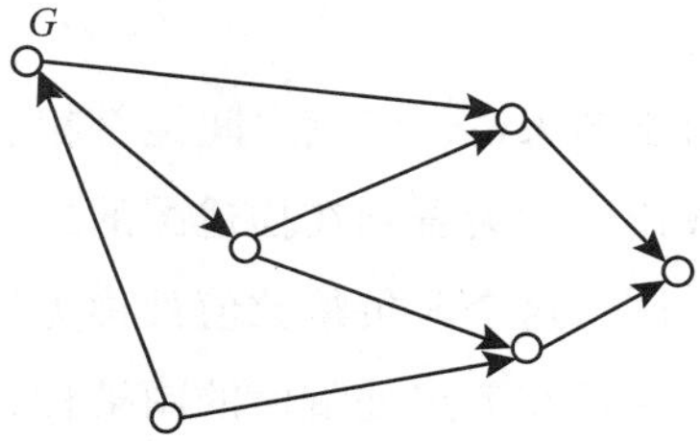

图 1-2　有向图

例如：可以把网页链接路径抽象成有向图，如果一个网页指向另一个网页，则这两个网页之间可以用一条具有指向的边进行连接。有向图在应用过程中不仅和顶点、边有关，还和连接的方向有关。

我们可以对图进行精准的数学定义。一个图可以表示为$G=\{V,E\}$，其中$V=\{v_1,\cdots,v_N\}$是 N 个节点的集合，$E=\{e_1,\cdots,e_M\}$是 M 个边的集合。如果连接一条边的两个节点并没有顺序之分，即$e_i=\left(v_{e_i}^1,v_{e_i}^2\right)=\left(v_{e_i}^2,v_{e_i}^1\right)$，则这种图结构被称作无向图。而在有向图中，该等式可能是不成立的，即$e_i=\left(v_{e_i}^1,v_{e_i}^2\right)\neq\left(v_{e_i}^2,v_{e_i}^1\right)$。

度指在图$G=\{V,E\}$中，节点$v_i\in V$的度定义为图G中与节点v_i相关联的边的数目，公式为

$$d\left(v_i\right)=\sum_{v_j\in V}L_{\varepsilon}\left(\left\{v_i,v_j\right\}\right) \tag{1.1}$$

式中，$L_{\varepsilon}(\cdot)$被定义为指示函数㊀，且

$$L_{\varepsilon}\left(\left\{v_i,v_j\right\}\right)=\begin{cases}1 & \left\{v_i,v_j\right\}\in\varepsilon \\ 0 & \left\{v_i,v_j\right\}\notin\varepsilon\end{cases} \tag{1.2}$$

平行边指连接同一对节点的多条边。自环边指从同一个节点连接到自己的边。没有平行边也没有自环边的图称为简单图；否则，称为非简单图。如图 1-3 所示。图中的各个节点不一定都连在一起成为一个整体，那些和图中的节点都不相连的节点称为孤立节点。没有连成一个整体的图叫作非连通图。保持最大连通性的部分称为连通分支。

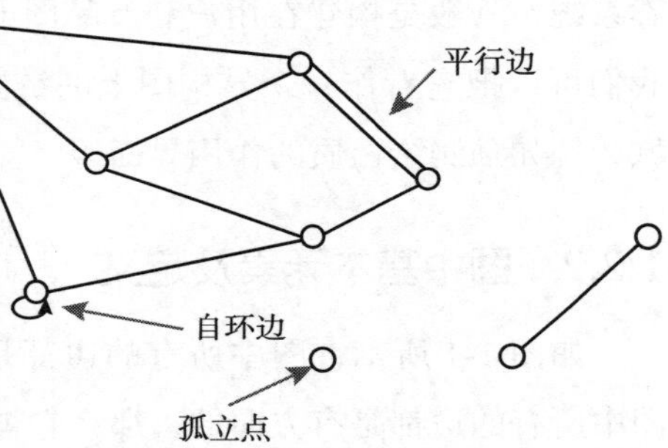

图 1-3 简单图和非简单图

对于图来说，节点之间是否相连是最重要的，而图的描述就不那么重要了。在生活中，我们经常会看到在描述图的过程中，图的边上会带上一个非负整数值，这种图被称为赋权图，这个非负整数值被称为权值。赋权图不仅可以在边上赋值，在节点处也可以赋值，这种在节点处赋值的图被称为顶点赋权图，在边上赋值的图被称为边赋权图，如图 1-4 所示。在一张表示两个城市路径连接的图中，我们可以有多种选择来找到最短路径。因此，在表示所有路径的图上，我们可以通过边上的权值大小来规划一条合适的路径，找到最优解。

㊀ 英文是 Indicator Function，在集合论中，指示函数是指定义在某集合 X 上的函数，表示其中有哪些元素属于某一子集 A。

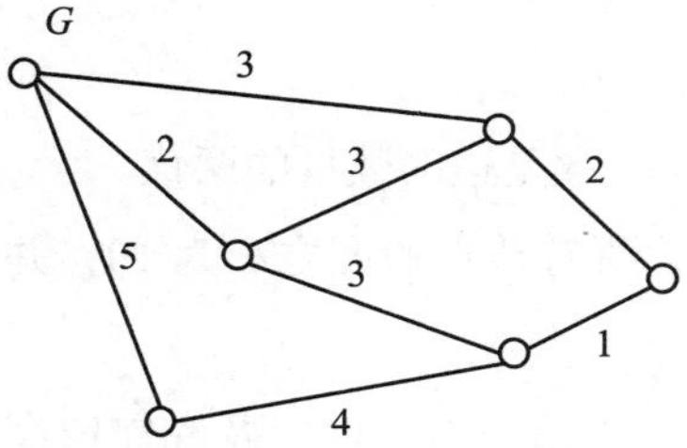

a）边赋权图

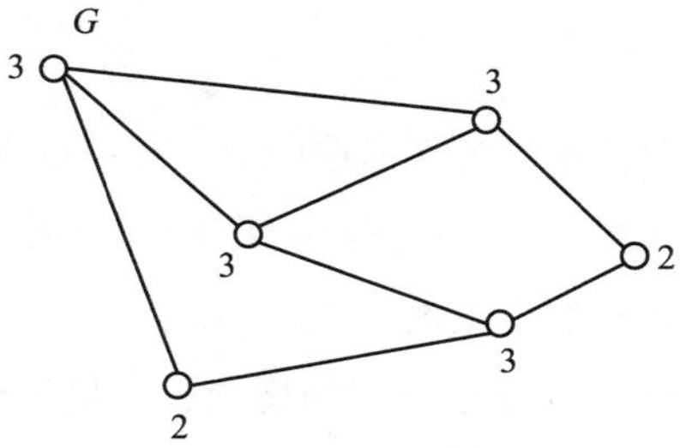

b）节点赋权图

图 1-4　边赋权图和节点赋权图

前文总结了图的数学表示方法，下面介绍计算机科学中是如何表示图数据结构的。在计算机科学中，我们可以用邻接矩阵来表示图。

邻接矩阵：给定一个图$G=\{V,E\}$，其邻接矩阵表示为$\boldsymbol{A}\in\{0,1\}^{N\times N}$，邻接矩阵$\boldsymbol{A}$的行列元素可以表示为$A_{ij}$，它表示$v_i$和$v_j$的连接关系，即如果$v_i$和$v_j$相邻，则$A_{ij}=1$，否则$A_{ij}=0$，即

$$A_{ij}=\begin{cases}1 & \{v_i,v_j\}\in E\text{ 且 }i\neq j\\0 & \text{其他情况}\end{cases}\qquad(1.3)$$

在无向图中，若v_i和v_j相邻，$A_{ij}=A_{ji}$。很显然，无向图的邻接矩阵是一个对称矩阵。

在图 1-5 中，节点的集合可以表示为$V=\{v_1,v_2,v_3,v_4\}$，边的集合可以表示为$E=\{e_1,e_2,e_3,e_4,e_5\}$，那么图$G=\{V,E\}$的邻接矩阵可以表示为

$$\boldsymbol{A}=\begin{bmatrix}0&1&0&1\\1&0&1&1\\0&1&0&1\\1&1&1&0\end{bmatrix}$$

如图 1-5 所示，与节点v_4相邻的节点有 3 个（v_1,v_2,v_3），所以它的度为 3。此外，该图的邻接矩阵中第 4 行有 3 个非零元素，这同样意味着v_4的度为 3。

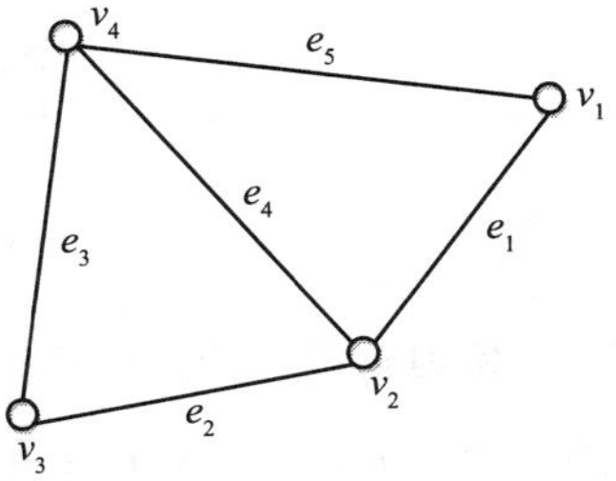

图 1-5　邻接矩阵

邻域：在图$G=\{V,E\}$中，节点v_i的邻域$N(v_i)$是所有和它相邻的节点的集合。对于节点v_i，邻域$N(v_i)$中的元素个数等于v_i的度，即$d(v_i)=|N(v_i)|$。一个图$G=\{V,E\}$中所有节点的度之和是图中边的数量的两倍：

$$\sum_{v_i \in V} d\left(v_i\right) = 2 \cdot |\varepsilon| \quad (1.4)$$

这里有一个推论，即无向图的邻接矩阵的非零元素个数是边的数量的两倍。

如图 1-5 所示，在图$G=\{V,E\}$中共有 5 条边，所有节点的度之和为 10，并且邻接矩阵的非零元素的个数也是 10。

前文已经讲过连通图的概念，这里继续讲解关于图中连通度以及和连通度有关的一些基本概念。连通度是图的一个比较重要的性质。在图 1-3 中，并不是所有的节点都连通。在图$G=\{V,E\}$中，途径是指节点和边的交替序列，从一个节点开始至另一个节点结束，其中每条边和紧邻的节点相关联。

从节点 u 开始到节点 v 结束的途径可以表示为 u–v。途径长度是途径中边的数量。

边互不相同的途径称为迹。节点各不相同的途径称为路，也称为路径。

如图 1-5 所示，在图$G=\{V,E\}$中，（$v_1,e_5,v_4,e_3,v_3,e_2,v_2$）是一条长度为 3 的$v_1-v_2$途径，它是一条迹也是一条路。

在图$G=\{V,E\}$的邻接矩阵 $\boldsymbol{A}$ 中，我们可以用 $\boldsymbol{A}^n$ 表示该邻接矩阵的 n 次幂。那么 $\boldsymbol{A}^n$ 的第 i 行第 j 列的元素等于长度为 n 的 v_i-v_j 途径的个数。

子图是图的一部分。假设图$G=\{V,E\}$的子图为$G'=\{V',E'\}$，如果$V'\subseteq V$ 并且$E'\subseteq E$，则称G'为 G 的子图。如果在子图中任意一对节点之间至少存在一条路，且V'中的节点不与任何 V/V'中的节点相连，那么G'就是一个连通分量或者连通域。如果一个图只有一个连通分量，那么 G 是连通图。从图 1-6 中可以得到，图上有两个连通分量。

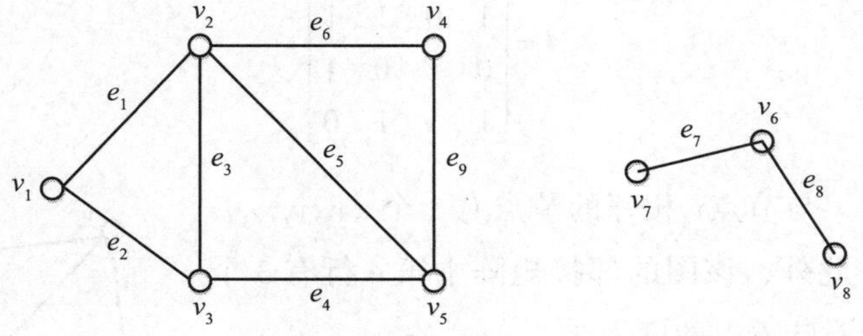

图 1-6 连通分量示意图

最短路径：给定图$G=\{V,E\}$中的一对节点V_s、V_t，且P_{st}表示节点V_s到节点V_t的所有路的集合。那么，节点V_s与节点V_t间的最短路径定义为

$$P_{st}^{sp} = \operatorname{argmin}|p| \quad (1.5)$$

式中，p 表示 P_{st} 中一条长度为 $|p|$ 的路，P_{st}^{sp} 表示最短路径。任意给定的节点对之间可能有多条最短路径。

在实际应用中，图的应用要复杂得多。所以根据实际情况，下面介绍几个和复杂图相关的基本概念。

对于图 $G=\{V,E\}$，如果 $\bar{E}=\{(u,v)|u\in V,v\in V,(u,v)\notin E\}$，$\bar{G}=(V,\bar{E})$ 称为 G 的补图。简单地说，G 和 $\bar{G}$ 有相同的节点集合，G 和 $\bar{G}$ 边的集合互补，即 G 中有边的地方，$\bar{G}$ 中没有，反之亦成立，如图 1-7 所示。

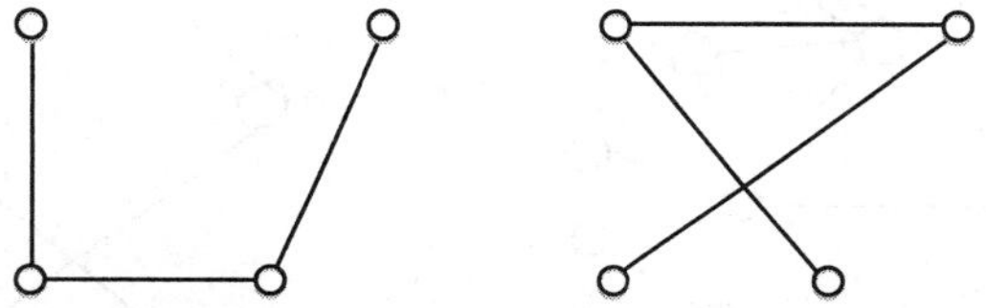

图 1-7　图 G 以及补图 $\bar{G}$

前文提到推荐系统涉及对异构图上链路的预测问题。所以，这里引出同构概念。对于两个图 $G_1=(V_1,E_1)$ 和 $G_2=(V_2,E_2)$，如果从 V_1 到 V_2 满足同构映射条件，则称 G_1 和 G_2 是同构（同质）的。所谓同构映射，是指一种映射需要满足如下条件：对于任意两个节点 $u,v\in V_1$，都有 $(f(u),f(v))\in E_2$，当且仅当 $(u,v)\in E_1$。如果 f 是同构映射，很明显 G_1 的节点 V_1 和 G_2 的节点 V_2 有相等的度。在分析图神经网络的表达能力时，我们需要对图的同构进行分析。

再来看看异构图，异构图也称为异质图。一个异构图 $G=\{V,E\}$ 由一组节点 $V=\{v_1, v_2,\cdots,v_n\}$ 和一组边 $E=\{e_1,e_2,\cdots,e_n\}$ 构成。其中，每个节点和每条边都对应一种类型，T_n 表示节点类型的集合，T_e 表示边类型的集合。一个异构图存在两个映射函数：将每个节点映射到对应类型的 $\phi_n:V\to T_n$ 以及将每条边映射到对应类型的 $\phi_e:E\to T_e$，如图 1-8 所示。

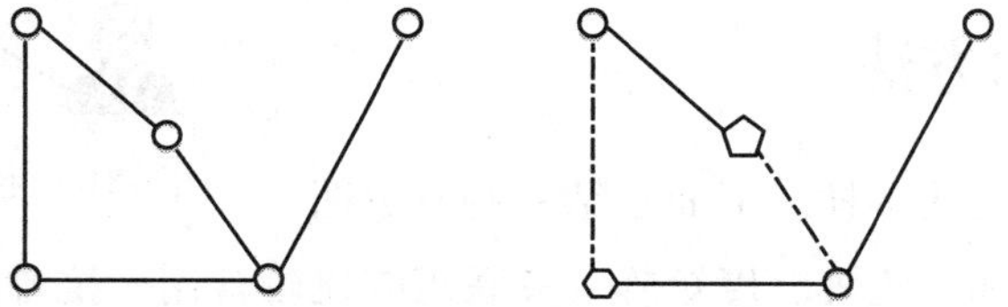

图 1-8　异构图示意图

从上面的分析可以看出，同构图是节点类型和边类型只有一种的图。异构图是节点类型和边类型之和大于 2 的图。在推荐系统中，异构图非常常见，如图 1-9 所示。

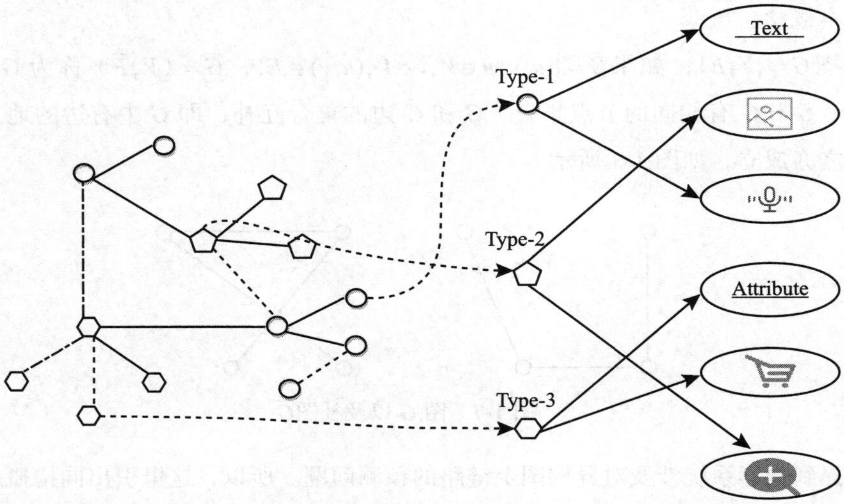

图 1-9 推荐系统中的异构图示意图

在搜索和推荐系统中，我们还会利用二分图来解决一些实际的算法问题。比如，在电商网站，节点分为用户和商品两类，节点之间存在的关系有浏览、收藏、购买等。用户的历史行为可以构建成一个二分图，如图 1-10 所示。

假设给定一个图$G=\{V,E\}$，G是一个二分图，当且仅当$V=V_1\cup V_2$，$V_1\cap V_2=\varnothing$，并且对于所有的边$e=\left(v_e^1,v_e^2\right)$都有$v_e^1\in V_1$和$v_e^2\in V_2$。

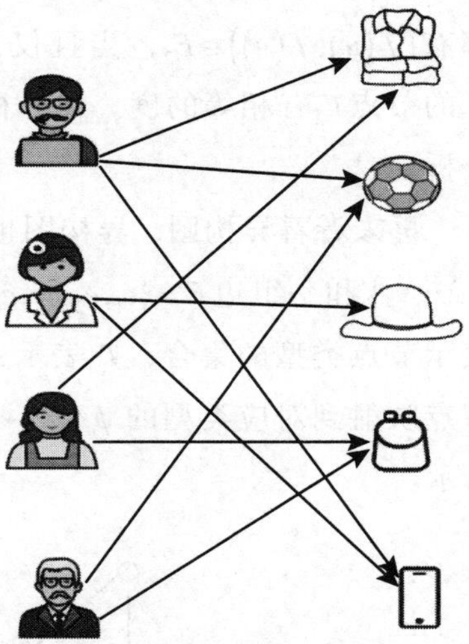

图 1-10 电商网站中的二分图示例

1.3 图的表示方法

计算机中的图变化多样。下面总结一些有关图的代数表示方法。邻接矩阵、度矩阵、关联矩阵比较常用，拉普拉斯矩阵涉及图谱论。因为早期的图神经网络都是以图信号分析或图扩散为基础的，所以在图的表示方法中，图谱论相关知识与其他表述方法进行了融合。

1.3.1　图的代数表示

邻接矩阵： 如 1.2.2 节中所定义的，这里不再赘述。

度矩阵： 对于简单图$G=\{V,E\}$，它的度矩阵$\boldsymbol{D}$是一个对角矩阵，$D_{ii}=d(v_i)$。

关联矩阵： 对于具有 n 个节点和 m 条边的无向图，关联矩阵满足以下条件：

$$M_{ij}=\begin{cases}1 & \exists k\text{满足 } e_j=(v_i,v_k)\\ 0 & \text{其他}\end{cases}$$

如果$G=\{V,E\}$是有向图，那么有如下关系，即

$$M_{ij}=\begin{cases}1 & \exists k\text{满足 } e_j=(v_i,v_k)\\ -1 & \exists k\text{满足 } e_j=(v_k,v_i)\\ 0 & \text{其他}\end{cases}$$

拉普拉斯矩阵： 对于一个有 n 个顶点的图 G，它的拉普拉斯矩阵定义为

$$\boldsymbol{L}=\boldsymbol{D}-\boldsymbol{A} \tag{1.6}$$

其中，$\boldsymbol{D}$ 是图 G 的度矩阵并且是一个对角矩阵，$\boldsymbol{A}$ 是图 G 的邻接矩阵。$\boldsymbol{L}$ 中的元素可以定义为

$$L_{ij}=\begin{cases}d(v_i) & i=j\\ -1 & i\neq j\text{且}(v_i,v_j)\in E\\ 0 & \text{其他}\end{cases}$$

通常，我们需要将拉普拉斯矩阵归一化，常用的方法有两种。

1）对称归一化拉普拉斯矩阵：

$$\boldsymbol{L}^{\text{sym}}=\boldsymbol{D}^{-\frac{1}{2}}\boldsymbol{L}\boldsymbol{D}^{-\frac{1}{2}}=\boldsymbol{I}-\boldsymbol{D}^{-\frac{1}{2}}\boldsymbol{A}\boldsymbol{D}^{-\frac{1}{2}}$$

矩阵的元素如下：

$$L_{ij}^{\text{sym}}=\begin{cases}1 & i=j\text{且}d(v_i)\neq 0\\ \dfrac{-1}{\sqrt{d(v_i)d(v_j)}} & (v_i,v_j)\in E\text{且}i\neq j\\ 0 & \text{其他}\end{cases}$$

2）随机游走归一化拉普拉斯矩阵：

$$\boldsymbol{L}^{\mathrm{rw}} = \boldsymbol{D}^{-1}\boldsymbol{L} = \boldsymbol{I} - \boldsymbol{D}^{-1}\boldsymbol{A}$$

矩阵的元素如下：

$$L_{ij}^{\mathrm{rw}} = \begin{cases} 1 & i = j \text{且} d(v_i) \neq 0 \\ \dfrac{-1}{d(v_i)} & (v_i, v_j) \in E \text{且} i \neq j \\ 0 & \text{其他} \end{cases}$$

假设图的每个边的权重都是 1，可以写出图 1-11 中图的邻接矩阵、度矩阵及拉普拉斯矩阵。

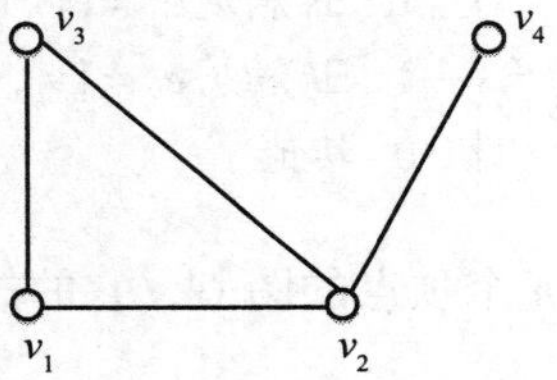

图 1-11　每个边权重为 1 的图

根据图 1-11 可知，图 G 的邻接矩阵 $\boldsymbol{A}$ 为

$$\boldsymbol{A} = \begin{bmatrix} 0 & 1 & 1 & 0 \\ 1 & 0 & 1 & 1 \\ 1 & 1 & 0 & 0 \\ 0 & 1 & 0 & 0 \end{bmatrix}$$

图 G 的度矩阵 $\boldsymbol{D}$ 为

$$\boldsymbol{D} = \begin{bmatrix} 2 & 0 & 0 & 0 \\ 0 & 3 & 0 & 0 \\ 0 & 0 & 2 & 0 \\ 0 & 0 & 0 & 1 \end{bmatrix}$$

根据式（1.6）可知，图 G 的拉普拉斯矩阵 $\boldsymbol{L}$ 为

$$\boldsymbol{L} = \boldsymbol{D} - \boldsymbol{A} = \begin{bmatrix} 2 & -1 & -1 & 0 \\ -1 & 3 & -1 & -1 \\ -1 & -1 & 2 & 0 \\ 0 & -1 & 0 & 1 \end{bmatrix}$$

通过对 $\boldsymbol{L}$ 的观察，我们可以看出拉普拉斯矩阵的性质。

- $\boldsymbol{L}$ 是对称的。
- $\boldsymbol{L}$ 是半正定矩阵（每个特征值$\lambda_i \geqslant 0$），换句话说，图$G=\{V,E\}$的拉普拉斯矩阵的特征值是非负的。
- $\boldsymbol{L}$ 的每一行、每一列的和都是 0。
- $\boldsymbol{L}$ 的最小特征值为 0。给定一个特征向量 $\boldsymbol{v}_0$=（1,1,⋯,1）^{T}，根据上一条性质（$\boldsymbol{L}$ 的每一行、每一列的和都是 0），$\boldsymbol{L}_{vi}$=0。
- 特征值为 0 的数目等于图中连通分量的数目。

前文说过拉普拉斯矩阵是半正定矩阵，所以，对于任意一个 n 维非 0 向量 $\boldsymbol{z}$，$\boldsymbol{z}^{\mathrm{T}}\boldsymbol{L}\boldsymbol{z}\geqslant 0$。式子展开，

$$\boldsymbol{z}^{\mathrm{T}}\boldsymbol{L}\boldsymbol{z}=\boldsymbol{z}^{\mathrm{T}}(\boldsymbol{D}-\boldsymbol{A})\boldsymbol{z}=\sum_{i=1}^{n}d_i z_i^2-\sum_{i,j=1}^{n}z_i z_j A_{ij} \tag{1.7}$$

式（1.7）被称为拉普拉斯二次型。

对式（1.7）进行数学变形，则

$$\begin{aligned}\boldsymbol{z}^{\mathrm{T}}\boldsymbol{L}\boldsymbol{z}=\boldsymbol{z}^{\mathrm{T}}(\boldsymbol{D}-\boldsymbol{A})\boldsymbol{z}&=\sum_{i=1}^{n}d_i z_i^2-\sum_{i,j=1}^{n}z_i z_j A_{ij}=\frac{1}{2}\left(\sum_{i=1}^{n}d_i z_i^2-2\sum_{i,j=1}^{n}z_i z_j A_{ij}+\sum_{j=1}^{n}d_j z_j^2\right)\\&=\frac{1}{2}\sum_{i,j=1}^{n}A_{ij}\left(z_i-z_j\right)^2=\sum_{(v_i,v_j)}w_{ij}\left(z_i-z_j\right)^2\end{aligned}$$

其中，d_i是度矩阵 $\boldsymbol{D}$ 的对角元素，$d_i=d(v_i)=\sum_{j=1}^{n}A_{ij}$，$w_{ij}$表示$v_i$、$v_j$连接时它们之间的权重。显然，结果是大于或等于 0 的。$\boldsymbol{L}$ 是正定矩阵。

1.3.2 图的遍历

图的遍历是指从图中的一个节点出发，按照某种搜索算法沿着图中的边对图中的所有节点进行不重复访问的过程。图的遍历主要有两种算法：深度优先搜索（Depth First Search，DFS）和广度优先搜索（Breadth First Search，BFS）。图的遍历是一种重要的图检索手段。

深度优先搜索是一个递归算法，其算法思想是：从图中任意节点v_i出发，访问它的任意一个邻居节点n_1；再从节点n_1出发，访问n_1的所有邻居节点中未被访问过的节点n_2。

然后再从n_2出发，依次访问n_2的所有邻居节点中未被访问过的节点n_3，直到出现某节点不再有邻居节点未被访问过。接着，回退一步到前一次访问过的节点，看是否还有其他未被访问过的邻居节点，如果有，则访问该邻居节点，之后再从该邻居节点出发，执行与前面类似的操作，如果没有，再回退一步执行类似操作。重复上述过程，直到该图中所有节点都被访问过为止。以图1-12为例，我们可以得到如下深度优先搜索序列：$v_1 \to v_2 \to v_4 \to v_5 \to v_3$。

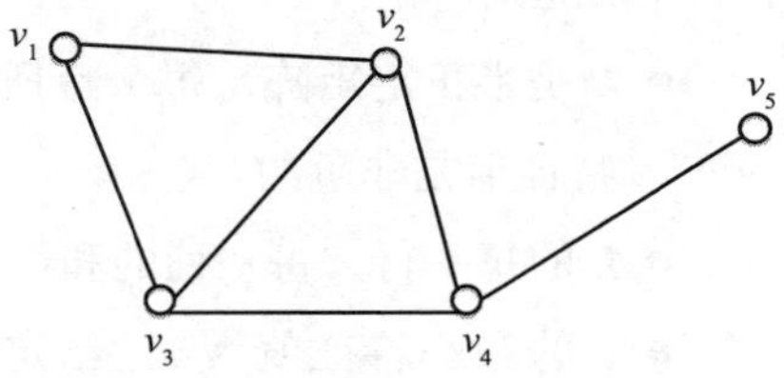

图1-12 图的深度优先搜索示例

广度优先搜索是一个分层搜索过程，其算法思想是：从图中某一节点v_i出发，依次访问v_i的所有未被访问过的邻居节点$n_1, n_2, \cdots, n_n$，如此一层层执行下去，直到图中所有的节点都被访问过为止。以图1-12为例，我们可以得到如下广度优先搜索序列：$v_1 \to v_2 \to v_3 \to v_4 \to v_5$。

1.4 图数据及图神经网络

深度学习已经成为处理人工智能问题的主要工具。在当下大量数据和持续变强的计算资源的共同作用下，深度学习开始应用到计算机语音识别、计算机视觉处理和自然语言处理的方方面面，当然也取得了一些显著成果。然而，卷积神经网络（Convolutional Neural Network，CNN）、循环神经网络（Recurrent Neural Network，RNN）处理问题还是在欧氏空间中。而图数据不像文本和图像数据有规则的欧氏空间结构，因此这些深度学习模型不能直接应用到图数据上。下面主要讲解图数据的性质、图数据应用，以及图神经网络发展史。

1.4.1 图数据的性质

图数据有以下性质。

1）节点分布不均匀。从前文的分析可知，图结构中节点的数目可以任意变化，每个图中的节点数都不一定一样。卷积操作是没有办法直接运用到图数据上的。

2）排列稳定。图结构中某个节点的位置发生变化，是不会影响整个图的结构的，即整个图的结构不会变，排列很稳定。

3）边可以带权重。图 1-4 描述了图数据可以表示实体与实体之间的关系。同时，实体之间关系连接的强度或者类型可以对应到边的权重上。卷积神经网络没有可以处理这种属性的机制。

综上所述，将深度学习方法应用到图上具有很多挑战，具体如下。

1）图数据的不规则性使得传统的卷积操作无法应用。在图结构上，我们应不断探索新的模型。

2）通过前面的介绍可以清楚地知道，图是一个非常复杂的数据结构。图可以是无向的，也可以是有向的；图可以是连通的，也可以是非连通的；图可以是简单的，也可以是复杂的；图可以是带权的，也可以是不带权的；图可以是同构的，也可以异构的；等等。

3）因为图是一个复杂模型，在表示图结构时，往往需要数以亿计的数据，所以，对于图的计算在时空方面就有了更高要求。

4）对图以及图计算的建模往往是跨学科的，既对本行业的知识有很高的要求，而且和信息科学尤其是计算机科学强相关。通俗地讲，就是既需要掌握专业知识，还需要对计算机科学有非常深刻的认知。

1.4.2　图数据应用

图数据的典型应用很多，涉及的任务主要分为 3 类。

1）节点上的任务：包括节点的分类、回归、聚类等，比如在 Facebook 等社交网络上，可以利用与兴趣和爱好相关的标签向用户推荐相关的内容（如新闻和事件）。在现实中，通常很难为所有节点获得完整的标签集，因此，我们可以通过模型对无标签的节点进行标签预测。这就是节点分类问题。

2）边上的任务：包括边的分类、链路预测等。链路预测在产品推荐中经常被用到。例如，在社交网络中，推断或者预测缺失的链接可以实现好友推荐、知识图谱补全等。

3）图上的任务：包括图的分类、图的生成、图的匹配等。图的分类是基于图的表示对整个图的性质进行预测，比如分子性质预测任务。

还有一些图上的任务是不能简单地归类到以上 3 个类别上的，尤其是一些图神经网络与其他任务结合的衍生任务，例如，利用图神经网络进行时间序列分析。

1.4.3 图神经网络的发展史

图神经网络的概念最早在 2005 年提出。在此之前，处理图数据的方法是在数据预处理阶段将图转变为一组向量进行表示。这种方法的最大问题是可能会丢弃图中的结构信息，这会严重影响模型的效果。例如，如图 1-9 所示，在处理异构的图数据时，很可能会丢弃大量重要且必要的信息。

鉴于深度神经网络在表示学习中的强大功能和成功经验，研究者将深度神经网络扩展到图数据上，这种网络被称为图神经网络。经过研究，发现图神经网络是通过人工神经网络的方式将图和图中的节点从高维空间映射到低维空间的过程，也是学习图的低维向量表示的过程。这通常被称为图嵌入或者图的表示学习。在早期阶段，图的表示学习就应用在谱聚类、基于图的降维和矩阵分解等场景中。在谱聚类场景中，数据是图的节点，我们可以将聚类问题变成对图进行划分的问题。谱聚类的目的是将节点嵌入低维空间，我们可以使用传统的聚类方法识别不同的类型。因此，在谱聚类中，谱嵌入是一种比较重要的表示学习。基于图的降维任务可以直接进行节点表示学习。这种场景通常基于数据样本的原始特征，使用预定义距离函数构建节点的亲和度模型，再通过亲和度模型学习到节点表示。还有就是矩阵分解，矩阵分解可以自然地应用于节点表示学习过程中。它的目的是将节点嵌入低维空间，在低维空间中利用新的节点表示重建邻接矩阵。上面几种方式是关于图表示学习的早期实例，也是图神经网络发展过程中的重要组成部分。

图神经网络发展过程中涌现出大量模型，包括谱方法和空间方法。这些年随着卷积神经网络在图像处理和文本处理方面的大规模流行，研究者开始尝试将卷积神经网络扩展到图结构上。从前文了解到图数据在空间具有不规则属性，为了解决这个问题，Bruna 等人从谱空间中寻找方法，并提出图上的谱网络概念。根据图谱论知识，对图的拉普拉斯矩阵进行谱分解，并利用得到的特征值和特征向量在谱空间进行卷积操作。他们还将此方法应用到大规模的实际图数据分类问题上。虽然问题得到了解决，但是网络计算复杂度很高。而且，这种方法定义的图卷积核依赖每个图的拉普拉斯矩阵，无法扩展到其他图上。为了解决计算复杂度高的问题，Defferrard 等人提出了切比雪夫网络（Cheby Net），将卷积核更换成多项式形式，并用切比雪夫多项式展开来近似计算卷积核，这样做大大提高了计算效率。之后，Kipf 和 Welling 简化了切比雪夫网络，只使用一阶近似的卷积核，并做了些许符号变化，于是产生了我们所熟知的图卷积网络（Graph Convolutional Network，GCN）。如果观察图卷积网络在每个节点上的操作，我们会发现实际上可以将它看作一阶邻居节点之间的信息传递，所以图卷积网络又可以看作一个空域上的图卷积。

空间方法是通过一种显式的方法研究图的结构的。Li 等人沿着早期图神经网络的路线，提出了门控图神经网络（Gated Graph Neural Network，GGNN）。门控图神经网络用门控循环单元（Gated Recurrent Unit，GRU）取代了递归神经网络的节点更新方式。这消除了压缩映射的限制，同时开始支持深度学习优化方式。之后，各种图神经网络层出不穷。例如，PATCHIX-SAN 先将节点排序，然后选取固定数量的邻接点，仿照卷积神经网络的方式进行图卷积；图注意力网络（Graph Attention Network，GAT）利用注意力机制来定义图卷积；GraphSAGE 将图神经网络扩展到归纳式学习（Inductive Learning）的设定，并通过邻居采样的方式提高图神经网络在大规模图数据上的学习效率；消息传递神经网络（Message Passing Neural Network，MPNN）将几乎所有的空域图神经网络统一成了消息传递的模式；Xu 等人证明了图神经网络的表达能力最多与 Weisfeiler-Lehman 图同构性测试等效，并且提出了在这个框架下理论上表达能力最强的图同构网络（Graph Isomorphism Network，GIN）。图 1-13 给出了图神经网络发展史。

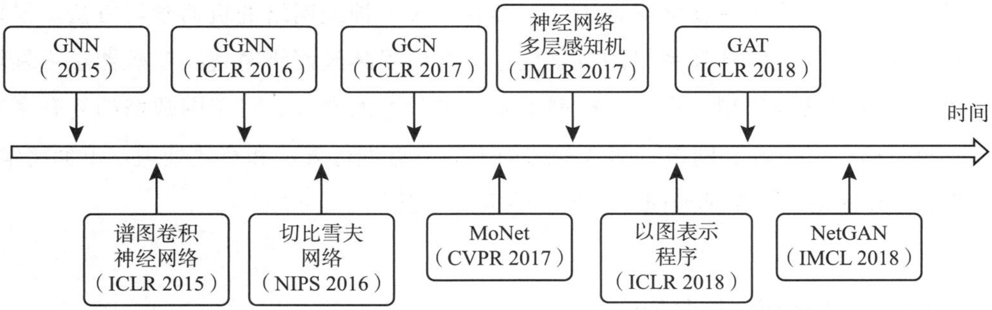

图 1-13　图神经网络发展史

1.5　本章小结

本章首先介绍了图的概念，然后介绍了图的表示方法，最后介绍了图数据、图数据应用以及图神经网络的发展史。对于图论和图谱论中相对不重要的概念，没有详细讲解。在总结基础理论知识的过程中，我们强调了与推荐系统、知识图谱的相关性，保留了那些与推荐系统和知识图谱强相关的知识点，方便读者快速复习和掌握相关知识点。

Chapter 2 第2章

图神经网络基础

在机器学习中，神经网络是最重要的模型之一。机器学习的目的是让机器能从数据中学习到合适的行为。深度学习算法是一类基于人工神经网络的机器学习方法。早期，科学家构建了模仿人脑神经系统的数学模型，开启了神经网络时代。在机器学习领域，科学家构建网络结构模型，在这些模型上表示可学习的参数。对于图数据的复杂多变，图神经网络通过人工神经网络将图数据结构中的节点进行表示和有效处理。下面将继续讨论关于神经网络以及图神经网络中的一些重要知识。

2.1 神经网络的基本知识

神经网络之所以被当今学术界和工业界广泛关注，是因为神经网络训练难题得到了解决。而大规模并行计算和普及的 GPU 设备使得以神经网络为基础的深度学习再次崛起，神经网络迎来了新的高潮。

神经网络通过以下方式进行学习：从随机权重开始，通过反向传播算法反复更新神经元之间的连接权重，直到模型逼近最终的目标结果为止。通常，我们在讲解神经网络的过程中会对比人脑的神经网络结构。人脑的神经系统相对复杂。我们可以用一种极简单的方式去讨论神经网络问题。人脑的神经元在处理刺激时会表现出两种状态：兴奋和抑制。这两种状态可以对应信号处理中的两种信号状态：0 和 1。人工神经网络在结构、实现机理和功能方面都模拟了人脑神经网络。

接下来看看人工神经网络的结构特征。人工神经网络由多个节点相互连接组成，不同数据之间的复杂关系通过网络进行建模。不同节点之间被赋予了不同的权重，每个权重代表一个节点对另一个节点的影响程度。通过建模，任意一个节点代表特定的函数。其他节点的信息经过相应的权重综合计算，得到一个新的“刺激”（1 表示兴奋，0 表示抑制）。因此，神经元是组成神经网络的基本单元。激活函数决定了神经网络的表示能力和学习能力。如果不使用激活函数，构成神经网络的多层网络本质上就是一个线性模型。

2.1.1 神经元

1943 年，心理学家 McCulloch 和数学家 Pitts 根据生物神经元的结构提出了一种非常简单的神经元模型——MP 神经元。MP 神经元由输入信号、线性组合和激活函数组成，如图 2-1 所示。

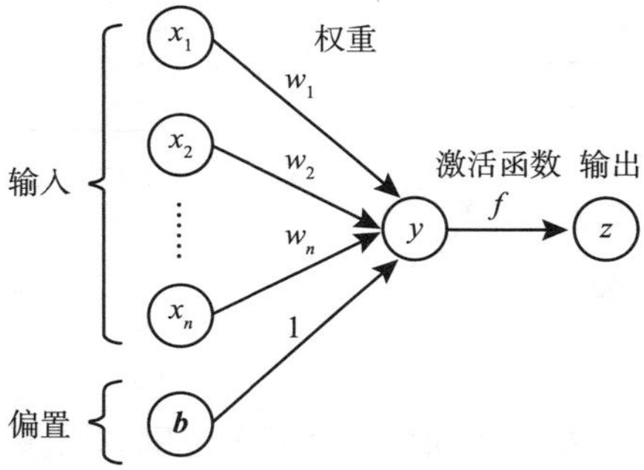

图 2-1 MP 神经元示意图

在图 2-1 中，

$$y_i = \sum_{i=1}^{n} w_i x_i + \boldsymbol{b} = \boldsymbol{w}^{\mathrm{T}} x + \boldsymbol{b} \tag{2.1}$$

其中，$\boldsymbol{w} = [w_1, w_2, w_3, \cdots, w_i] \in R^i$是 i 维权重向量，$\boldsymbol{b}$ 表示偏置，那么输出

$$z_i = f(y_i) \tag{2.2}$$

这里 $f(\cdot)$ 称为激活函数。激活函数对于神经元是非常重要的。激活函数决定了输入信号是否应该传递到下一层。如果没有式（2.2），神经网络模型就是线性的，这意味着当神经网络如果有很多层，每一层的输出都是输入的线性组合。这就是最原始的感知

器⊖。激活函数的主要作用是加入非线性因素，以解决线性模型表达能力不足的缺陷。因为加入非线性因素，这大大提高了神经网络的拟合能力。

下面介绍几种常见的激活函数。

1. S型函数——Sigmoid函数和双曲正切函数

Sigmoid 函数是一类 S 型曲线函数，为两端饱和的函数。S 型函数除了 Sigmoid 函数（见图 2-2），还有双曲正切函数（见图 2-3），如式（2.3）是 Sigmoid 函数表达式，式（2.4）是双曲正切函数表达式。

$$f(x)=\frac{1}{1+\exp(-x)} \tag{2.3}$$

$$\tanh(x)=\frac{\exp(x)-\exp(-x)}{\exp(x)+\exp(-x)} \tag{2.4}$$

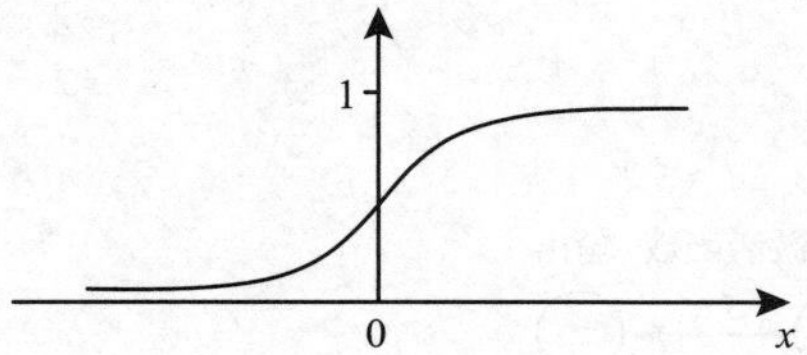

图 2-2 Sigmoid 函数

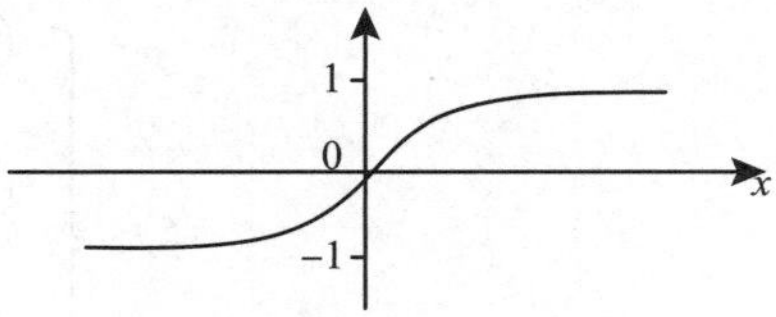

图 2-3 双曲正切函数

对于 Sigmoid 函数，它会将输入映射到 0 到 1 范围。当输入为负数时，输入值越小，输出值越接近 0；当输入值为正数时，输入值越大，输出值越接近 1。而对于双曲正切函数，它会将输入映射到 –1 到 1 范围。当输入值为负数时，输入值越小，输出值越接近 –1；当输入值为正数时，输入值越大，输出值越接近 1。

从图像可以看出，随着 x 趋近正无穷大，S 型函数 y 所对应的值越来越接近极值，这种情况叫作“饱和”。饱和意味着函数对输入的微小改变不敏感。当输入为 0 时，S 型函数才比较敏感，这大大影响了梯度训练方法的实用性，会出现梯度消失情况。此外，S 型函数的指数形式也使得最终的计算复杂度相对较高。

⊖ 感知器是最简单的人工神经网络，只有一个神经元。

2. ReLU 及其变种

ReLU 是常用的激活函数。ReLU 函数的定义如下：

$$\mathrm{ReLU}(x)=\begin{cases}x & 当x\geqslant 0\\ 0 & 当x<0\end{cases} \tag{2.5}$$

从式（2.5）可以看出，当$x\geqslant 0$时，输出和输入相等；当$x<0$时，输出和输入都为零，如图 2-4 所示。而这种特性被称为单侧抑制。首先，使用 ReLU 激活函数的 SGD 算法收敛速度要比 S 型函数快。在 $x>0$ 区域不会出现梯度饱和、梯度消失问题。和 S 型函数相比，ReLU 函数计算复杂度要低。但是，ReLU 函数在训练时会很“脆弱”，在$x<0$时，梯度为 0，即当前层的神经元及之后层的神经元梯度永远为 0，不再对任何输入数据有所响应，导致相应参数永远不会被更新。这种现象被称为某个神经元的“死亡”现象。针对这个现象，研究者对 ReLU 函数进行改进，提出了 ReLU 函数的变体——带泄露的 ReLU 函数（LeakyReLU）。当输入为负数时，LeakyReLU 会对输入进行一个小幅度的线性变换（见图 2-5），如下：

$$\mathrm{LeakyReLU}(x)=\begin{cases}ax & 当x<0\\ x & 当x\geqslant 0\end{cases} \tag{2.6}$$

LeakyReLU 函数解决了神经元“死亡”问题，用一个类似 0.01 的小值来初始化神经元，从而使神经元在负数区域更偏向于激活而不是死亡。

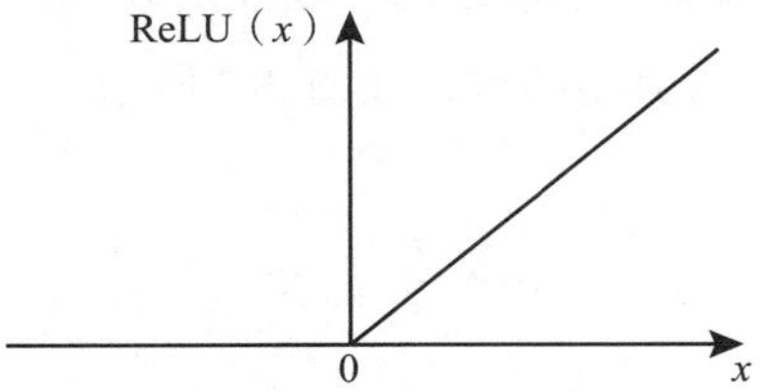

图 2-4　ReLU 函数

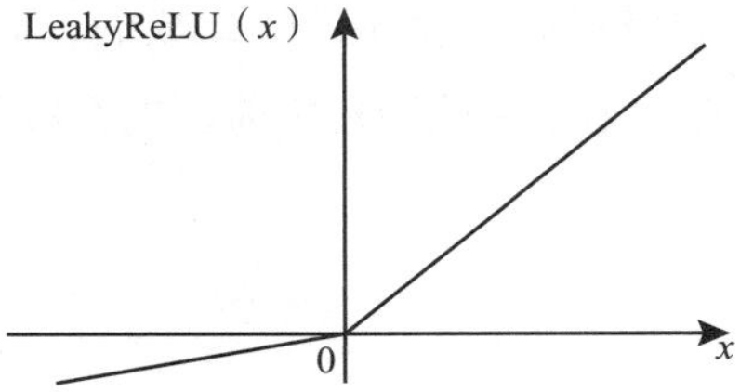

图 2-5　LeakyReLU 函数

总之，我们可以知道“理想”的激活函数应该满足以下两个条件。

1）输出是零均值，可以加快训练速度。

2）激活函数单侧饱和，可以更好地收敛。

LeakyReLU 函数满足第一个条件，但是不满足第二个条件；ReLU 函数满足第二个条件，但是不满足第一个条件。所以，我们需要找到一个完美满足上面两个条件的激活函数。所以，指数线性单元（Exponential Linear Unit，ELU）就被提了出来，如图 2-6 所示。ELU 函数的定义如下：

$$\mathrm{ELU}(x)=\begin{cases} x & \text{当} x \geqslant 0 \\ \alpha(\exp(x)-1) & \text{当} x<0 \end{cases} \tag{2.7}$$

在式（2.7）中，α表示一个正常数，当输入为负数时，决定了对应指数函数的斜率。通常，输入大于 0 时，梯度为 1；输入小于 0 时，输出无限趋近于$-\alpha$，超参数取值一般为 1。ELU 具有 ReLU 的优势，没有神经元的“死亡”问题，输出均值接近 0，可以看作介于 ReLU 和 LeakyReLU 之间的一个函数。当然，这个函数也需要进行指数运算，计算量相对更大一些。

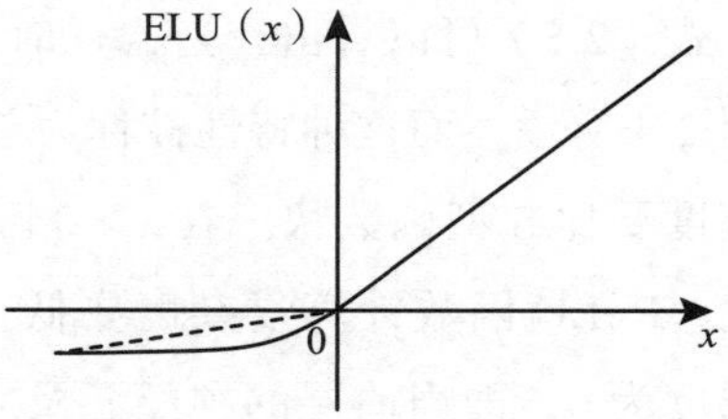

图 2-6　ELU 函数

其实激活函数有很多，这里就不一一赘述了。在实际工程中，选择合适的激活函数也是一个重要的话题，背后蕴含了很多工程师在实践中的经验，由于篇幅所限暂不展开。

2.1.2　前馈神经网络

前馈神经网络（Feedforward Neural Network，FNN）是深度学习的基础，也是最简单的人工神经网络结构。前馈神经网络也被称为多层感知器（Multi Layer Perceptron，MLP）。多层感知器的叫法其实不是十分合理，因为前馈神经网络其实是由多层 Logistic 模型（连续的非线性函数）组成的，而不是由多层感知器（不连续的非线性函数）组成的。

在介绍多层感知器之前，先看看单隐藏层的感知器典型结构，如图 2-7 所示。

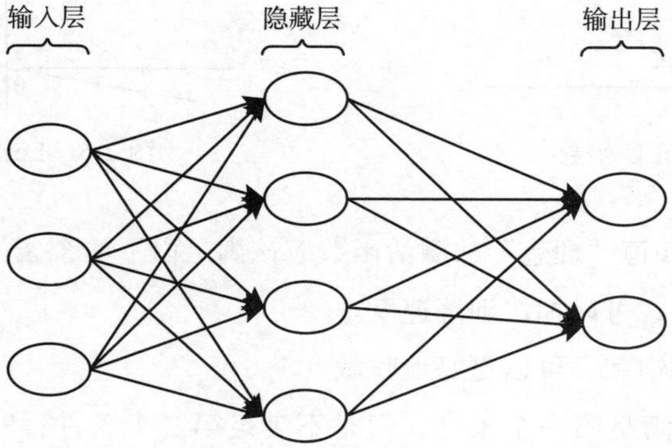

图 2-7　单隐藏层的感知器典型结构

我们可以把它看作一个函数映射$f: R^{D_{\text{in}}} \to R^{D_{\text{out}}}$，其中$D_{\text{in}}$是输入层神经元的个数，也是输入向量的维度，$D_{\text{out}}$是输出层神经元的个数，也是输出向量的维度，则有

$$f(x)=\sigma_2\left(\boldsymbol{b}^{(2)}+\boldsymbol{W}^{(2)}\left(\sigma_1\left(\boldsymbol{b}^{(1)}+\boldsymbol{W}^{(1)}x\right)\right)\right) \tag{2.8}$$

在式（2.8）中，$\boldsymbol{b}^{(1)}$、$\boldsymbol{b}^{(2)}$表示偏置矩阵，$\boldsymbol{W}^{(1)}$、$\boldsymbol{W}^{(2)}$表示权重矩阵，σ_1、σ_2表示激活函数。

在前馈神经网络中，信息 x 从输入端流入，经过一系列中间计算，最后从输出端输出 y。每一层仅和相邻层连接。前馈神经网络中不存在循环。如图 2-8 所示，$y=f(x)=f^{(4)}\left(f^{(3)}\left(f^{(2)}\left(f^{(1)}(x)\right)\right)\right)$。其中，$f^{(1)}$是网络的第一层，$f^{(2)}$是网络的第二层，$f^{(3)}$是网络的第三层，$f^{(4)}$是网络的第四层（即输出层）。第一、第二、第三为隐藏层。输出层可以直接接收来自训练数据的监督信号，中间层不可以。假设期望的输出为$y=f^{*}(x)$，学习算法可以通过后向传播来间接学习中间层的参数。

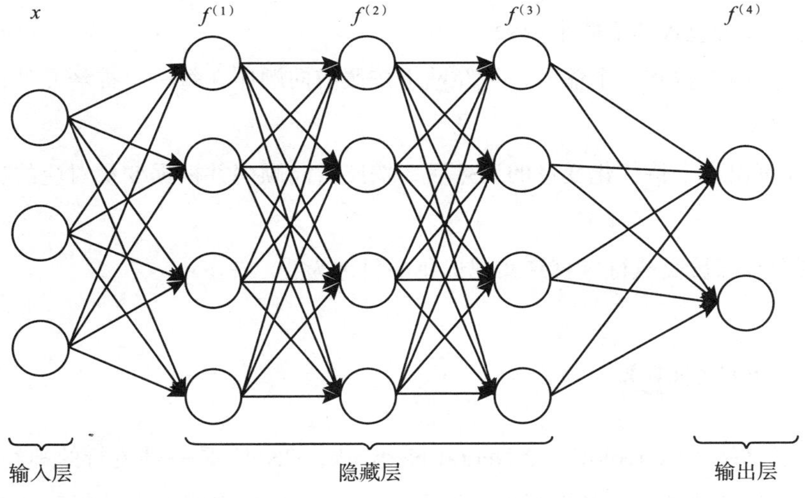

图 2-8　前馈神经网络示意图

2.1.3　反向传播

神经网络迎来新的高潮是因为其独特的学习方式。毫不夸张地讲，反向传播算法引起了神经网络发展的第二次高潮。反向传播算法是迄今为止最为成功的神经网络算法。

后向传播算法是基于梯度下降来优化模型参数的。以图 2-7 中单个神经元模型为例，假设输出的目标是 $z = z_0$，需要通过调整参数 $w_1, w_2, w_3, \cdots, w_n, b$ 来逼近该目标。

根据链式法则，可以推导出 z 关于 w_i 和 b 的导数：

$$\frac{\partial z}{\partial w_i} = \frac{\partial z}{\partial y}\frac{\partial y}{\partial w_i} = \frac{\partial f(y)}{\partial y} x_i$$

$$\frac{\partial z}{\partial b} = \frac{\partial z}{\partial y}\frac{\partial y}{\partial b} = \frac{\partial f(y)}{\partial y}$$

假设给定一个学习率 η，参数更新过程如下：

$$\Delta w_i = \eta(z_0 - z)\frac{\partial z}{\partial w_i} = \eta(z_0 - z) x_i \frac{\partial f(y)}{\partial y}$$

$$\Delta b = \eta(z_0 - z)\frac{\partial z}{\partial b} = \eta(z_0 - z)\frac{\partial f(y)}{\partial y}$$

后向传播算法包含如下两个步骤。

1）给定一组参数和一个输入，神经网络按照前向顺序在每一个神经元处计算每个待优化变量的误差。

2）在计算出每个待优化变量的误差后，按照后向顺序并根据变量对应的偏导数更新参数。

上述两个步骤反复执行，直到实现优化的目标为止。

2.2 卷积神经网络

卷积神经网络（Convolutional Neural Network，CNN）是一种流行的神经网络模型，以处理规则的网格数据（比如图像数据）而出名。CNN 在许多方面类似于之前的前馈神经网络（FNN），由若干卷积层和池化层组成。CNN 也是一种具有局部连接、权值共享等特点的深度 FNN。它是目前使用最广泛的模型之一。CNN 已经广泛地应用于图像分类、目标检测、图像分割等视觉任务，并取得了显著效果。本书讲解 CNN 是为了引出图神经网络。

2.2.1　卷积神经网络基本概念和特点

1. 基础概念

（1）卷积

卷积来源于信号处理领域，是一种通过两个实函数进行数学运算并产生第三个函数的操作，定义如下：

$$(f*g)(t)=\int_{-\infty}^{\infty}f(\tau)g(t-\tau)\mathrm{d}\tau \tag{2.9}$$

式（2.9）比较抽象。$f(\cdot)$和$g(\cdot)$表示两个函数之间的卷积运算。

例：假设有一个连续信号 $f(t)$，t 表示时间，$f(t)$ 表示在时间 t 内连续信号的值。通常情况下信号都存在一些噪声。比如，正常的信号中存在一些干扰信号。图像中不重要的信息构成图像特征提取的干扰信号。为了获取具有较少噪声的信号，我们可以在时间 t 及其附近对信号值进行平均。越接近 t 的信号值与时间 t 的信号值越接近，所以它们在取平均后对结果的贡献越大。所以，将一些接近时间 t 的信号值的加权平均值作为时间 t 的信号值。假设信号 $f(t)$ 的权重函数为 $w(c)$，其中 c 表示与目标 t 的接近程度。c 越小，$w(c)$ 的值越大。经过卷积操作后，

$$s(t)=(f*w)(t)=\int_{-\infty}^{\infty}f(\tau)w(t-\tau)\mathrm{d}\tau \tag{2.10}$$

实际中，采集的数据都是离散信号，所以式（2.10）可以变为（2.11）的形式：

$$s(t)=(f*w)(t)\sum_{\tau=-\infty}^{\infty}f(\tau)w(t-\tau) \tag{2.11}$$

如果$w(\cdot)$只有在一个小窗口内为非零值，设窗口大小为$2n+1$，即$c<n$和$c>n$时，$w(c)=0$，上面的卷积操作可以进一步改写为：

$$s(t)=(f*w)(t)\sum_{\tau=t-n}^{t+n}f(\tau)w(t-\tau)$$

一维卷积示意图如图 2-9 所示。

对于一个给定图像 $X\in R^{M\times N}$，二维卷积可以使用二维的内核$\boldsymbol{W}\in R^{U\times V}$（卷积核）（一般 $U\ll M$，$V\ll N$）得到卷积数据。

$$y_{ij}=\sum_{u=1}^{U}\sum_{v=1}^{V}w_{uv}x_{i-u+1,\ j-v+1}$$

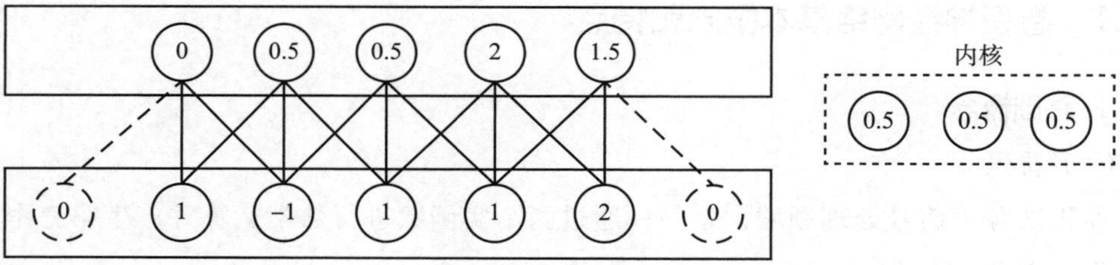

图 2-9 一维卷积示意图

二维卷积示意图如图 2-10 所示。

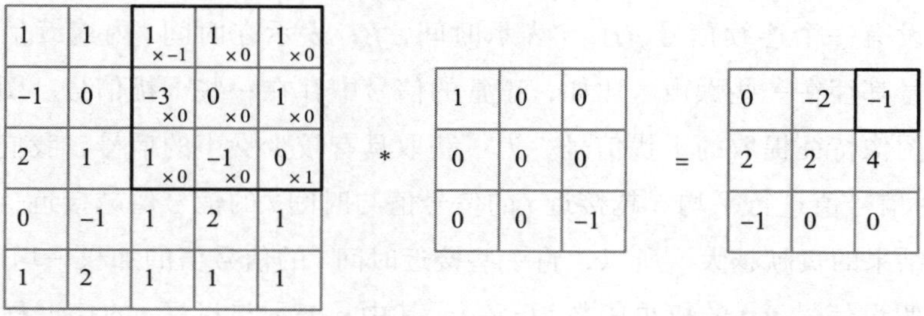

图 2-10 二维卷积示意图

从前面的描述中，可以知道卷积本质是一种加权求和。CNN 中的卷积就是利用一个共享参数的过滤器，通过计算中心像素点以及相邻像素点的加权和来构建特征图。当然，加权系数就是卷积核的权重系数。

（2）感受野

在 CNN 中，感受野是 CNN 每一层输出的特征图上的像素点在输入图上映射的区域大小，如图 2-11 所示。

感受野大小的计算采用从最后一层往下计算的方法，即先计算最深层在前一层上的感受野，然后逐层传递到第一层，使用的公式如下：

$$\mathrm{RF}_i = (\mathrm{RF}_{i+1} - 1) \times \mathrm{stride}_i + K\mathrm{size}_i \tag{2.12}$$

其中，RF_i 是第 i 层的感受野，RF_{i+1} 是第（i+1）层的感受野，stride 是卷积的步长，$K\mathrm{size}_i$ 是第 i 层卷积核的大小。

2. 特点

卷积层主要有 3 个比较重要的特点：稀疏连接、参数共享和等变表示。

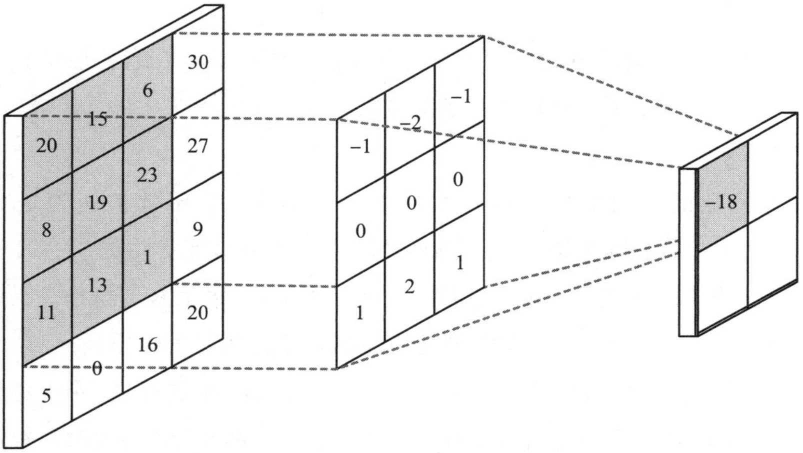

图 2-11　感受野示意图

（1）稀疏连接

在传统的神经网络中，输入单元和输出单元可以通过矩阵描述。这种描述方式类似于第 1 章讲到的邻接矩阵描述方式。矩阵中的每个元素定义了一个独立的参数，它表示每个输入单元和每个输出单元之间的交互关系。但是，如果卷积层内核中有限数量的输入单元是非零值，卷积层之间的连接就是稀疏的；与之相对的连接就是密集的，如图 2-12 所示。稀疏连接的主要优点之一是可以大大提高计算效率。

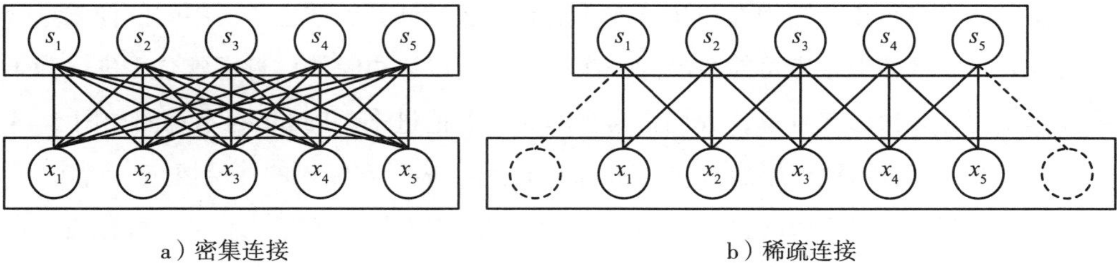

图 2-12　密集连接和稀疏连接

假设有 N 个输入单元和 M 个输出单元，传统的神经网络层就有 $N \times M$ 个参数，计算的时间复杂度为 $O(N \times M)$。当卷积层内核大小为 K 时，具有相同数量的输入单元和输出单元的卷积层有 $K \times M$ 个参数，计算的时间复杂度为 $O(K \times M)$。所以，CNN 的计算效率比传统的神经网络的计算效率要高很多。

（2）参数共享

参数共享指对不同输出单元执行计算时共享同一组参数。在卷积层中，使用相同的内核计算所有输出单元的值，这就实现了参数共享。

（3）等变表示

如果一个函数的输出变化与输入的变化形式相同，该函数被认为是等变的，即$f\left(g\left(x\right)\right)=g\left(f\left(x\right)\right)$。卷积和参数共享使得神经网络具有平移等变性质。CNN 一般由卷积层、池化层、全连接层构成。其中，卷积与池化是 CNN 中两大核心操作。具有卷积运算的层称为卷积层。池化操作将一些附近神经元的输出汇总为新的输出。

在全连接前馈网络中，如果第 l 层有M_l个神经元，第 l–1 层有M_{l-1}个神经元，连接的边有$M_l \times M_{l-1}$，也就是权重矩阵有$M_l \times M_{l-1}$个参数。当M_l和M_{l-1}都很大时，权重矩阵的参数非常多，训练效率会降低。所以，我们可以用参数共享来简化网络。不过，能够使用参数共享简化网络的原因是使用了一个相同的卷积核。如果我们要提取多种特征就需要使用多个不同的卷积核。

卷积层的作用是提取局部区域的特征。不同的卷积核可以提取不同的特征。先来看看单通道卷积。在单通道卷积过程中，卷积核是不需要翻转的，这种处理方式叫作互相关㊀。

例如：在图像矩阵中，单通道卷积过程如图 2-13 所示。

从上面的例子可以知道，当进行多次卷积运算后，输出的尺寸会越来越小。边缘的像素点对输出的影响很小，因为卷积运算在移动到边缘时计算就结束了。中间的像素点会参与多次计算，边缘的像素点可能只参加一次计算，所以，边缘的信息常常会丢失。为了使边缘像素点也能多次参与计算，我们常常会填充一些值进来。Padding 示意图如图 2-14 所示。填充值的大小表示填充层的数量，如 padding=1，表示在输入的外层填充一圈 0。

在一个二维图上进行填充，输出的特征图不仅和填充值有关，还与步长有关。步长是指计算位置的间隔。

我们可以从单通道卷积操作扩展到多通道。在单通道卷积计算过程中，我们知道卷积核大小、填充和步长会影响卷积输出的维度。假设输入维度为$H \times W \times C$，输出为$H' \times W' \times C'$，感受野的大小为 F，卷积的填充大小为 Q，步长为 s，则在 H 维度输出的大小为：

㊀ 互相关也被称作不翻转的卷积。它和卷积的区别在于是否进行翻转。

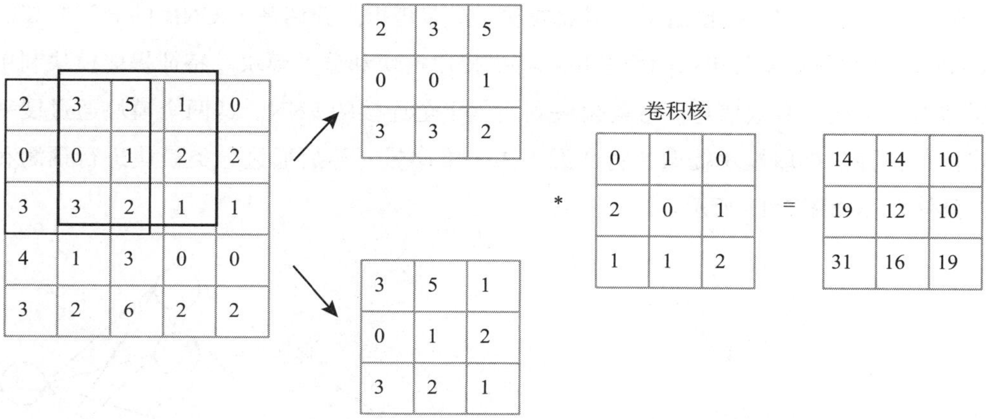

图 2-13　单通道卷积过程示意图

$$H' = \frac{H - F + 2Q}{s} + 1 \tag{2.13}$$

W'计算方式一样。

最后，再来看看池化层。池化操作的主要目的是降维，同时降低计算量。池化就是用一个固定的滑窗在输入上滑动，每次将窗内元素聚合成一个值作为输出。常用的池化操作有两种，分别是平均池化和最大池化。池化操作实例如图 2-15 所示。

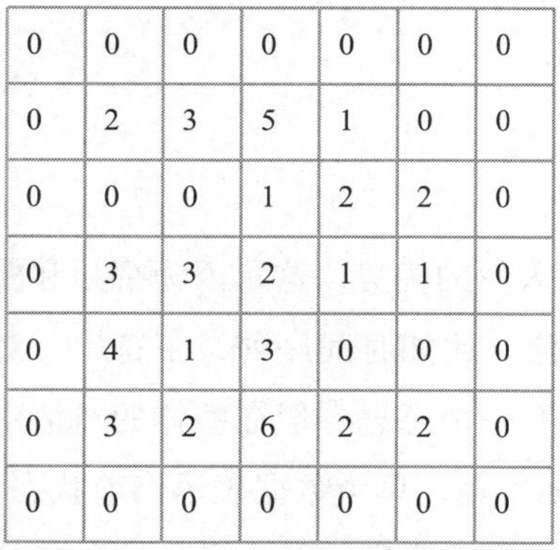

图 2-14　Padding 示意图

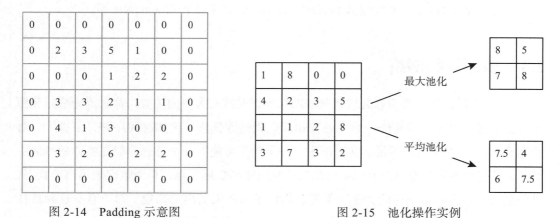

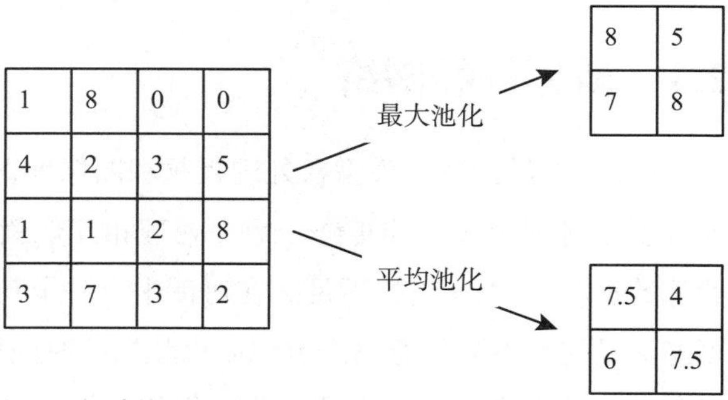

图 2-15　池化操作实例

2.2.2　卷积神经网络模型

CNN 模型有很多，主要应用于图像处理。前文介绍了卷积神经网络的结构特点和一些特征，这些结构和特征也适用于图像处理。本节将重点介绍基于 CNN 的分类框架。基于 CNN 的分类框架通常包括两个模块：特征提取模块和分类模块。特征提取模块利用卷积层和池化层提取有效信息。分类模块利用基于全连接的 FNN。这两个模块通过展平操作连接，将特征提取模块提取的特征展平为一维向量，然后通过分类模块进行预测和判断，具体操作如图 2-16 所示。

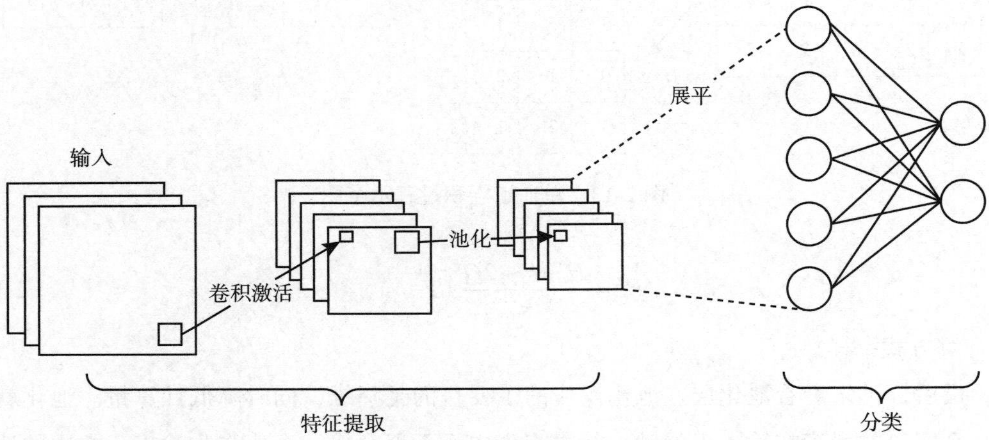

图 2-16 基于 CNN 的分类框架

目前，经典的 CNN 架构包括 LeNet5、AlexNet、VGG 和 GoogleNet 等。

2.3 循环神经网络

前文讲解的 CNN 模型在处理视频和图像数据时具有天然的优势，这是因为视频和图像数据是排列很整齐的矩阵。而在处理相互依赖的数据流，比如时间序列、字符串、对话等数据时，CNN 略显不足。在对话中，一个句子可能有一个意思，但在整体的对话中可能又是完全不同的意思。类似股市数据的时间序列数据也是，单个数据表示当前状态，但是全天数据会有不一样的变化，促使我们做出买进或卖出的决定。对于具有这种特征的数据，再生搬硬套计算模型可能解决不了问题。所以，研究者提出了一种新的处理这种数据的神经网络，即循环神经网络（Recurrent Neural Network，RNN）。这种网络可以专门处理具有相互依赖性的数据流。

2.3.1　循环神经网络结构和特点

1. 结构

循环神经网络是一种具有短期记忆能力的神经网络。它的主要用途是处理和预测序列数据，是一种用于序列数据建模的神经网络，即一个序列当前的输出与前面的输出也有关。RNN 会记忆之前的信息，并利用这些信息影响后面的节点和输出，如图 2-17 所示。

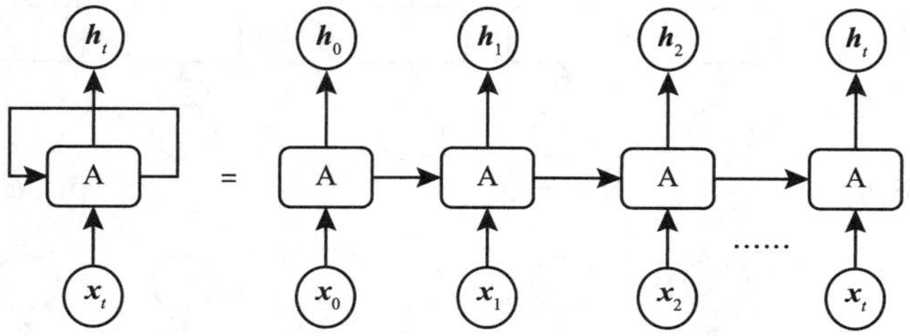

图 2-17　RNN 示意图

图 2-18 对 RNN 进行了展开。RNN 结构重复、共享参数。由于 RNN 结构中一个时刻的输出是下一时刻的输入，所以这种串联的网络结构非常适合处理时间序列数据，它可以保持数据中的依赖关系。RNN 结构通过隐藏层上的回路连接，使得前一时刻的网络状态能够传递给当前时刻，当前时刻的网络状态也可以传递到下一时刻。它可以看作所有层共享权值的深度 FNN，通过连接两个时间步来扩展。

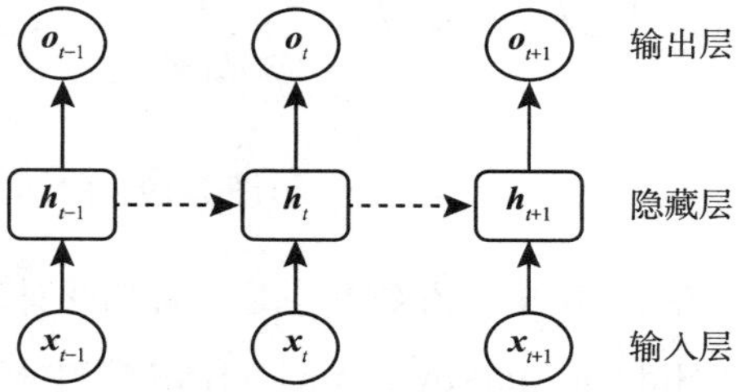

图 2-18　RNN 展开示意图

数学表达如下：

$$\begin{cases} \boldsymbol{h}_t = \sigma\left(\boldsymbol{W}_{xh}\boldsymbol{x}_t + \boldsymbol{W}_{hh}\boldsymbol{h}_{t-1} + \boldsymbol{b}_h\right) \\ \boldsymbol{o}_{t+1} = \boldsymbol{W}_{hy}\boldsymbol{h}_t + \boldsymbol{b}_y \\ \boldsymbol{y}_t = \mathrm{softmax}\left(\boldsymbol{o}_t\right) \end{cases} \tag{2.14}$$

其中，$\boldsymbol{W}_{xh}$为输入单元到隐藏单元的连接权重矩阵，$\boldsymbol{W}_{hh}$为隐藏单元之间的连接权重矩阵，$\boldsymbol{W}_{hy}$为隐藏单元到输出单元的连接权重矩阵，$\boldsymbol{b}_h$和 $\boldsymbol{b}_y$ 为偏置向量。计算过程中所需要的参数是共享的，理论上 RNN 可以处理任意长度的序列数据。$\boldsymbol{h}_t$的计算需要$\boldsymbol{h}_{t-1}$的计算结果，

$\boldsymbol{h}_{t-1}$又需要$\boldsymbol{h}_{t-2}$的计算结果，以此类推，所以，RNN 中某一时刻的状态对过去时刻的所有状态都存在依赖。RNN 能够将序列数据映射为序列数据输出，但是输出序列的长度并不是一定与输入序列长度一致，根据不同的任务要求，可以有多种对应关系，如图 2-19 所示。

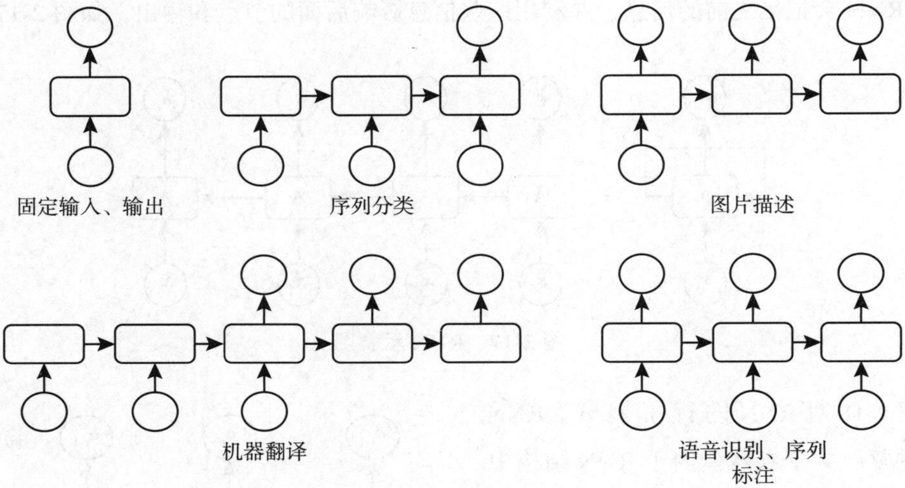

图 2-19 RNN 的输入和输出情况分类

在 CNN 中，参数共享是一种简化计算的方式。而参数共享的概念早在隐马尔可夫模型（Hidden Markov Model，HMM）中就已经出现。HMM 常用于序列数据建模，并且在语音识别领域取得了很好的成果。HMM 和 RNN 均使用内部状态来表示序列中的依赖关系。当时间序列数据存在长距离的依赖，并且依赖范围随时间变化或者未知时，RNN 可能是解决这类问题相对较好的方案。传统的 RNN 模型在计算不断叠加的过程中，梯度在传播中趋于消失（即梯度消失或梯度弥散）或爆炸。这也被称为长程依赖问题。为了解决这个问题，研究者对 RNN 进行了很多改进，比如在网络中加入门控机制。

2. 特点

（1）梯度消失和梯度爆炸

RNN 计算可以采用随时间反向传播（Back Propagation Through Time，BPTT）算法。BPTT 的主要思想是通过类似 FNN 的反向传播算法来计算梯度。假设对于时间序列 $x_1,x_2,\cdots,x_t$，通过 $s_t=F_\theta\left(s_{t-1},x_t\right)$ 将上一时刻的状态 s_{t-1} 映射到下一时刻的状态 s_t。T 时刻

的损失函数 L_T 关于参数 θ 的梯度为：

$$\nabla_\theta L_T = \frac{\partial L_T}{\partial \theta} = \sum_{t \leqslant T} \frac{\partial L_T}{\partial s_T} \frac{\partial s_T}{\partial s_t} \frac{F_\theta(s_{t-1}, x_t)}{\partial \theta} \tag{2.15}$$

根据链式法则，$\frac{\partial s_T}{\partial s_t}$ 可以分解为如下形式：

$$\frac{\partial s_T}{\partial s_t} = \frac{\partial s_T}{\partial s_{T-1}} \frac{\partial s_{T-1}}{\partial s_{T-2}} \cdots \frac{\partial s_{t+1}}{\partial s_t} = f_T' f_{T-1}' \cdots f_1' \tag{2.16}$$

对于循环神经网络，当$|f_t'|<1$时，意味着模型能够保持长程依赖，其本身梯度会逐渐消失。随着时间推移，梯度 $\nabla_\theta L_T$ 也会以指数级收敛于 0。当$|f_t'|>1$ 时，模型发生梯度爆炸问题。

（2）长短期记忆

前文讨论了 RNN 梯度消失和梯度爆炸问题，能解决这个问题的方法就是在 RNN 中加入长短期记忆（Long Short Term Memory，LSTM）机制。LSTM 的独特之处是引入一组门控单元来控制信息流，如图 2-20 所示。信息流过序列中连续位置的单元状态 $\boldsymbol{C}^{(t-1)}$ 和隐藏状态 $\boldsymbol{h}^{(t-1)}$。单元状态可以被认为是从先前状态传播到下一个位置的信息，而隐藏状态帮助确定该信息如何传播。

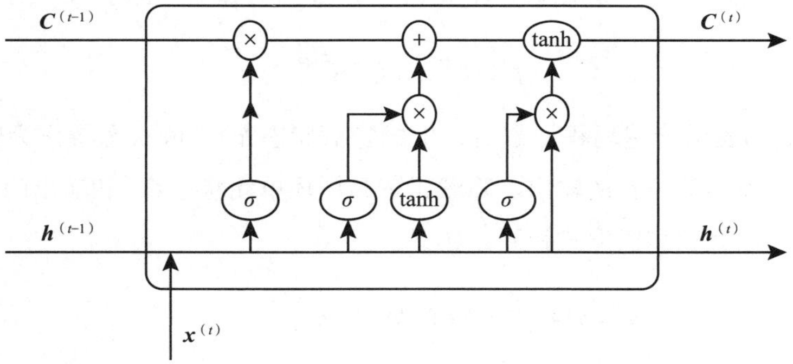

图 2-20　长短期记忆机制示意图

在图 2-20 中，由于功能要求需要选择性地选取存储信息，LSTM 在其网络结构中引入 3 个门控单元来控制信息的选取和存储。

- 输入门：每一时刻从输入层输入的信息会首先经过输入门。输入门的开关决定这一时刻是否会有信息输入存储单元。

- 输出门：决定每一时刻是否有信息从存储单元输出。
- 遗忘门：决定每一时刻存储单元里的信息是否被遗忘。如果信息被遗忘，存储单元里的信息将会被清除。下面重点讲解 LSTM 的工作机制。

LSTM 首先需要确定从先前单元状态来的哪些信息会被丢弃，该决定由遗忘门做出。遗忘门会考虑先前单元隐藏状态 $\boldsymbol{h}^{(t-1)}$ 和新输入 $\boldsymbol{x}^{(t)}$，针对循环单元状态 $\boldsymbol{C}^{(t-1)}$ 中每个元素输出一个介于 0 到 1 之间的值，该值控制如何丢弃 $\boldsymbol{C}^{(t-1)}$ 中对应元素的信息。假设用向量 $\boldsymbol{f}_t$ 表示遗忘门的输出，则：

$$\boldsymbol{f}_t=\sigma\left(\boldsymbol{W}_f * \boldsymbol{x}^{(t)}+\boldsymbol{U}_f \boldsymbol{h}^{(t-1)}+\boldsymbol{b}_f\right) \tag{2.17}$$

其中，$\boldsymbol{W}_f$、$\boldsymbol{U}_f$ 表示参数矩阵，$\boldsymbol{b}_f$ 表示偏置。接下来，LSTM 需要确定新输入 $\boldsymbol{x}^{(t)}$ 中哪些信息需要存储在新的单元状态中，该决定由输入门做出。则：

$$\boldsymbol{i}_t=\sigma\left(\boldsymbol{W}_i * \boldsymbol{x}^{(t)}+\boldsymbol{U}_i \boldsymbol{h}^{(t-1)}+\boldsymbol{b}_i\right) \tag{2.18}$$

输入 $\boldsymbol{x}^{(t)}$ 经神经网络处理后生成 $\tilde{\boldsymbol{C}}^{(t)}$：

$$\tilde{\boldsymbol{C}}^{(t)}=\tanh\left(\boldsymbol{W}_c * \boldsymbol{x}^{(t)}+\boldsymbol{U}_c \boldsymbol{h}^{(t-1)}+\boldsymbol{b}_c\right) \tag{2.19}$$

然后，组合旧单元状态 $\boldsymbol{C}^{(t-1)}$和新候选单元状态 $\tilde{\boldsymbol{C}}^{(t)}$，生成新单元状态 $\boldsymbol{C}^{(t)}$：

$$\boldsymbol{C}^{(t)}=\boldsymbol{f}_t \odot \boldsymbol{C}^{(t-1)}+\boldsymbol{i}_t \odot \tilde{\boldsymbol{C}}^{(t)} \tag{2.20}$$

式（2.20）中，⊙表示哈达玛积。最后，生成隐藏状态 $\boldsymbol{h}^{(t)}$。该状态将作为输入流到下一个位置，并可以作为该位置的输出。隐藏状态和循环单元状态 $\boldsymbol{C}^{(t)}$ 和输出门有关系。输出门的形式与输入门和遗忘门形式相同，如下：

$$\boldsymbol{o}_t=\sigma\left(\boldsymbol{W}_o * \boldsymbol{x}^{(t)}+\boldsymbol{U}_o \boldsymbol{h}^{(t-1)}+\boldsymbol{b}_o\right) \tag{2.21}$$

可计算得到 $\boldsymbol{h}^{(t)}$：

$$\boldsymbol{h}^{(t)}=\boldsymbol{o}_t \odot \tanh\left(\boldsymbol{C}^{(t)}\right) \tag{2.22}$$

（3）门控循环单元

门控循环单元可以看作 LSTM 的一种变体，LSTM 中的遗忘门和输入门合并为 GRU 的更新门；而 LSTM 的循环单元状态和隐藏状态合并，如图 2-21 所示。

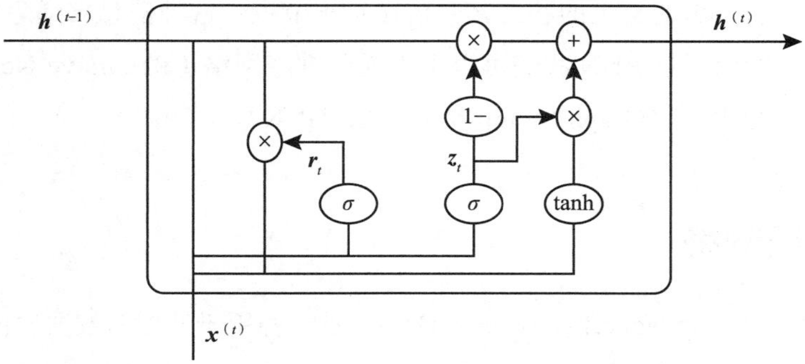

图 2-21　GRU 示意图

GRU 计算过程如下：

$$z_t = \sigma\left(W_z * x^{(t)} + U_z h^{(t-1)} + b_z\right) \tag{2.23}$$

$$r_t = \sigma\left(W_r * x^{(t)} + U_r h^{(t-1)} + b_r\right) \tag{2.24}$$

$$\tilde{h}^{(t)} = \tanh\left(W * x^{(t)} + U(r_t \odot h^{(t-1)}) + b\right) \tag{2.25}$$

$$h^{(t)} = (1 - z_t) \odot h^{(t-1)} + z_t \odot \tilde{h}^{(t)} \tag{2.26}$$

其中，z_t 表示更新门，r_t 表示重置门。

2.3.2　循环神经网络模型

RNN 是一种通过自带反馈的神经元，处理任意长度的时序数据的神经网络。前文已经讲了 RNN 的特点和性质。在这里，我们简单总结一下，并对循环神经网络结构进行抽象，如图 2-22 所示。

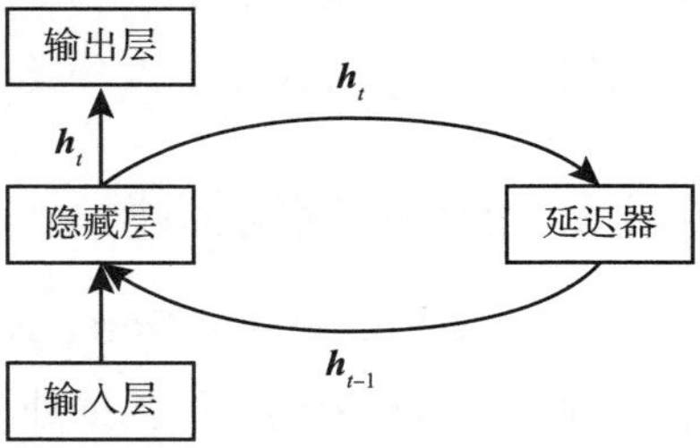

图 2-22　抽象循环神经网络结构

其中，隐藏层的h_t在文献中被称为状态或者隐状态。延迟器是一个虚拟单元，可以存储一定的信息，由于循环神经网络具有短时记忆功能，相当于存储装置，所以它的计算能力强大。循环神经网络在理论上可以模拟任何程序。

我们可以通过增加 RNN 的深度来增强 RNN 的能力，也可以将 RNN 按时间展开，每个时刻的隐状态 h_t 可以看作一个节点，那么这些节点构成一个链式结构，每个节点收到父节点的消息，更新自己的状态，并传递给子节点。这种消息传递思想可以扩展到任意的图结构，所以通过 RNN 我们可以引出递归神经网络（Recursive Neural Network，RecNN）和图神经网络㊀（Graph Neural Network，GNN）。

2.4 图神经网络

图神经网络（Graph Neural Networks,GNN）是一种用于处理图数据的机器学习模型。与传统的神经网络模型不同，GNN 专门用于处理图数据，其中图由节点和边组成，节点表示实体或对象，边表示节点之间的关系或连接。

GNN 的核心思想是通过在节点上进行信息传递和聚合来捕捉节点之间的关系。GNN 通过学习节点的嵌入（或表示）来表示节点的特征，这些嵌入可以包含节点本身的特征以及与其相邻节点的信息。在信息传递过程中，每个节点将其自身的特征与相邻节点的特征进行聚合，从而更新节点的表示。这种信息传递和聚合的过程可以迭代多次，以充分利用图中的局部和全局信息。

GNN 的一个重要变体是图卷积网络（Graph Convolutional Network，GCN）。它是最早被提出的一种 GNN 模型。GCN 通过将节点的特征与其相邻节点的特征进行卷积操作，实现节点表示的更新。这种卷积操作在图领域被称为图卷积。与传统的卷积操作不同，它在节点之间进行信息传递和聚合。

GNN 的应用非常广泛，特别适用于处理图数据，如社交网络分析、生物信息、化学分子、计算机视觉中的图像分割等。它能够通过学习节点之间的关系，从图中提取重要的结构和模式，并用于节点分类、图分类、链接预测等任务。

2.4.1 图神经网络综述

GNN 最早由 Marco Gori、Franco Scarselli 等人提出。在 Scarselli 的文章中，他将现有的神经网络拓展到了图数据处理领域。

图数据领域的应用问题一般分为两类：一类是关于图的应用问题，另一类是关于节点的应用问题。

㊀ 图神经网络是将消息传递思想扩展到图结构数据的神经网络。

假设有一张图可以表示成$\tau(G,n)\in R^m$的形式。对于图的应用问题，τ函数和节点 n 无关，在图数据集上实现分类和回归，形如$\tau(G)$，如图 2-23 所示。

在图 2-23 中，图G表示分子组成结构，$\tau(G)$可用于预测这种化合物引起某种疾病的可能性。图 2-24 表示每一个同质结构区域的图像，用弧表示它们的邻接关系。在这种情况下，我们可根据内容的不同，用$\tau(G)$表示图像具体对象分类情况，例如哪些节点位于城堡、汽车、人等。

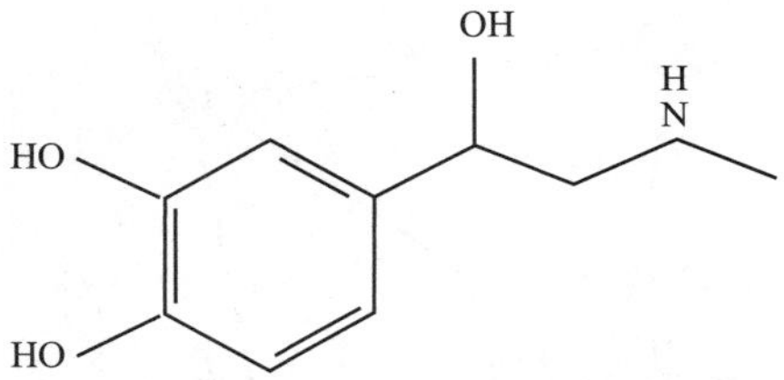

图 2-23　化学分子结构示意图

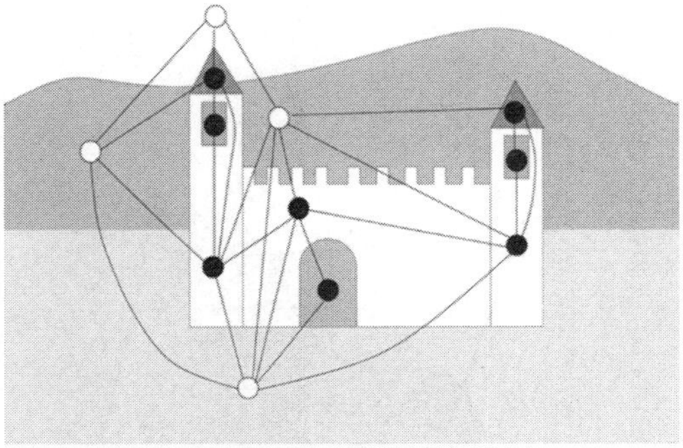

图 2-24　城堡图数据示意图

在节点应用程序中，τ 依赖节点 n，分类或者回归都依赖每个节点的特征。目标检测是这类应用的一个例子。要检测一张图像是否包含给定的目标，如果包含，则进行定位。这种问题可以用一个函数 τ 来解决，该函数能够分类邻接区域的节点。在图 2-24 中，图片中的每一种结构都由节点表示，函数$\tau(G,n)$可用于预测每一个节点是否位于城堡（图中的黑点）。

又比如网页分类应用，网站可以用一张图来表示，图中的节点表示网页，边表示网页之间的超链接。如图 2-25 所示，网站的内容随着网站之间的连接可以被挖掘出来，这个关系可以被定义为$\tau(G,n)$，比如，对网站按主题分类。

Scarselli 文章中典型的图示例如图 2-26 所示。GNN 一般处理的是无向的同构图，图中每个节点都有特征x_v，每条边也有自己的特征。为了方便表示，Scarselli 用$\mathrm{ne}[n]$表示节点 n 的邻居节点的集合，$\mathrm{co}[n]$表示节点 n 为顶点的所有边的集合。所以，GNN 问题可以用下面的数学模型进行描述。

假设给定一个图，该图由图和节点组合而成，数学形式为$D=g\times N$，g 表示图的集合，N表示节点的集合。那么，图领域的问题都可以定义成一个有如下数据集的监督学习框架。

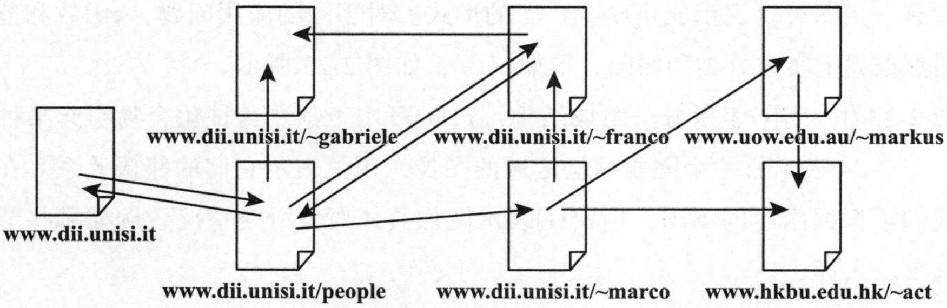

图 2-25 网页分类

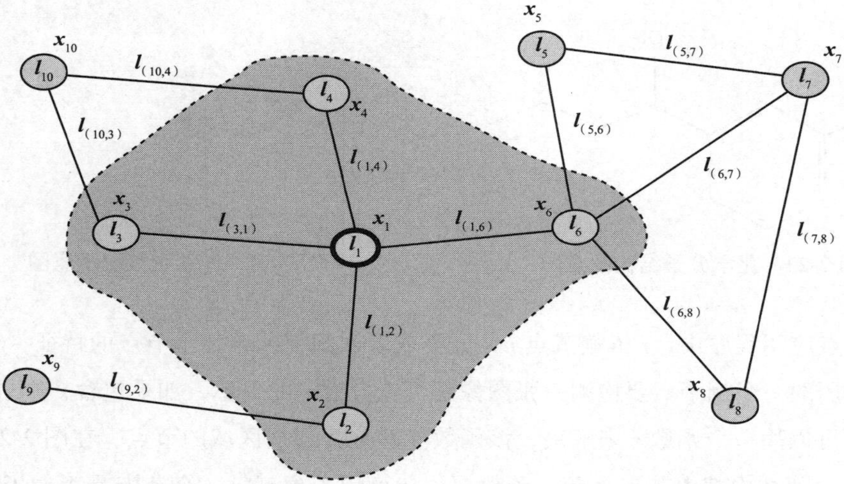

图 2-26 图示例

训练集如下：

$$L=\{\left(G_i,n_{i,j},t_{i,j}\right)\mid G_i=\left(N_i,E_i\right)\in g,n_{i,j}\in N_i,t_{i,j}\in R^m,\ 1\leqslant i\leqslant p,1\leqslant j\leqslant q_i\} \tag{2.27}$$

其中，$n_{i,j}\in N_i$ 表示集合$N_i\in N$中的第j个节点，$t_{i,j}$ 表示节点 $n_{i,j}$ 的期望目标（即标签）。节点 n 的状态用 $x_n\in N_i$ 表示，节点的输出用o_n表示，f_w为局部过渡函数，g_w为本地输出函数，那么x_n 和 o_n 的更新方式如下：

$$x_n=f_w\left(l_n,l_{\mathrm{co}[n]},x_{\mathrm{ne}[n]},l_{\mathrm{ne}[n]}\right) \tag{2.28}$$

$$o_n=g_w\left(x_n,l_n\right) \tag{2.29}$$

其中，l 和 x 分别表示输入的特征和隐状态，$\mathrm{co}[n]$和$\mathrm{ne}[n]$分别表示和节点 n 相连的边的集合和节点的集合。l_n、$l_{\mathrm{co}[n]}$、$x_{\mathrm{ne}[n]}$、$l_{\mathrm{ne}[n]}$分别表示节点特征、节点对应的边的特征、节点相邻节点的隐状态，以及节点相邻节点的特征。在图 2-26 中，x_{l_1}是l_1的输入特征，$\mathrm{co}[l_1]$包含边$l_{(1,4)}$、$l_{(1,6)}$、$l_{(1,2)}$、$l_{(3,1)}$，$\mathrm{ne}[l_1]$包含节点l_2、l_3、l_4、l_6。

如果把f_w、g_w不断叠加，对应形成F_w、G_w两个函数，F_w称为全局转移函数，G_w称为全局输出函数。根据巴拿赫不动点定理，假设F_w是一个压缩映射函数，那么 GNN 可以使用如下方式求解节点状态：

$$x(t+1)=F_w\left(x(t),l\right) \tag{2.30}$$

其中，$x(t)$是第 t 时刻的迭代值。对于任意的初始值，迭代的误差是以指数级速度减小的，使用迭代的形式写出状态和输出的更新表达式：

$$x_n(t+1)=f_w\left(l_n,l_{\mathrm{co}[n]},x_{\mathrm{ne}[n]}(t),l_{\mathrm{ne}[n]}\right) \tag{2.31}$$

$$o_n(t)=g_w\left(x_n(t),l_n\right) \tag{2.32}$$

根据图 2-27 所示，顶端的图是原始的图，中间的图表示状态向量和输出向量的计算流图，最下面的图表示将更新流程迭代 T 次，展开之后得到的等效网络图。

下面给出一个 GNN 学习算法。

GNN 学习就是估计参数ω，使得函数φ_ω能够近似估计训练集：

$$L=\{\left(G_i,n_{i,j},t_{i,j}\right)\mid G_i=\left(N_i,E_i\right)\in g,n_{i,j}\in N_i,t_{i,j}\in R^m,1\leqslant i\leqslant p,1\leqslant j\leqslant q_i\}$$

其中，q_i表示在图G_i中监督学习节点的个数，对于图的应用问题，需要增加一个特殊的节点作为目标节点。这样，聚焦于图的任务和聚焦于节点的任务都能统一到节点预测任务上，学习目标可以是最小化如下二次损失函数：

$$e_w=\sum_{i=1}^{p}\sum_{j=1}^{q_i}\left(t_{i,j}-\varphi_\omega\left(G_i,n_{i,j}\right)\right)^2 \tag{2.33}$$

优化算法是基于随机梯度下降的策略，优化步骤如下。

- 按照迭代方程迭代 T 次得到 $x_n(t)$，此时接近不动点解，即 $x(T)\approx x$。
- 计算参数权重的梯度 $\partial e_w(T)/\partial\omega$。
- 使用该梯度来更新权重ω。

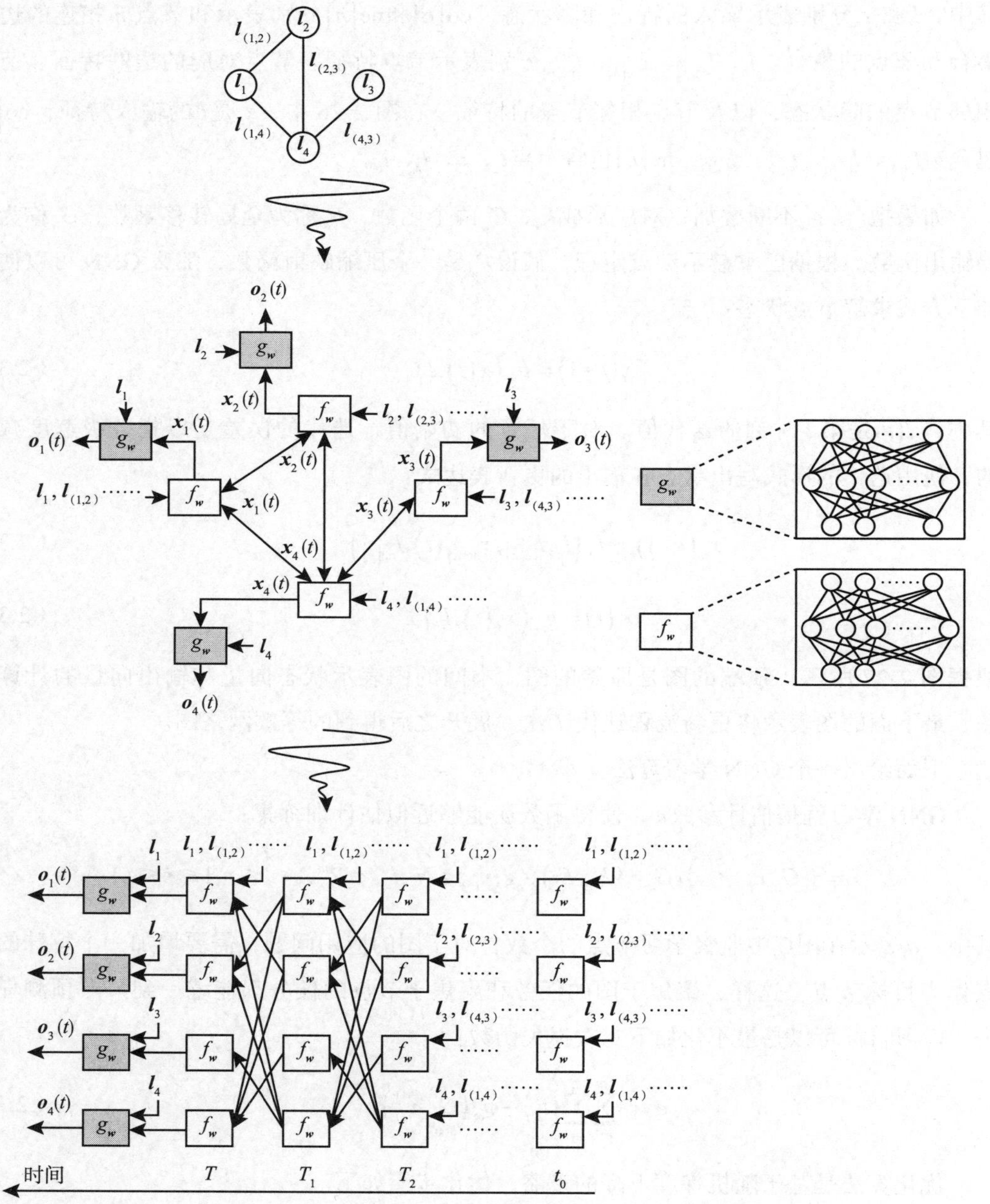

图 2-27 GNN 的信息传播流图以及等效的网络结构

上文介绍了基础 GNN 模型，它提供了一种有效的建模图数据的方法。但是，GNN 仍然存在很多不足。

1）计算效率较低。对不动点进行隐状态的迭代更新效率低。如果放宽不动点的假设，可以设计多层 GNN 以获得节点及其邻域的稳定表示。

2）在迭代过程中，GNN 使用的参数相同。相比当下流行的神经网络在不同层中使用不同的参数，这是一种分层的特征提取方法。此外，节点隐状态的更新是一个串行过程，可以受益于 RNN 内核（如 GRU 和 LSTM）。

3）基础的 GNN 模型不能很好地建模边的特征，因为知识图的边缘具有关系类型，根据不同类型的边缘传播的信息也不同。此外，如何学习边缘的隐状态也是一个重要问题。

4）如果关注节点表示而不是图本身，使用不动点不太适合，因为不动点的分布表示会很平滑，并且区分每个节点的信息量较少。

2.4.2 卷积图神经网络

因为 CNN 在深度学习领域取得了巨大成功，所以，研究者想把卷积引入图数据。这一方向的研究成果分为两类：基于谱分解的方法和基于空间结构的方法。基于谱分解和空间结构的方法有很多种模型，这里以 GCN 为例进行介绍。

2017 年，Thomas Kipf 和 Max Welling 在 ChebNet 的基础上将层级卷积运算的 K 限制为 1，通过这种方式来缓解模型在节点度分布范围较大的图上存在的局部过拟合问题。假设$\lambda_{\max}=2$，

$$\boldsymbol{g}'_\theta \boldsymbol{x}=\theta'_0\ \boldsymbol{x}+\theta'_1\left(\boldsymbol{L}-\boldsymbol{I}_N\right)\boldsymbol{x}=\theta'_0\boldsymbol{x}+\theta'_1\boldsymbol{D}^{-\frac{1}{2}}\boldsymbol{A}\boldsymbol{D}^{-\frac{1}{2}}\boldsymbol{x} \tag{2.34}$$

其中，θ'_0和θ'_1是可调节的参数。式（2.34）在实践过程中可以简化为如下形式：

$$\boldsymbol{g}_\theta \boldsymbol{x}=\theta\left(\boldsymbol{I}_N+\boldsymbol{D}^{-\frac{1}{2}}\boldsymbol{A}\boldsymbol{D}^{-\frac{1}{2}}\right)\boldsymbol{x} \tag{2.35}$$

观察$\boldsymbol{I}_N+\boldsymbol{D}^{-\frac{1}{2}}\boldsymbol{A}\boldsymbol{D}^{-\frac{1}{2}}$，它的特征值范围为 [0，2]。如果多次迭代，有可能造成不稳定和梯度消失或者梯度爆炸问题。为了缓解这个问题，我们需要做归一化，让特征值在 [0,1] 之间。所以定义$\tilde{\boldsymbol{A}}=\boldsymbol{A}+\boldsymbol{I}_n$ 且$\tilde{\boldsymbol{D}}_{ii}=\sum_j \tilde{A}_{ij}$，归一化后变为：

$$\boldsymbol{I}_N+\boldsymbol{D}^{-\frac{1}{2}}\boldsymbol{A}\boldsymbol{D}^{-\frac{1}{2}}\rightarrow\tilde{\boldsymbol{D}}^{-\frac{1}{2}}\tilde{\boldsymbol{A}}\tilde{\boldsymbol{D}}^{-\frac{1}{2}} \tag{2.36}$$

卷积操作变成$\theta' D^{-\frac{1}{2}} A D^{-\frac{1}{2}} X$。将图信号扩展到$X \in R^{n\times c}$（相当于有 n 个节点，每个节点有 c 维属性，X 是所有节点的初始属性矩阵）：

$$Z = \tilde{D}^{-\frac{1}{2}} \tilde{A} \tilde{D}^{-\frac{1}{2}} X\theta \tag{2.37}$$

其中，$\theta \in R^{c\times d}$是参数矩阵，$Z \in R^{n\times d}$是图卷积之后的输出。

在实际应用中，我们可以叠加多层图卷积，每一个卷积层仅处理一阶邻域信息，通过叠加若干卷积层可以实现多阶邻域的信息传递。

每一个卷积层的传播规则如下：

$$H^{(l+1)} = \sigma\left(\tilde{D}^{-\frac{1}{2}} \tilde{A} \tilde{D}^{-\frac{1}{2}} H^{(l)} W^{(l)}\right) \tag{2.38}$$

其中，初始输入$H^{(0)} = X$，第l层网络的输入为$H^{(l)} \in R^{n\times d}$，$n$ 为图中的节点数量，每个节点使用 d 维的特征向量进行表示。$\tilde{A} = A + I_n$，A 为邻接矩阵，I_n为单位矩阵，$\tilde{A}$为添加自连接的邻接矩阵，$\tilde{D}_{ii} = \sum_j \tilde{A}_{ij}$，$\tilde{D}$为节点的度数矩阵，$\sigma$为激活函数。$W^{(l)}$为神经网络第 l 层的权重矩阵。GCN 示意图如图 2-28 所示。

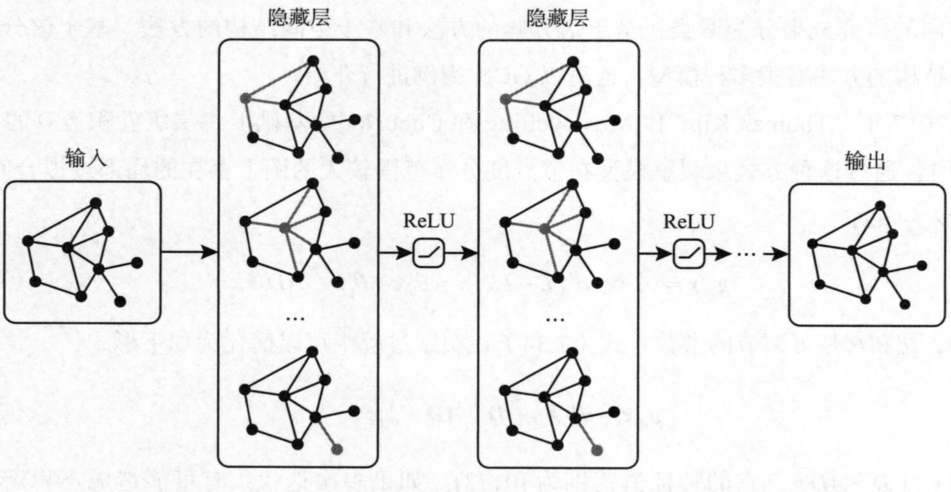

图 2-28 GCN 示意图

2.4.3 循环图神经网络

图神经网络的另一个趋势是在前向传播过程中使用门控机制（如 GRU 或 LSTM）。

这样做的目的是弥补 GNN 的不足，提高长程信息传播的有效性。这些模型称为循环图神经网络（Graph Recurrent Network，GRN）。GRN 模型也有很多，这里以 Graph LSTM 中的一篇文章为例，具体讲解 GRN 模型。

在 2016 年，Xiaodan Liang 等人提出用 Graph LSTM 模型来实现语义对象的解析。它是 LSTM 从时序数据或多维数据到一般图数据的推广。前文提到如何将 CNN 模型引入图数据，构建出 GCN 模型。这里通过引入 LSTM 到图数据，从而构建出 GRN 模型。

首先需要构建图数据。假设我们已经得到的超像素图数据为$G=\{V,E\}$，根据信息策略：给定卷积特征图，以 1×1 卷积滤波器生成关于每个语义标签的初始置信度图。然后通过平均包含的像素的置信度来计算每个标签的每个超像素的置信度，并且将具有最高置信度的标签分配给超像素。节点更新顺序可以根据分配标签的置信度来确定。

更新过程中，第（t+1）层网络决定每个节点 v_i 的当前状态，包括隐藏状态$\boldsymbol{h}_{i,t+1}$和记忆状态$\boldsymbol{m}_{i,t+1}$。每个节点都受其先前节点状态和相邻节点状态的影响，以便将信息传播到整个图像。因此，Graph LSTM 单元的输入由节点 v_i 状态$\boldsymbol{f}_{i,t+1}$、之前的隐藏状态 $\boldsymbol{h}_{i,t}$、记忆状态 $\boldsymbol{m}_{i,t}$，以及它的邻居节点的记忆状态组成。

在自适应更新策略中，当操作到一个具体的节点时，它的一些邻居节点已经更新过，但一些邻居节点还没有更新，因此用一个标识 q_j 来标识节点 v_j 是否已经更新，以计算节点 v_i 的隐藏状态 $\bar{\boldsymbol{h}}_{i,j}$（通过对邻居节点的隐藏状态求平均获得），公式如下：

$$\bar{\boldsymbol{h}}_{i,j}=\frac{\sum_{j\in N_g(i)}\boldsymbol{I}\left(q_j=1\right)\boldsymbol{h}_{j,t+1}+\boldsymbol{I}\left(q_j=0\right)\boldsymbol{h}_{j,t}}{\left|N_g\left(i\right)\right|} \tag{2.39}$$

与传统的遗忘门不同，Graph LSTM 对于不同的邻居节点具有不同的自适应遗忘门，导致相邻节点对更新记忆状态 $\boldsymbol{m}_{i,t+1}$ 和隐藏状态 $\boldsymbol{h}_{i,t+1}$ 的影响不同。

Graph LSTM 网络示意图如图 2-29 所示。Graph LSTM 由 4 个门组成，分别是输入门$\boldsymbol{g}^i$、遗忘门$\boldsymbol{g}^f$（或自适应遗忘门$\bar{\boldsymbol{g}}^f$）、记忆门$\boldsymbol{g}^m$和输出门$\boldsymbol{g}^o$，$\boldsymbol{W}_x$、$\boldsymbol{U}_x$、$\boldsymbol{U}_{xn}$分别为对应门的权重矩阵、隐藏状态、邻居节点的权重参数。$\boldsymbol{W}_x$指$\boldsymbol{W}_i$、$\boldsymbol{W}_f$、$\boldsymbol{W}_o$、$\boldsymbol{W}_m$。

由 Graph LSTM 更新的隐藏状态和记忆状态可以用如下公式表示：

$$\boldsymbol{g}_i^i=\delta\left(\boldsymbol{W}_i\boldsymbol{f}_{i,t+1}+\boldsymbol{U}_i\boldsymbol{h}_{i,t}+\boldsymbol{U}_{in}\bar{\boldsymbol{h}}_{i,t}+\boldsymbol{b}_i\right)$$

$$\bar{\boldsymbol{g}}_{ij}^f=\delta\left(\boldsymbol{W}_f\boldsymbol{f}_{i,t+1}+\boldsymbol{U}_{fn}\boldsymbol{h}_{j,t}+\boldsymbol{b}_f\right)$$

$$
\begin{aligned}
\boldsymbol{g}_i^f &= \delta\left(\boldsymbol{W}_f \boldsymbol{f}_{i,t+1} + \boldsymbol{U}_f \boldsymbol{h}_{i,t} + \boldsymbol{b}_f\right) \\
\boldsymbol{g}_i^o &= \delta\left(\boldsymbol{W}_o \boldsymbol{f}_{i,t+1} + \boldsymbol{U}_o \boldsymbol{h}_{i,t} + \boldsymbol{U}_{on} \overline{\boldsymbol{h}}_{i,t} + \boldsymbol{b}_o\right) \\
\boldsymbol{g}_i^m &= \tanh\left(\boldsymbol{W}_m \boldsymbol{f}_{i,t+1} + \boldsymbol{U}_m \boldsymbol{h}_{i,t} + \boldsymbol{U}_{mn} \overline{\boldsymbol{h}}_{i,t} + \boldsymbol{b}_m\right) \\
\boldsymbol{m}_{i,\ t+1} &= \frac{\sum_{j \in N_g(i)} \left(\boldsymbol{I}\left(q_j = 1\right) \overline{\boldsymbol{g}}_{ij}^f \odot \boldsymbol{m}_{j,t+1} + \boldsymbol{I}\left(q_j = 0\right) \overline{\boldsymbol{g}}_{ij}^f \odot \boldsymbol{m}_{j,t}\right)}{\left|N_g(i)\right|} + \boldsymbol{g}_i^f \odot \boldsymbol{m}_{i,t} + \boldsymbol{g}_i^i \odot \boldsymbol{g}_i^m \\
\boldsymbol{h}_{i,t+1} &= \tanh\left(\boldsymbol{g}_i^o \odot \boldsymbol{m}_{i,t+1}\right)
\end{aligned}
\tag{2.40}
$$

其中，⊙表示哈达玛积。

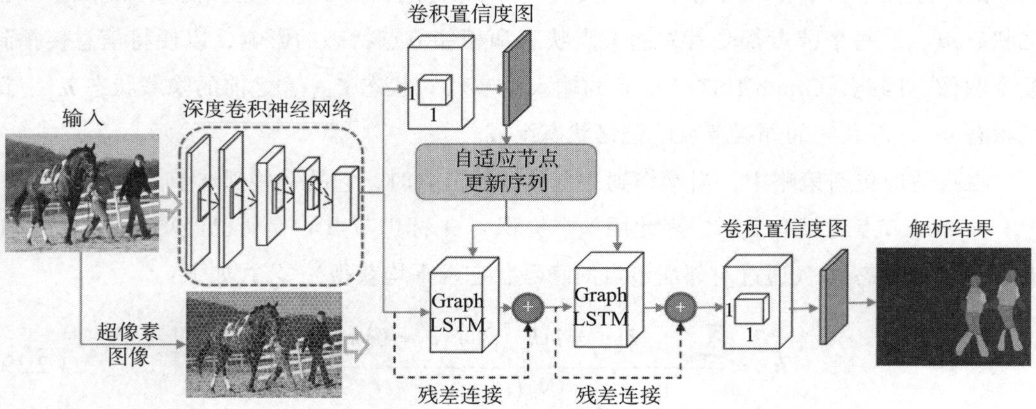

图 2-29 Graph LSTM 网络示意图

GRN 有很多模型实例，由于篇幅所限，这里就不一一列举了。总体来讲，这类模型引入门控机制来弥补 GNN 网络的不足；但是，引入门控机制也会带来循环网络模型的不足。在实际应用场景中，我们还是应该综合考虑每种模型的优势和不足，扬长避短。

2.5 本章小结

本章主要对图神经网络进行概括和总结，着重围绕模型的演变历程展开。基础的神经网络在一般的数据集上的成功，启发我们将各个模型引入图数据上进行建模和分析，这也是 GNN 网络的由来。在分析图数据时，我们有两种方法，即基于谱分析方法和基于空间分析方法。本章以基于谱分析方法为例，讲解了 GCN 网络，但我们也可以基于空间分析方法来分析 GCN 网络。在介绍 GRN 时，本章讲解了门控机制引入后，在整体计算过程中发生的变化。在学习过程中，我们可以参考 RNN 网络中的 LSTM 和 GRU 网络。总之，本章是图神经网络学习必备的基础知识，希望能为学习者提供更多的帮助。

Chapter 3 第 3 章

知识图谱基础

知识图谱作为当前人工智能的重要研究方向之一，受到研究者的广泛关注。知识图谱是一个古老又崭新的课题，首先智能从来就离不开知识，知识始终是人工智能的核心之一。知识图谱在理论方面的研究深厚，在规模、存储，以及计算上也都具备实际应用的条件。而且具有图结构是知识图谱构建的基础。

本章将从图数据、图计算的角度重新审视知识图谱的一些重要概念，使读者在了解知识图谱基本概念的基础上，能够了解一些关于知识图谱的最新研究成果。

3.1 知识图谱的定义和模型

知识是人工智能的重要组成部分，也是人类认识客观世界（包括自身）的成果。它包括对事实、信息的描述及在教育和实践中获得的技能。知识在计算机中是一种可以被表示、存储和计算的特殊信息，是信息中的精华。它包括陈述性知识、过程性知识和元知识。

现在，我们使用的知识图谱技术主要体现在以下几个方面：知识表示、知识库构建、知识推理和知识应用。从知识表示来看，知识图谱本质上是一个由节点和边组成的庞大的有向连接图。知识图谱可以分解成一个个三元组的集合进行表示。

基于图的性质和这些被表示成三元组的集合的统计特性，我们可将知识图谱应用到机器学习算法和模型中。后文提及的分布式向量知识表示，会把知识图谱中实体与关系从一个高维、稀疏的向量空间映射到一个低维、稠密的向量空间。这样做的目的是提升知识图谱的可计算性。所以，知识图谱的应用范围逐渐扩展开来。知识图谱可以被应用到知识检索、知识推理、知识辅助理解等领域。另一方面，现代机器学习算法、深度神经网络的发展也对知识图谱的表示、构建、推理和应用起到了非常大的推动作用。这些算法和模型包括概率统计模型、深度神经元学习模型、预训练模型、主动学习模型、增强学习模型、对抗学习模型、迁移学习模型等。可以这样说，知识图谱已经不是一种单一的技术，而是将多种技术融合在一起。

基于图数据的计算以及基于图结构构建的深度学习模型都促进了知识图谱的发展。知识图谱的发展也促进了更多领域相关应用的产生。下面具体介绍一些基于知识图谱产生的一些模型和方法。

3.1.1 知识图谱定义

知识图谱在学术界没有一致的定义，但是在谷歌发布的文档中有明确描述。知识图谱是一种用图模型来描述知识和建模世界万物之间关联关系的技术方法。它能够为智能搜索服务提供知识库。所以，知识图谱是一种知识库，是知识描述、组织和存储的方式，如图 3-1 所示。

知识图谱是从本体技术发展起来的。本体是一个哲学用语，是对客观世界进行描述的概念体系。构成人工智能的本体三要素分别是实体、关系和属性。

- 实体：各种人、事、物，独立且区别于其他存在的事物被称为实体。实体是知识图谱中最基本的元素。
- 关系：在知识图谱中，关系用知识图谱中的边表示，用来表示不同实体间的某种联系。在图 3-1 中，图灵和人工智能之间存在关系，知识图谱和谷歌之间存在关系，谷歌和深度学习之间存在关系。
- 属性：知识图谱中的实体和关系都可以有各自的属性，它是实体之间关系的映射。

在知识图谱系统中，知识图谱通常以一个三元组的形式来描述，如，$g=(\varepsilon,R,S)$。其中，$\varepsilon=\left\{e_1,e_2,\cdots,e_{|\varepsilon|}\right\}$是知识库中的实体集合，共包含$|\varepsilon|$种不同的实体；$R=\left\{r_1,r_2,\cdots,r_{|R|}\right\}$是关系集合，共包含$|R|$种不同的关系；$S\subseteq\varepsilon\times R\times\varepsilon$代表知识库中的三元组集合。一般来说，三元组的基本形式主要包括（实体 a，关系，实体 b）和（实体，属性，属性值）。

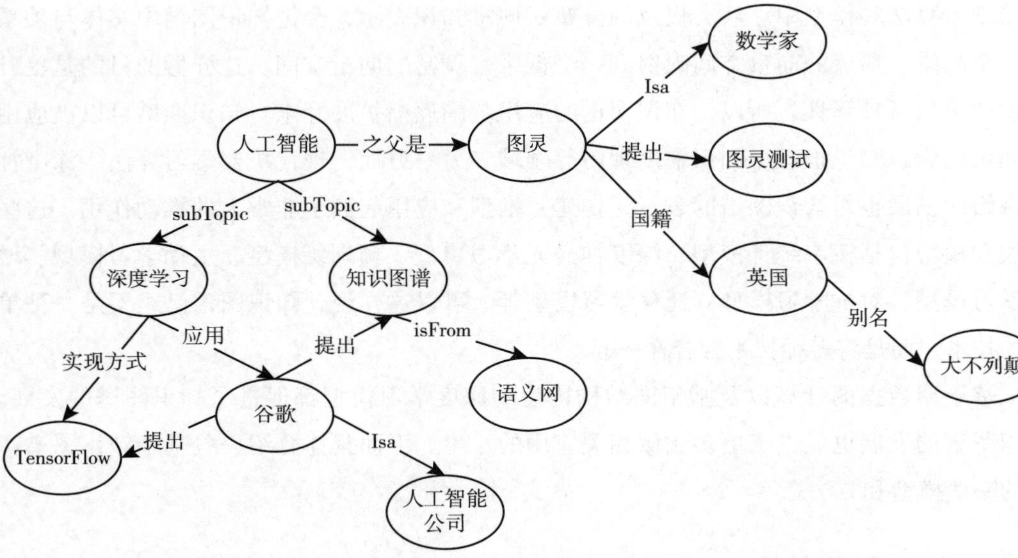

图 3-1 知识图谱示例

知识图谱表示实体间结构化的关系，已成为和认知、人工智能相关的热门研究方向。知识图谱的研究方向主要有 4 个：知识表示学习、知识获取、时序知识图谱、知识感知的应用，如图 3-2 所示。比如，在知识表示学习中，知识图谱的嵌入涉及 4 方面内容：表示空间、打分函数、编码模型和辅助信息。其中，打分函数是整个模型最重要的部分。根据不同的打分函数，我们可以进行模型的分类。下面具体讲解知识图谱嵌入以及一些常用的模型。

3.1.2 知识图谱嵌入

知识表示学习（Knowledge Representation Learning, KRL）或者知识图谱嵌入（Knowledge Graph Embedding，KGE）是将实体和关系映射到一个低维连续空间。知识图谱的嵌入和普通的图嵌入类似，它们的目的都是学习到实体和关系的向量化表示。

假设用 h、r、t 分别表示实体、关系和尾实体，对于这个三元组（h_i,r_i,t_i），如果符合事实，置信度为 1；如果不符合事实，置信度为 0。

知识表示学习的一般流程如下。

1）随机初始化实体和关系向量。

2）定义打分函数来计算三元组的置信度。

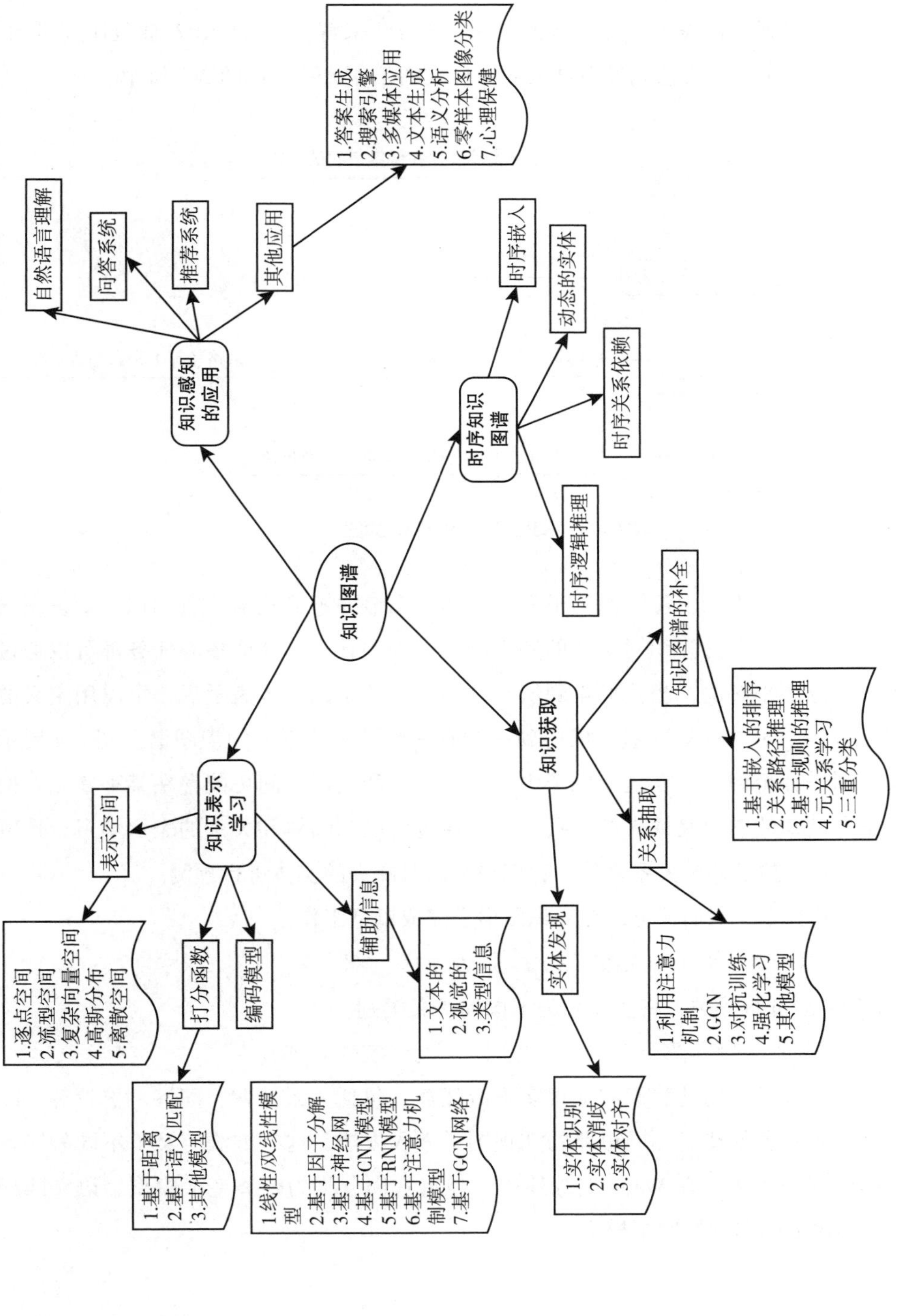

图 3-2　知识图谱研究分类

3）最大化置信度来训练实体、关系向量。

那么，如何得到知识表示学习？是否有基本的方法来解决这个问题？通过研究可知，我们可以把知识表示学习方法归纳总结为一个标准的工作流程，如图 3-3 所示。

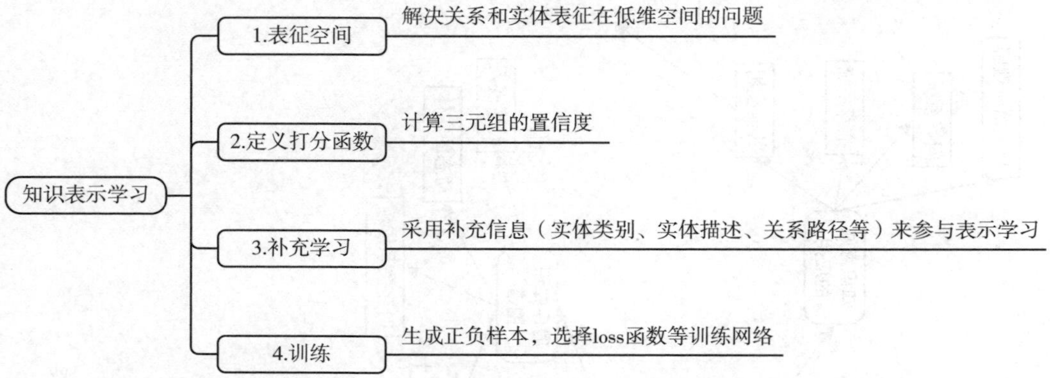

图 3-3 KRL 工作流程示意图

为什么需要知识表示学习？原因很简单，知识图谱并不能覆盖所有知识，知识图谱的核心任务是利用已有的知识对未知的知识进行推理和补全。这些核心任务都可以通过知识图谱嵌入方法来解决。当我们得到所有的实体和关系的嵌入表示后，可以用定义的打分函数评价每个可能的三元组，以得到一个有一些缺失关系的知识图谱。图 3-4 展示了一个知识图谱补全例子。在这个例子中，阿甘正传和英语之间可能存在某种联系，但是这种联系在已知的图上是缺失的，我们可以通过对已知实体和关系的表示学习，预测它们之间的关系。除了补全关系之外，我们也可以对缺失的实体进行预测。

除了推理和补全，我们还可以在知识图谱上完成以下工作。

1）对三元组分类，判断三元组（h,r,t）是否为真。

2）对实体 h_i 进行分类，将实体归为不同的语义类别。

3）实体 h_i 判别，判断两个实体是否为同一目标（实体对齐）。

知识图谱嵌入可以辅助我们完成很多下游任务，包括关系抽取、问答、推荐等。随着深入研究，研究者创造了不同思路的知识图谱嵌入方法，这些方法定义了不同的嵌入空间和不同的损失函数。在 Wang 的综述中，他将它们分类为距离变换模型、语义匹配模型和知识图谱上的图神经网络模型。

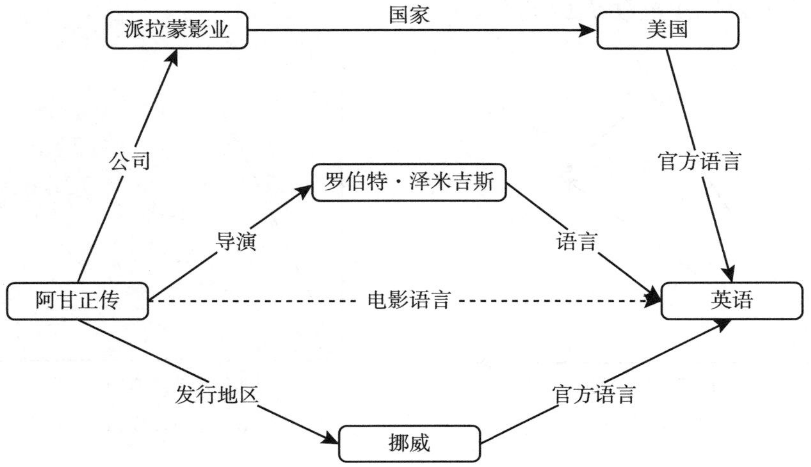

图 3-4　知识图谱补全的例子（来自 FreeBase）

3.1.3　距离变换模型

从图 3-2 可知，知识表示学习中比较重要的是打分函数。根据计算方式的不同，我们可以利用度量距离来得到表示学习的打分函数。这种方法来自翻译模型。因为在翻译模型中通常将关系翻译后，把事实的合理性视为两个实体之间的距离。所以，距离变换模型就是基于距离的打分函数，通过两个实体之间的距离对事实的合理性进行度量，如图 3-5 所示。

（1）TransE 模型

TransE 模型简单高效，将实体和关系表示在同一空间。这种通过平移方式，将知识表示出来的算法，早在 Mikolov 2013 年提出的 Word2Vec 中就已经被运用。平移模型就是将实体和关系映射到同一低维向量空间，将实体与实体之间的关系表示为实体之间的平移操作。这种模型的计算复杂度大大降低并且在知识图谱补全等任务中取得显著效果。例如，（基努 · 里维斯，出演，疾速追杀），（吴京，出演，战狼 2）可以通过平移不变性得到：疾速追杀 – 基努 · 里维斯 ≈ 战狼 2– 吴京。

TransE 模型认为一个三元组内的实体与关系之间存在 $\boldsymbol{h}+\boldsymbol{r}\approx\boldsymbol{t}$ 的关系。模型对三元组（$\boldsymbol{h},\boldsymbol{r},\boldsymbol{t}$）定义的打分函数为：

$$f_r(\boldsymbol{h},\boldsymbol{t})=-\|\boldsymbol{h}+\boldsymbol{r}-\boldsymbol{t}\|_{L1/L2} \tag{3.1}$$

其中，$\|\cdot\|_{L1/L2}$表示 $L1$ 范数或 $L2$ 范数。

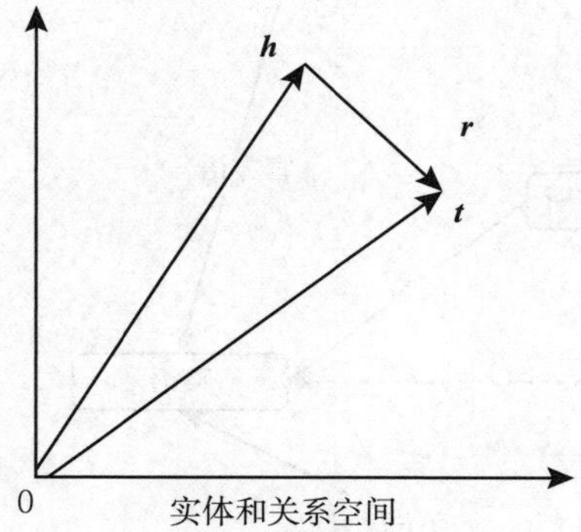

a）TransE 模型

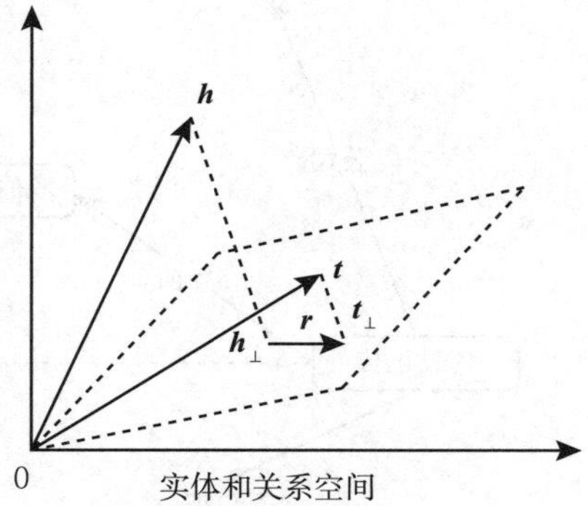

b）TransH 模型

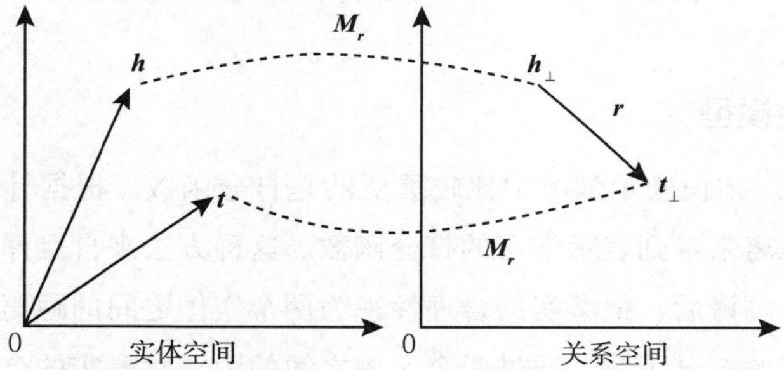

c）TransR 模型

图 3-5 TransE、TransH、TransR 模型

在这里我们可以将 r 看作由 h 到 t 的翻译，所以 TransE 模型也被称为翻译模型。在实际训练过程中，TransE 模型使用了最大间隔方法，我们可以对打分函数进行如下优化：

$$L=\sum_{(\boldsymbol{h},\boldsymbol{r},\boldsymbol{t})\in T}\sum_{(\boldsymbol{h}',\boldsymbol{r},\boldsymbol{t}')}\max\left(\gamma+f_r\left(\boldsymbol{h},\boldsymbol{t}\right)+f_r\left(\boldsymbol{h}',\boldsymbol{t}'\right),\ 0\right) \tag{3.2}$$

其中，$T=f_r\left(\boldsymbol{h},\boldsymbol{t}\right)$, $T'=f_r\left(\boldsymbol{h}',\boldsymbol{t}'\right)$，$T$和$T'$分别是正例三元组与负例三元组的集合；$\gamma$是正负例三元组得分的间隔距离。模型通过最大化正负例三元组之间的得分差来优化知识表示。知识图谱中往往存在一对多、多对一，甚至多对多的复杂关系。TransE 模型在处理一对多、多对一、多对多关系时会存在问题。TransE 模型仅仅关注了知识图谱的局部信息，忽略了全局结构与关系之间的推理逻辑。而且 TransE 模型对多源异质信息处理能力不足。针对上面的这些问题，研究者做了一些改进。

（2）TransH 模型

TransH 模型引入了“特定关系”（Relation-Specific）超平面。“特定关系”是指一个实体在不同的关系下有不同的表示。对于关系 r，TransH 模型使用平移向量 $\boldsymbol{r}$ 和超平面的法向量 $\boldsymbol{w}_r$ 来表示“特定关系”的超平面。所以，对应一个三元组（$\boldsymbol{h},\boldsymbol{r},\boldsymbol{t}$），TransH 模型先将向量 $\boldsymbol{h}$ 和向量 $\boldsymbol{t}$ 投影到关系 r 对应的超平面上。分别得到 $\boldsymbol{h}_\perp$ 和 $\boldsymbol{t}_\perp$，再对投影用的 TransE 模型进行训练和学习，如图 3-5b 所示。

因此，TransH 模型的打分函数就如下：

$$f_r(\boldsymbol{h},\boldsymbol{t}) = -\|\boldsymbol{h}_\perp + \boldsymbol{r} - \boldsymbol{t}_\perp\|_2^2 \tag{3.3}$$

其中，$\boldsymbol{h}_\perp = \boldsymbol{h} - \boldsymbol{w}_r^{\mathrm{T}}\boldsymbol{h}\boldsymbol{w}_r$，$\boldsymbol{t}_\perp = \boldsymbol{t} - \boldsymbol{w}_r^{\mathrm{T}}\boldsymbol{t}\boldsymbol{w}_r$。因为关系 r 可能存在无限个超平面，TransH 模型简单地令 $\boldsymbol{r}$ 与 $\boldsymbol{w}_r$ 近似相交，任选其中一个超平面。这个超平面应该满足$\boldsymbol{h}_\perp + \boldsymbol{r} \approx \boldsymbol{t}_\perp$。

（3）TransR 模型

和 TransH 模型思想类似，TransR 模型引入的是关系特定空间，而不是超平面。TransR 模型将一个实体看作多种属性的综合体，不同的关系拥有不同的语义空间，并关注实体的不同属性，如图 3-5c 所示。

TransR 模型使用关系特定的映射矩阵 $\boldsymbol{M}_r$ 将实体从实体空间映射到关系 r 所在的关系空间，得到$\boldsymbol{h}_r$和$\boldsymbol{t}_r$：

$$\boldsymbol{h}_r = \boldsymbol{M}_r\boldsymbol{h}，\ \boldsymbol{t}_r = \boldsymbol{M}_r\boldsymbol{t} \tag{3.4}$$

所以，在关系 r 所在的空间，$\boldsymbol{h}_r$和$\boldsymbol{t}_r$满足下面的打分函数：

$$f_r(\boldsymbol{h},\boldsymbol{t}) = -\|\boldsymbol{h}_r + \boldsymbol{r} - \boldsymbol{t}_r\|_2^2 \tag{3.5}$$

3.1.4　语义匹配模型

语义匹配模型是构造基于相似性的打分函数，通过匹配嵌入实体和关系间的潜在语义来衡量事实的合理性，示例如图 3-6 所示。

（1）RESCAL 模型

RESCAL 又称双线性模型，它将每个实体表示成一个向量，通过这种方式得到潜在语义。它把每个关系表示成一个矩阵，该矩阵对潜在因素之间的交互作用进行建模。它的打分函数是双线性函数：

$$f_r(\boldsymbol{h},\boldsymbol{t})=\boldsymbol{h}^{\mathrm{T}}\boldsymbol{M}_r\boldsymbol{t}=\sum_{i=0}^{d-1}\sum_{j=0}^{d-1}[\boldsymbol{M}_r]_{ij}[\boldsymbol{h}]_i[\boldsymbol{t}]_j \tag{3.6}$$

该打分函数的值描述了 $\boldsymbol{h}$ 和 $\boldsymbol{t}$ 所有分量之间的交互关系。

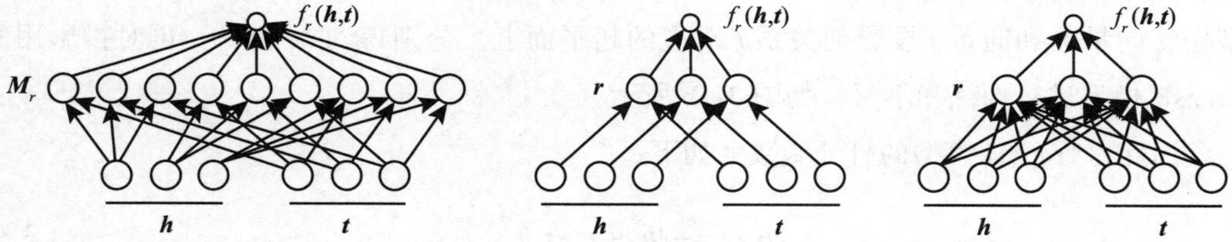

a）RESCAL 模型　　b）DistMult 模型　　c）HolE 模型

图 3-6 语义匹配模型示例

（2）DistMult 模型

DistMult 模型是 RESCAL 模型的简化版本，它通过将$\boldsymbol{M}_r$限制为对角矩阵来减少参数的数量。每一个关系 r 映射到一个嵌入向量$\boldsymbol{r}\in R^d$，并令$\boldsymbol{M}_r=\mathrm{diag}(\boldsymbol{r})$，所以，DistMult 模型的打分函数为：

$$f_r(\boldsymbol{h},\boldsymbol{t})=\boldsymbol{h}^{\mathrm{T}}\mathrm{diag}(\boldsymbol{r})\boldsymbol{t}=\sum_{i=0}^{d-1}[\boldsymbol{r}]_i[\boldsymbol{h}]_i[\boldsymbol{t}]_i \tag{3.7}$$

该值仅描述同一维度的 $\boldsymbol{h}$ 和 $\boldsymbol{t}$ 分量之间的交互关系。DistMult 模型只能处理对称的关系，对于任意 $\boldsymbol{h}$ 和 $\boldsymbol{t}$ 分量，总有$\boldsymbol{h}^{\mathrm{T}}\mathrm{diag}(\boldsymbol{r})\boldsymbol{t}=t^{\mathrm{T}}\mathrm{diag}(\boldsymbol{r})\boldsymbol{h}$。但是，知识图谱中很多关系不总是对称的，所以 DistMult 模型有一定的局限性。

（3）HolE 模型

HolE 模型将 RESCAL 模型的表达能力与 DistMult 模型的简捷性进行了结合，将实体和向量都表示在同一向量空间R^d上。

HolE 模型首先使用循环相关运算“*”将实体（$\boldsymbol{h},\boldsymbol{t}$）表示成$[\boldsymbol{h}*\boldsymbol{t}]_k=\sum_{i=0}^{d-1}[\boldsymbol{h}]_i[\boldsymbol{t}]_{(k-i)\bmod d}$
然后将上述结果与关系进行匹配，得到打分函数：

$$f_r(\boldsymbol{h},\boldsymbol{t})=\boldsymbol{r}^{\mathrm{T}}(\boldsymbol{h}*\boldsymbol{t})=\sum_{i=0}^{d-1}[\boldsymbol{r}]_i\sum_{i=0}^{d-1}[\boldsymbol{h}]_i[\boldsymbol{t}]_{(k-i)\bmod d} \tag{3.8}$$

循环相关运算能够压缩成对相互作用，减少模型参数。另外，由于循环相关运算符是不可交换的，即$\boldsymbol{h}*\boldsymbol{t}\neq\boldsymbol{t}*\boldsymbol{h}$，因此，HolE 模型可处理非对称关系。

3.2 知识图谱上的神经网络

一个知识图谱可以表示成 $g=(V,E,R)$ 的形式，其中 V 表示节点的集合，E 表示边的集合，R 表示关系的集合。节点表示各种类型的实体和属性，边表示节点之间不同类型的关系。具体来说，一条边 $e \in E$ 可以表示为一个三元组 (h,r,t)，其中，$h,t \in V$ 分别表示边的源节点和目标节点，$r \in R$ 表示节点之间的关系。图神经网络可以扩展到知识图谱中的节点表示学习，它可以辅助完成各种下游任务，包括知识图谱补全、节点重要性评估、实体连接和跨语言知识图谱对齐等。

在推荐系统中，我们经常会遇到很多类型数据，比如结构化数据、非结构化数据和半结构化数据。对于异构数据，如何构建知识图谱以应用在推荐系统，在之前的模型中研究得较少。早期的图神经网络复杂度较高，很难扩展到知识图谱这种大规模图上。随着对图神经网络的深入研究，越来越多的研究者开始使用图神经网对知识图谱进行建模。

3.2.1 关系图卷积网络

关系图卷积网络（R-GCN）是一个基于信息传递的异构图神经网络。R-GCN 本质上是对 GCN 的一个扩展——在 GCN 的基础上加入了边的信息，所以，R-GCN 也可以用来学习实体嵌入。受到 GCN 聚合过程的启发，R-GCN 的聚合过程如下：

$$\boldsymbol{H}_i^{(l+1)}=\sigma\left(\sum_{r\in R}\sum_{j\in N_i^r}\frac{1}{c_{i,r}}\boldsymbol{H}_j^{(l)}\boldsymbol{W}_r^{(l)}+\boldsymbol{H}_i^{(l)}\boldsymbol{W}_o^{(l)}\right) \tag{3.9}$$

其中，N_i^r 表示节点 i 在关系 r 下的邻居节点的下标，$c_{i,r}=\left|N_i^r\right|$ 是一个正则化系数。可以看出节点更新过程中，每个节点 i 都加上所有相关的邻居节点的信息，并且加入自循环来保持部分自身节点的信息，如图 3-7 所示。

3.2.2 知识图谱与注意力模型

前面在介绍网络时，没有介绍注意力机制，这里先从注意力机制开始讲起，因为注意力机制已经成功用于许多基于序列的任务，比如机器翻译、机器阅读。GCN 是平等对待所有相邻节点的，而注意力机制不同，它可以为每个相邻节点分配不同的分数。图注意力网络也可以看作 GCN 家族中的一种方法。

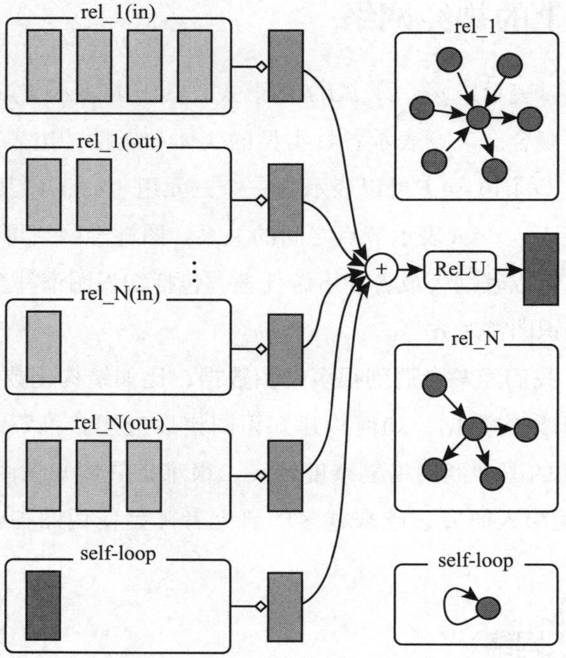

图 3-7 关系图卷积网络的节点更新过程

2018 年，Peta Velickovic 等人提出一种图注意力网络（Graph Attention Network，GAT）。这种网络在信息传播过程中引入了注意力机制。具体来讲，它采用了自注意力机制。节点的隐状态通过注意力机制得到。GAT 通过堆叠简单的图注意力层实现，具体的实现原理如下。

假设节点的输入特征为 $\boldsymbol{h}=\{\boldsymbol{h}_1,\boldsymbol{h}_2,\cdots,\boldsymbol{h}_N\}$ 且 $\boldsymbol{h}_i\in R^F$，其中 N 是节点的个数，F 是每个节点的特征数。节点的输出特征为 $\boldsymbol{h}'=\{\boldsymbol{h}_1',\boldsymbol{h}_2',\cdots,\boldsymbol{h}_N'\}$ 且 $\boldsymbol{h}_i'\in R^{F'}$，其中节点的个数 N 不变，每个节点的特征数变为F'。对某个节点做线性变换$\boldsymbol{W}\boldsymbol{h}_i$，这是一种常见的特征增强方法。节点间共享自注意力机制：$R^{F'}\times R^{F'}\to R$，节点 i 和节点 j 之间的注意力系数计算如下：

$$e_{ij}=a\left(\boldsymbol{W}\boldsymbol{h}_i,\boldsymbol{W}\boldsymbol{h}_j\right) \tag{3.10}$$

该系数表示节点 i 的特征对节点 j 的重要性。$a(\cdot)$是一个单层前馈神经网络，用一个权重向量表示，即 $a\in R^{2F'}$，它把拼接后长度为 $2F$ 的高维特征映射到一个实数上，作为注意力系数。

我们知道注意力机制分为两种：全局图注意力和掩码图注意力。全局图注意力是指允许每个节点参与其他任意节点的注意力机制，忽略了所有的图结构信息。掩码图注意力是指只允许邻居节点参与当前节点的注意力机制，进而引入图结构信息。本文采用掩码图注意力机制并且邻居节点是一阶邻居节点（包括节点本身），所以，

$$\alpha_{ij} = \text{softmax}_j\left(e_{ij}\right) = \frac{\exp\left(e_{ij}\right)}{\sum_{k \in N_i} \exp\left(e_{ik}\right)} \tag{3.11}$$

仅将注意力分配到节点 i 的邻居节点集上，即$j \in N_i$。

所以，总的计算过程如下：

$$\alpha_{ij} = \frac{\exp\left(\text{LeakyReLU}(\boldsymbol{a}^{\mathrm{T}}[\boldsymbol{W}\boldsymbol{h}_i \,\|\, \boldsymbol{W}\boldsymbol{h}_j])\right)}{\sum_{k \in N_i} \exp\left(\text{LeakyReLU}(\boldsymbol{a}^{\mathrm{T}}[\boldsymbol{W}\boldsymbol{h}_i \,\|\, \boldsymbol{W}\boldsymbol{h}_k])\right)} \tag{3.12}$$

其中，$\boldsymbol{a}^{\mathrm{T}} \in R^{2F'}$为前馈神经网络的参数矩阵。此时，可以得到：

$$\boldsymbol{h}_i' = \sigma\left(\sum_{j \in N_i} \alpha_{ij} \boldsymbol{W}\boldsymbol{h}_j\right) \tag{3.13}$$

为了提高模型的拟合能力，采用多头自注意力机制，如图 3-7b 所示，即同时使用多个$\boldsymbol{W}^K$计算自注意力系数，然后将计算得到的各个$\boldsymbol{W}^K$结果合并（连接或求和）：

$$\boldsymbol{h}_i' = \mathop{\Big\|}_{k=1}^{K} \sigma\left(\sum_{j \in N_i} \boldsymbol{a}_{ij}^k \boldsymbol{W}^k \boldsymbol{h}_j\right) \tag{3.14}$$

其中，$\|$表示连接，$\boldsymbol{a}_{ij}^k$ 与 $\boldsymbol{W}^k$ 表示第 k 个抽头㊀得到的结果。由于$\boldsymbol{W} \in R^{F' \times F}$，所以，$\boldsymbol{h}_i' \in R^{F' \times K}$，通过求和可以求得 $\boldsymbol{h}_i'$：

$$\boldsymbol{h}_i' = \sigma\left(\frac{1}{K}\sum_{k=1}^{K}\sum_{j \in N_i} \boldsymbol{a}_{ij}^k \boldsymbol{W}^k \boldsymbol{h}_j\right) \tag{3.15}$$

GAT 具有以下特点。

1）计算速度快，可以在不同的节点进行并行计算。

2）可以同时对拥有不同度的节点进行处理。

3）可以直接用于解决归纳学习问题，即可以对从未见过的图结构进行处理。

GAT 模型示意图如图 3-8 所示。

㊀ 在 GAT 中，抽头指注意力机制的多头机制。GAT 模型通过引入多头注意力机制来增强对图中节点之间关系的建模能力。

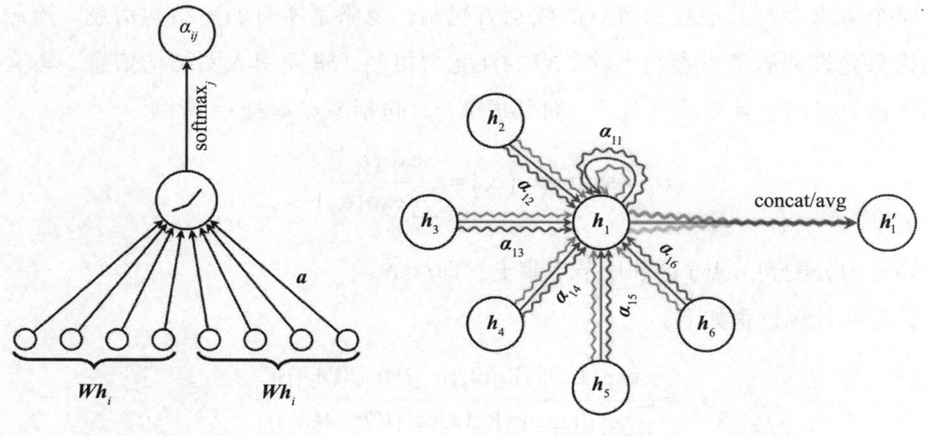

a）GAT 的注意力机制　　b）节点 1 上的多头注意力机制

图 3-8　GAT 模型示意图

前文介绍了基于图的注意力机制，下面回到知识图谱。知识图谱中有很多注意力机制应用模型。比如 KGAT 模型就是将 GAT 模型加以改造并用在了知识图谱下游任务中的关系预测方面。在介绍该模型之前，我们回顾一下前面讲过的一些模型。

首先，我们在介绍语义匹配模型时，提到过 RESCAL 模型。RESCAL 模型的最大问题在于训练参数问题，训练参数过多会影响整个模型的应用，尤其在工业界。还有基于距离变换的 TransE 模型，因为模型过于简单，所以，它对复杂的数据关系比如多对多处理效果并不是很好。还有基于 CNN 的模型，比如 ConvE、ConvKB，它们仅仅考虑了三元组，没有考虑邻居节点。前文还介绍了基于图的 R-CNN 模型，虽然考虑了邻居节点，但是表现效果不如基于 CNN 的模型效果。

KGAT 模型参考了 GAT 模型的实现原理，但是它对原有的注意力机制进行了修改，除了考虑节点的属性，还加入了边的信息，如图 3-9 所示。

$$\boldsymbol{\alpha}_{ijk} = \text{softmax}_{jk}\left(\text{LeakyReLU}\left(\boldsymbol{W}_2 \boldsymbol{c}_{ijk}\right)\right) \tag{3.16}$$

假设有一个三元组$t_{kij} = \left(e_i, r_k, e_j\right)$，$\boldsymbol{c}_{ijk} = \boldsymbol{W}_1\left[\boldsymbol{h}_i\right]\left[\boldsymbol{h}_j\right]\left[\boldsymbol{g}_k\right]$，其中$\boldsymbol{c}_{ijk}$类似于 GAT 中计算两个节点之间注意力的拼接形式，这里的区别是加入了关系嵌入信息$\boldsymbol{g}_k$。和 GAT 模型类似，softmax_{jk}应用在了$\boldsymbol{b}_{ijk} = \text{LeakyReLU}$

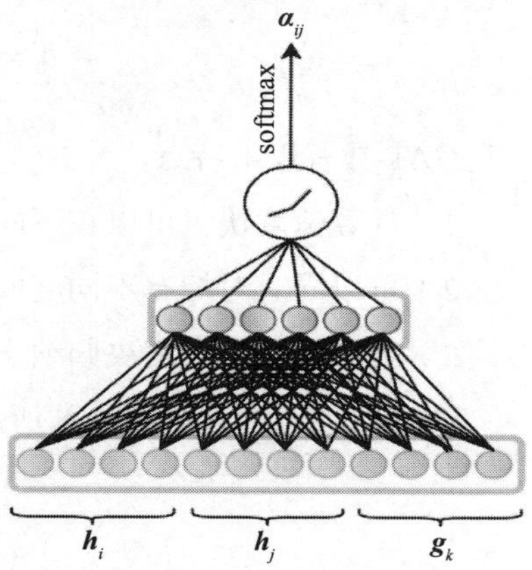

图 3-9　KGAT 的注意力机制

$\left(\boldsymbol{W}_2\boldsymbol{c}_{ijk}\right)$上，$\boldsymbol{b}_{ijk}$反映了在关系$r_k$上实体$e_i$对实体$e_j$的重要性。

实体e_i的新嵌入是每个三元组表示的总和，从它们的注意力值加权得到

$$\boldsymbol{h}_i' = \sigma\left(\sum_{j\in N_i}\sum_{k\in R_{ij}}\boldsymbol{\alpha}_{ijk}\boldsymbol{c}_{ijk}\right) \tag{3.17}$$

在式（3.17）中，N_i 表示实体 e_i 的邻域，R_{ij} 表示连接 e_i 和 e_j 的关系集。引入的多头注意力机制用于稳定学习过程并封装有关邻域的更多信息，则：

$$\boldsymbol{h}_i' = \mathop{\Big\|}_{m=1}^{M} \sigma\left(\sum_{j\in N_i}\boldsymbol{\alpha}_{ijk}^m\ \boldsymbol{c}_{ijk}^m\right) \tag{3.18}$$

其中，$\|$表示连接。在图注意层，我们对输入关系嵌入矩阵 $\boldsymbol{G}$ 执行线性变换，对权重矩阵$\boldsymbol{W}^R \in R^{T\times T'}$参数化，其中$T'$是输出关系嵌入的维数，如下：

$$\boldsymbol{G}' = \boldsymbol{G}\boldsymbol{W}^R \tag{3.19}$$

所以，在模型的最后一层

$$\boldsymbol{h}_i' = \sigma\left(\frac{1}{M}\sum_{m=1}^{M}\sum_{j\in N_i}\sum_{k\in R_{ij}}\boldsymbol{\alpha}_{ijk}^m\ \boldsymbol{c}_{ijk}^m\right) \tag{3.20}$$

在当前实体学习新的嵌入时，原有的实体嵌入会丢失，我们对最后一层输出的实体嵌入加上原有的实体嵌入，变换公式如下：

$$\boldsymbol{H}'' = \boldsymbol{W}^E\boldsymbol{H}^t + \boldsymbol{H}^f \tag{3.21}$$

其中，$\boldsymbol{H}^t$表示原有的实体嵌入，$\boldsymbol{H}^f$表示最后一层输出的实体嵌入。

所以对于一个三元组（h,r,t）是否有效，可以用以下打分函数进行判定：

$$f_r\left(\boldsymbol{h},\boldsymbol{t}\right) = \mathop{\Big\|}_{m=1}^{\Omega}\left(\mathrm{ReLU}\left(\left[\boldsymbol{h},\boldsymbol{r},\boldsymbol{t}\right]*\boldsymbol{\omega}^m\right)\boldsymbol{W}\right) \tag{3.22}$$

其中，$\boldsymbol{\omega}^m$是第m个卷积核。

3.3　本章小结

本章主要是对知识图谱和图数据结构总结概括，重点讲解知识表示学习中打分函数的不同计算方法。根据不同打分函数，我们得到了距离变换模型和语义匹配模型。最后，本章针对图数据结构的知识图谱介绍了两个经常用到的图数据模型。在工程实践中，这些模型都具有很大的应用价值。

第二篇　推荐系统

Chapter 4 第 4 章

推荐系统架构

第二部分主要讲解推荐系统以及图神经网络在推荐系统中的应用。推荐系统是互联网发展的增长引擎。在大数据和 AI 时代，推荐系统无处不在。推荐系统涉及电商购物、视频直播、新闻咨询、社交等行业，推动一些传统行业数字化转型。可以说，推荐系统与我们每个人的生活息息相关。

但是，对于一个推荐系统来讲，从诞生至今一直存在一些问题。这些问题有的和技术实现有关，有的和产品设计有关，还有的和业务开展有关。我们发现，越来越多的人走进自己给自己设计好的信息茧房。如果我们再深入认识推荐系统，是不是可以避免一些问题？

本章将从对一般推荐系统讲解过渡到基于图神经网络的推荐系统，即具有图神经网络的推荐系统。本章只是作为一个引子，后续章节会从推荐系统和图神经网络在推荐系统中的应用逐步展开。

4.1 推荐系统的逻辑架构

推荐系统是根据对用户和内容的了解，以及用户与内容之间的交互，计算并向用户提供相关内容的复杂系统。

注意

《智能搜索与推荐系统》一书中提到“信息过滤”这个概念，因为推荐系统是一种信息过滤系统，所以才会出现信息茧房效应。

芝加哥大学法学教授凯斯·桑斯坦在《信息乌托邦》中提出了信息茧房概念——公众的信息需求并非全方位的，往往是跟着兴趣走，久而久之，会将自身桎梏于像蚕茧一般的“茧房”中。

推荐系统的逻辑架构如图 4-1 所示。

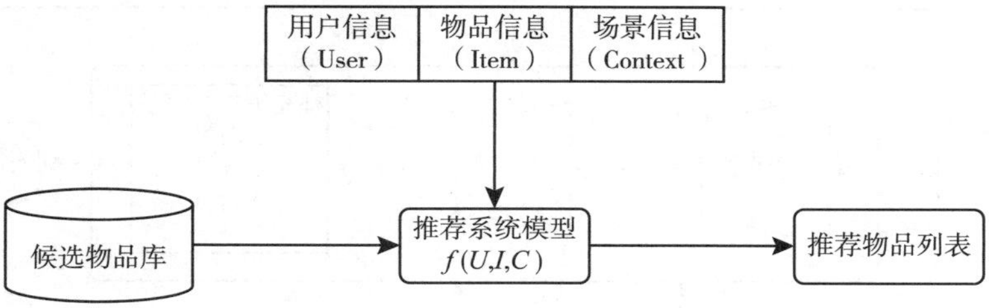

图 4-1　推荐系统的逻辑架构

在图 4-1 中，用户信息指用户的历史行为、人口属性、关系网络、兴趣爱好等；物品信息指推荐的物料，包含物品的内容属性、平均分、流行度等；场景信息指时间、地点和手机状态等。推荐系统模型是将候选物品库转变为推荐物品列表的对应函数关系，也是整个推荐系统的核心。

推荐系统具有不同的分类方法。虽然分类方法不同，但是它们的技术实现是有一定共同之处的。推荐系统是建立在数据和模型基础上的复杂系统。通过总结和归纳，我们可以得到一个比较通用的推荐系统逻辑架构，如图 4-2 所示。

一个完整的推荐系统大致分为两部分：一部分是针对数据的处理，这一部分处理的数据有离线数据，也有在线数据，处理过程可以串行、也可以并行；另一部分是针对模型的处理，对照图 4-1 也可以知道，这部分处理主要是将庞大的候选物品库变成推荐物品列表的过程。推荐系统包含召回和排序两个阶段，每一个阶段生成相应的候选集，逐步缩小排序范围。这也符合人们理解事物的过程——由多至少，由繁至简。图 4-2 中还有两个非必要环节，但是是非常重要的环节。如果没有这两个环节，好比盲人摸象。这两个环节是对模型效果线上 A/B 测试和对模型离线训练的离线评估。推荐系统的评价是一件既科学又重要的事情，有一定方法论，关于这部分内容后续章节还会涉及。

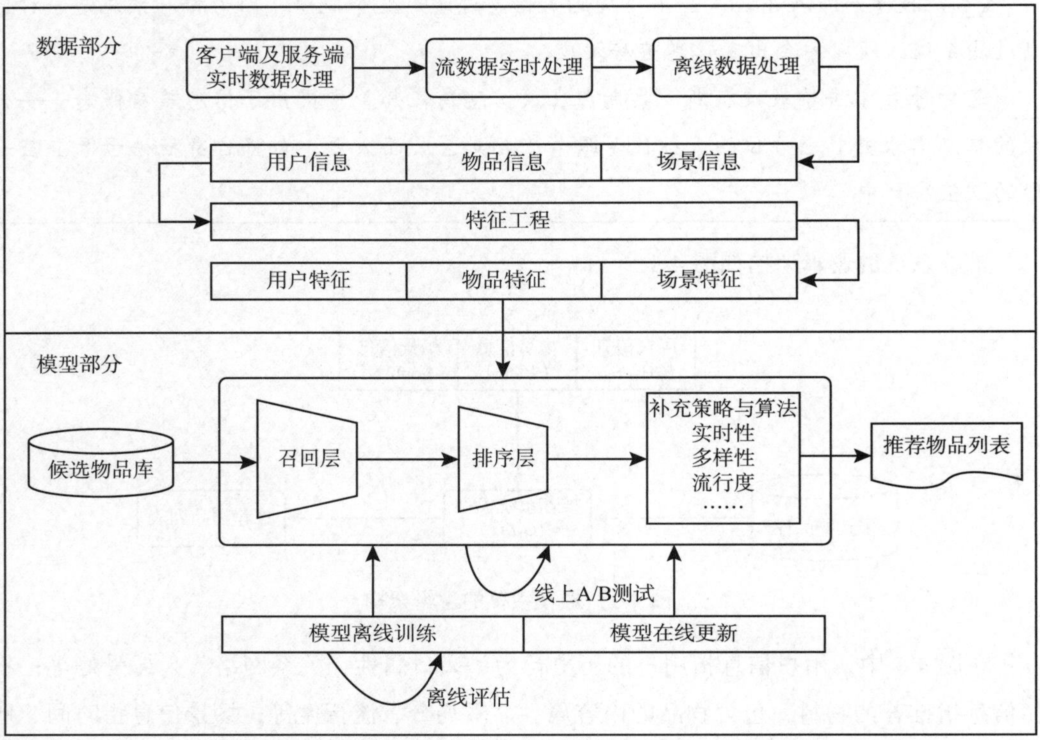

图 4-2 通用的推荐系统逻辑架构

这里以电商网站为例，讲解一下推荐系统中几个比较重要的部分。所有的推荐系统都是以数据为基础的，所以数据处理是整个系统的基础部分，如图 4-3 所示。

推荐系统中存在线上和线下架构。处理的数据一般是用户请求、曝光、点击和评分相关的数据，通常是日志信息，也包括一些用户画像信息和物品画像信息。有了这些信息后，推荐系统就会进行一些离线数据处理，在这个处理过程中，会加入对数据特征的处理，这被称为特征工程。在离线处理过程中，我们通常会采用 Hadoop 或者 Spark 技术。在准实时数据处理过程中，我们通常采用 Flink、Streaming 或者 Storm 等技术。对于批处理，因为涉及数据量过于庞大，数据会存储在分布式文件系统中，如这些数据会存储在 HDFS 系统中，但在实际应用过程中为了加快计算，会将一些特征数据直接暂存到 Redis 中。数据处理完后进入模型训练阶段，当模型训练完成后将训练好的模型推送到线上，部署成排序服务。排序服务会给当前用户提供推荐结果，也会收集用户行为，形成完整的日志服务。这样，整个推荐系统就构成了一个完整的闭环。

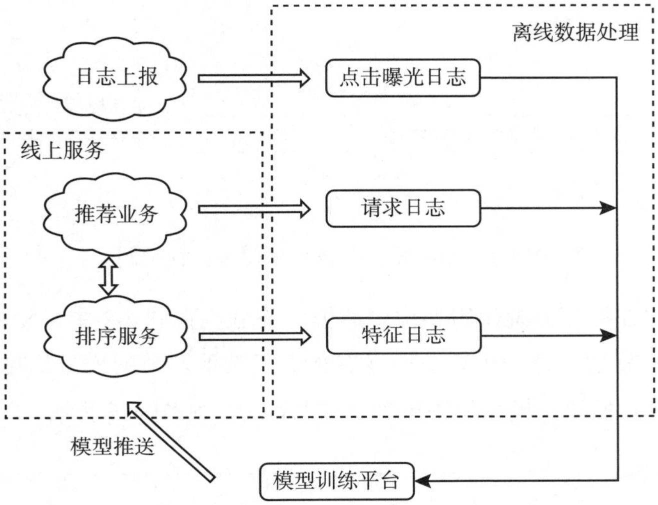

图 4-3　推荐系统中的线上和离线数据处理流程示例

在图 4-3 中，如果排序服务提供的模型需要实时的特征数据，模型就需要在线学习了。所以，模型所需要的数据也必须是实时数据。在收集到数据后，推荐系统会对数据进行监控和分析，这算是整个系统附加值比较高的一部分功能。当然，我们还可以利用这些商业数据构造出深层次的用户画像，方便推荐系统使用。

电商推荐系统实时数据处理流程示例如图 4-4 所示。

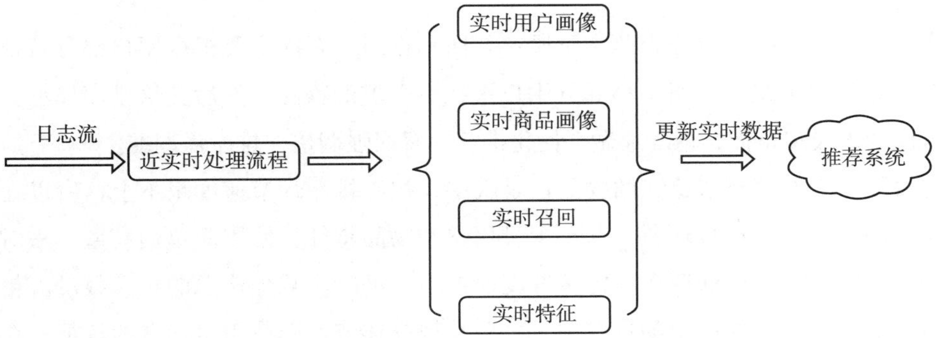

图 4-4　电商推荐系统实时数据处理流程示例

定时更新模型是指推荐系统可以每隔一段时间更新一次模型，更新周期反映了推荐系统的时效性。更新频率越快，说明推荐系统的时效性要求越高，对系统的工程实现要求也越高，如图 4-5 所示。

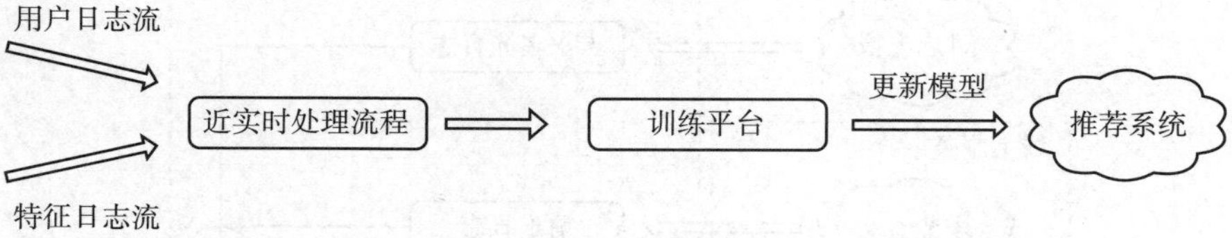

图 4-5 电商推荐系统更新模型流程示例

下面重点讲解在推荐系统逻辑架构中的模型部分。在图 4-2 中，模型部分包含召回、排序、补充策略和算法。每一个环节可以有独立于其他环节的模型。排序又可以分为粗排、精排以及重排。所以，模型集中体现在这些部分，如图 4-6 所示。

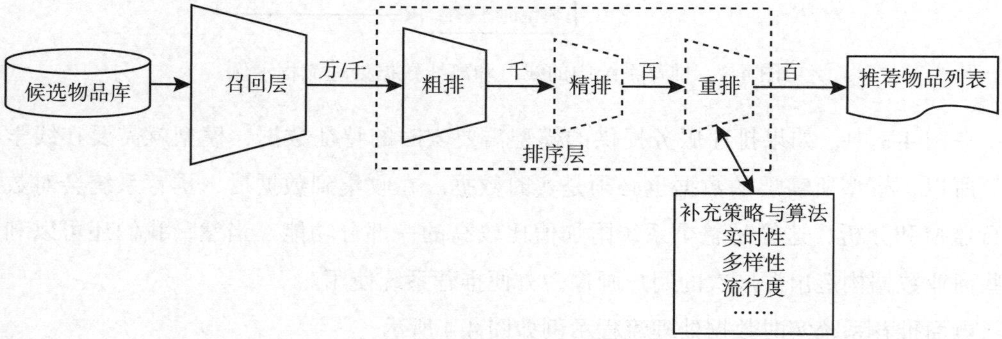

图 4-6 模型部分示意图

实际的推荐系统可以分为两个阶段：召回和排序。召回主要根据用户部分特征，从海量候选物品库里快速找回一小部分用户潜在感兴趣的物品，然后交给排序模型。排序模型可以融入较多特征，精准地做个性化推荐。召回强调快，排序强调准。

有时候因为召回环节返回的物品还是太多，担心排序环节速度跟不上，所以在召回和精排之间加入一个粗排环节，基于少量用户和物品特征，使用简单的模型，来对召回结果进行粗略排序，以保证在一定精准度前提下，进一步减少传送的物品数量。粗排往往是可选的，与具体的应用场景有关。之后是精排环节，即使用尽量多的特征，在技术架构能承受的速度极限下使用相对复杂的模型，尽量精准地对物品进行个性化排序。粗排和精排完成后，将数据传递给重排环节。重排环节一般被称为策略层。这里往往会加入各种技术及业务策略，比如去已读、去重、打散、多样性保证、固定类型物品插入等。

思考

推荐系统为什么要进行多轮排序？主要还是因为资源受限。举一个例子，相对其他模型，DNN 预估更准确，但是耗时更长。推荐系统一次请求延时在百毫秒内，则无法使用复杂的模型排序大候选集。

模型部分还包括离线评估和在线 A/B 测试。离线评估是算法人员在实验室进行实验，验证算法、数据和系统是否正常。算法评估包括评估算法的准确性、覆盖率、多样性和鲁棒性等。评估推荐准确性的指标包括均方根误差（Root Mean Square Error，RMSE）、平均准确率（Mean Average Precision，MAP）、归一化折损累积增益（Normalized Discounted Cumulative Gain，NDCG）和平均倒数排名（Mean Reciprocal Rank，MRR）。这些指标与数据、特征选择、算法选择等都有关系，非常复杂，将在后续章节中进一步讨论。

4.2　推荐系统的技术架构

由于不同公司的资源配置不一样，推荐系统的技术架构千差万别，没有统一的标准。但是，整体的推荐系统技术架构还是围绕逻辑架构展开的。在构建推荐系统时，我们应注意以下几个比较重要的原则。

1）数据优先。推荐系统的设计建立在数据基础之上，数据是推荐系统处理的物料，所以在设计推荐系统时需要考虑清楚数据的类型和结构。

2）模型恰当。在设计推荐系统时，我们需要考虑模型的选择，不是先有模型再考虑模型实践，而是先考虑模型和现有的技术平台支撑，再考虑该选用什么样的模型和选用什么样复杂度的模型。目前，很多公司的推荐系统都向深度学习方向跃进。在选用模型之前，我们需要认真考虑一下该深度学习模型是否适合当前的应用场景。

3）易于纠错。相对来说，推荐系统还是比较复杂的一个系统，涉及数据、算法、工程实践、产品设计等。不管怎样，在搭建推荐系统时，我们应尽可能快地排查原因，及时、快速地找到问题。所以，无论在工程设计方面还是产品设计方面，我们都应该考虑能够快速定位并纠错的方案。

这三个原则看起来简单，但往往会被忽略。图 4-7 根据逻辑架构补全了技术架构。这张图加入了一些新的技术架构，和奈飞 2013 年公布的三层技术架构有很多变化，比如批流一体数据处理方式、深度学习引入离线训练过程等。当然，这个架构及技术选型并不一定适合所有场景，我们还是应该根据实际情况选择相应的架构和技术。

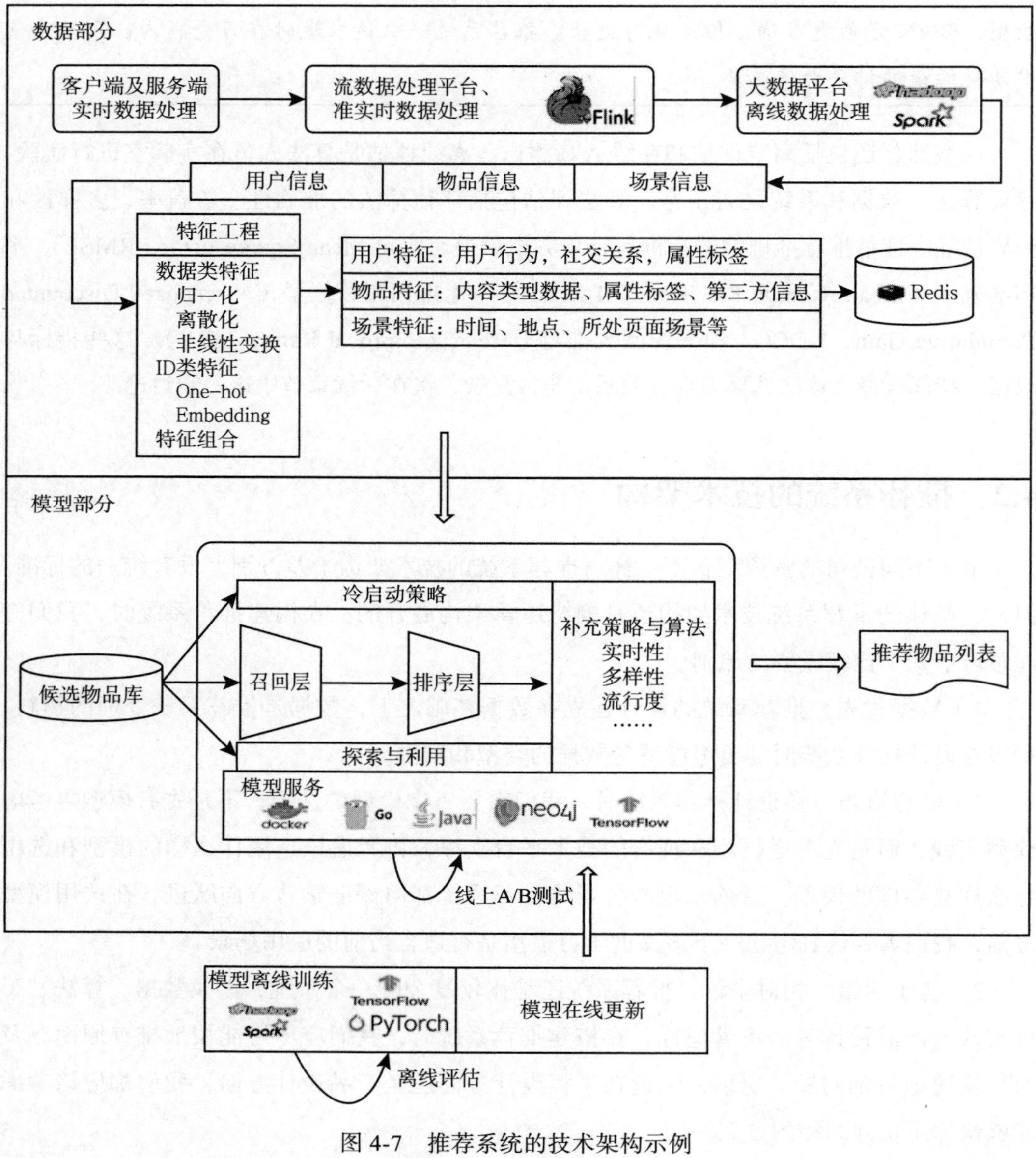

图 4-7 推荐系统的技术架构示例

这里介绍一下在推荐工程实践中可能会用到的一些软件，如表 4-1 所示。

表 4-1　构建推荐系统常用的软件

软件名称	作用
Nginx	Web 服务器，是开源服务器软件，具有高性能、高并发和低内存消耗特点，负责负载均衡、高速缓存、访问控制、带宽控制等
ZooKeeper	分布式配置和集群管理工具，为分布式应用建立高层次同步、配置管理、群组以及名称服务的通用工具，处理诸如配置文件更新、集群上 / 下线管理等分布式环境下的同步问题
Flume	数据的高速公路，具有高可用、高可靠特点，分布式采集海量日志，是数据聚合和传输系统
Spark、Hadoop	分布式数据处理平台，数据存储在分布式存储系统中，如 HDFS、Hive、MapReduce 等
Redis	主要用于特征在线缓存，可高并发机读和不太频繁地批量写，是 NoSQL 类数据库
Flink、Storm	流计算平台，目的是准实时处理数据
TensorFlow、PyTorch	深度学习计算框架，主要是实现深度学习模型训练和线上模型部署

4.3　推荐系统的数据和模型部分

推荐系统的数据处理部分前文已经有所提及，这里的数据处理是指大数据处理以及特征选择。大数据技术发展相对稳定，经历了从批处理、流计算到全面融合进化阶段。所以，大数据平台架构也相对比较稳定。图 4-8 为一个大数据平台架构。

4.3.1　推荐系统中的数据平台建设

大数据平台中主要有 4 种架构模式：批处理、流计算、Lambda、Kappa。下面重点讲解后三种模式。

1. 流计算架构

Hadoop 的架构目标是高吞吐、高容错、易扩展。而高吞吐和低延时在一定程度上是对立的。早期 Hadoop 在架构上就存在高延时的缺陷。这限制了在离线计算中的应用。Storm、Spark Stream、Flink 等大数据流处理框架的普及，给大数据技术早期的批处理计算逻辑带来了颠覆，解决了高延时问题，极大地扩大了大数据处理技术应用场景，将大数据处理带入实时计算阶段。实时计算的普及再一次推动技术的进步和人们认知的提升。一些之前离线计算无法解决的低延时问题迅速被实时计算所解决。

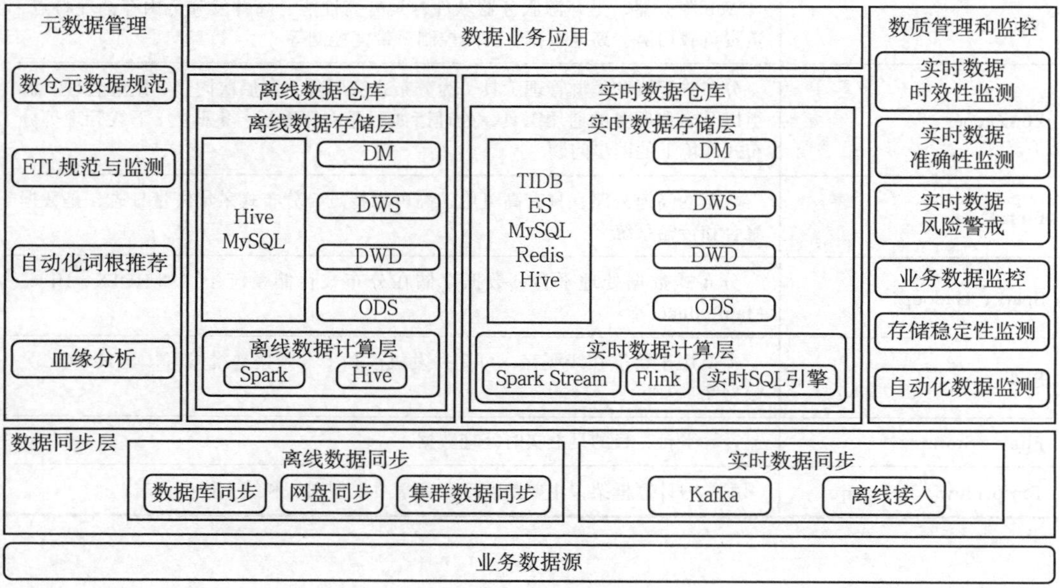

图 4-8 大数据平台架构示意图

在技术实现上，流计算架构在数据流产生及传递的过程中流式地消费并处理数据，如图 4-9 所示。流计算在数据处理过程中采用了滑动窗口。在每一个窗口内，数据被短暂缓存并消费。在完成一个窗口计算后滑动到下一窗口进行计算。

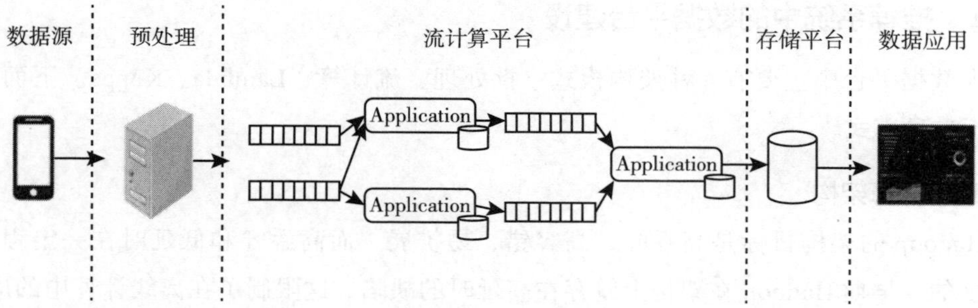

图 4-9 流计算处理示意图

然而，在实际计算过程中，受限于资源，很多任务完成往往需要辅助一些历史数据，因此并不能直接进行实时计算。这些场景要求实时计算配合离线计算，共同完成任务。在这样的背景下，融合离线计算和实时计算的流处理框架应运而生。

2. Lambda 架构

Lambda 架构分为两条分支：一条分支负责实时流处理，另一条分支负责离线处理。实时流处理保障数据的实时性要求，离线处理则还是以批处理方式为主。流计算保障数据实时性主要通过增量计算，批处理主要负责全量计算。Lambda 架构（见图 4-10）会对实时流数据和离线层数据进行合并，并针对实时流计算过程中产生的数据进行校验和纠错。Lambda 架构分为实时计算层、离线计算层和在线服务层。其核心思想是事件在被实时计算引擎处理的同时写入离线计算层，最终在在线服务层合并，得出最终结果。

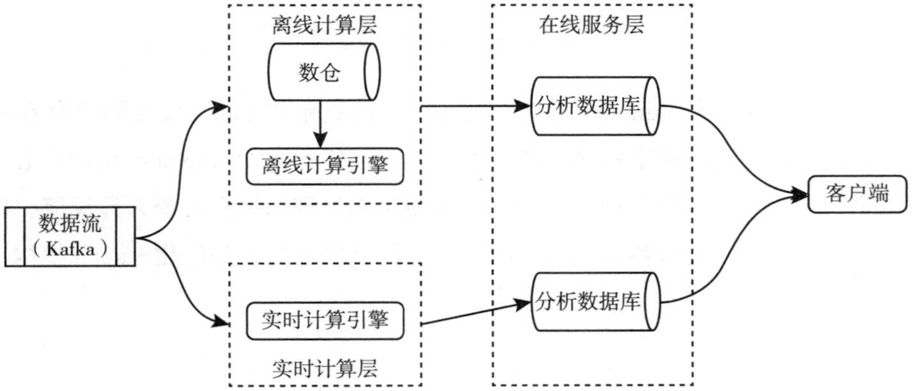

图 4-10　Lambda 架构示意图

Lambda 是大数据领域举足轻重的架构，也是大多数公司采用的大数据架构，但是这种架构也存在一些问题。Lambda 架构的核心逻辑在于，最终结果等于增量处理结果和历史全量处理结果之和。因此，其设计了 3 个独立的计算层，分别用于计算增量结果、计算历史结果、处理两者的合并。这种架构在很大程度上解决了数据量太多无法全部实时计算的问题。但是，由于实时计算和离线计算使用了两套计算引擎，这两套计算引擎的处理逻辑不完全一样，所以，Lambda 架构存在着使用和维护难的问题。

3. Kappa 架构

为了解决 Lambda 架构使用和维护难的问题，Kappa 架构诞生了。Kappa 架构认为处理的数据都是流数据。离线的批处理也是流处理的一种形式。Kappa 架构可以看作流式架构的“升级”版本。Kappa 架构示意图如图 4-11 所示。

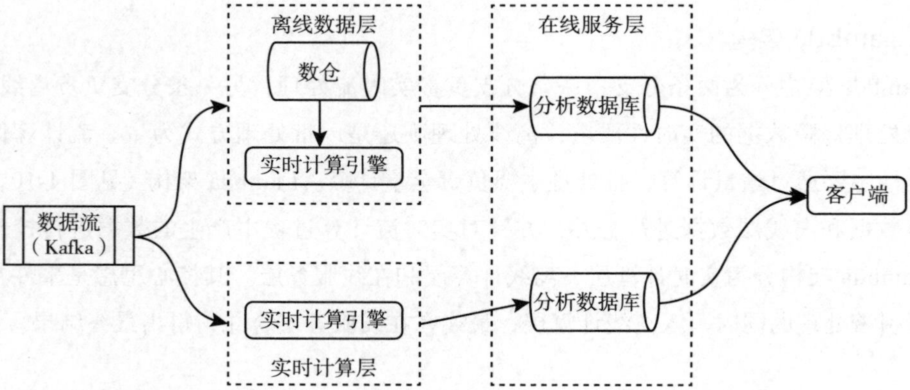

图 4-11 Kappa 架构示意图

Kappa 架构本质上是 Lambda 的一个变体，目的是解决 Lambda 架构中存在两套不同计算引擎，从而导致的使用和维护难问题。其实，图 4-11 的 Kappa 架构的核心是将两套计算引擎合并为一套逻辑。换句话说，要么使用批处理的计算引擎来计算流，要么使用流处理的计算引擎来处理离线数据。所以，我们可以进行一些简化 Kappa 架构，如图 4-12 所示。

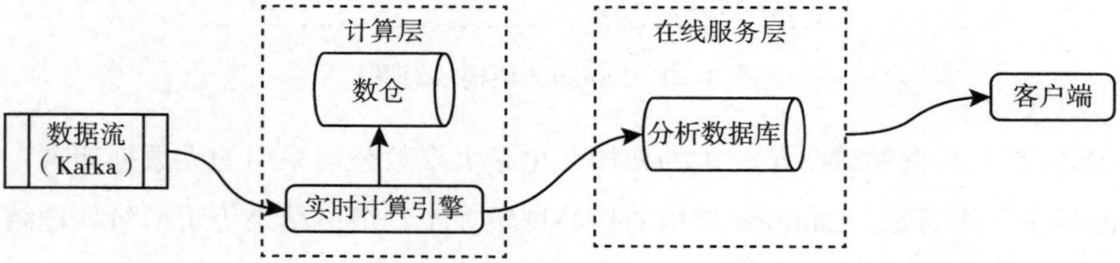

图 4-12 简化 Kappa 架构示意图

数据流进入实时计算引擎，由实时计算引擎进行运算，将结果保存到分析数据库，同时将原始数据保存到数仓。在这种架构中，数仓可以使用对象存储引擎来代替，保存所有历史数据。同时，分析数据库也变为可选。所以，这种架构能够降低使用复杂度和维护难度，但并不适用于所有场景。主要原因在于，Kappa 架构在计算历史数据时需要对数据进行重放，而重放的计算效率比较低，会耗费大量计算资源和时间，因此不适合对历史数据进行计算。Kappa 架构对历史数据的计算更多用于偶发错误的纠偏，而不适用于周期短或频繁的业务数据计算场景。

4.3.2 推荐系统中的数据挖掘方法

关于数据处理部分，推荐系统一方面涉及数据处理的工具部分，就是用什么样的技术去处理数据，比如上面介绍的大数据平台、深度学习模型；另一方面涉及数据处理方法论问题，比如特征工程方法。下面讲解关于特征工程的一般方法。特征工程的优劣最终会影响到用户使用推荐系统的体验。工业界一致的认识是：数据和特征决定了机器学习的上限，而模型和算法只是无限地逼近这个上限。我们可以先给特征工程下一个定义：顾名思义，特征工程的本质是一项工程活动，目的是最大限度地从原始数据中提取供算法和模型使用的有效数据。图 4-13 展示了特征工程包括的活动。

在特征工程中，特征处理是最核心的部分。特征处理包括数据预处理、特征清洗。而我们所说的特征通常可以分为基础特征和组合特征。

基础特征包括但不限于用户的基础信息，比如用户的性别、年龄、身高、生日和注册时间等；用户的内容信息，比如一些平台建议用户填写的兴趣标签、用户自身的描述信息和用户的评论信息等；用户的行为信息，比如用户的登录信息、登录时间段、使用时长、对于物品的评价、物品页面停留信息和物品页面的点击信息等。这些特征又可以根据不同的标签、类别、时间属性和位置信息等再次分割成更细微的特征。将这些特征归类为基础特征主要是因为它们通常在产品日志中直接产生，很多特征直接对推荐结果产生影响。但是，有些特征不能直接使用，这就需要用到组合特征。

组合特征主要是通过对基础特征乃至组合特征本身不断再组合的方式产生的。组合方法主要包括分箱、分解类别特征再组合、加减乘除、平方、开平方等。在不同的推荐模型下，对于特征的选取以及再加工过程也不同。比如业界常用的线性模型要求使用时所有选用的特征都与预测的目标线性相关。所以在做特征工程时，组合特征的使用更为频繁。而在深度交叉模型如 DeepFM 中，对于高阶组合特征的生成更依赖模型本身，但是这并不代表深度交叉模型中，特征的选取与特征工程就不重要，还是需要根据生产场景，选择不同的侧重点挖掘。

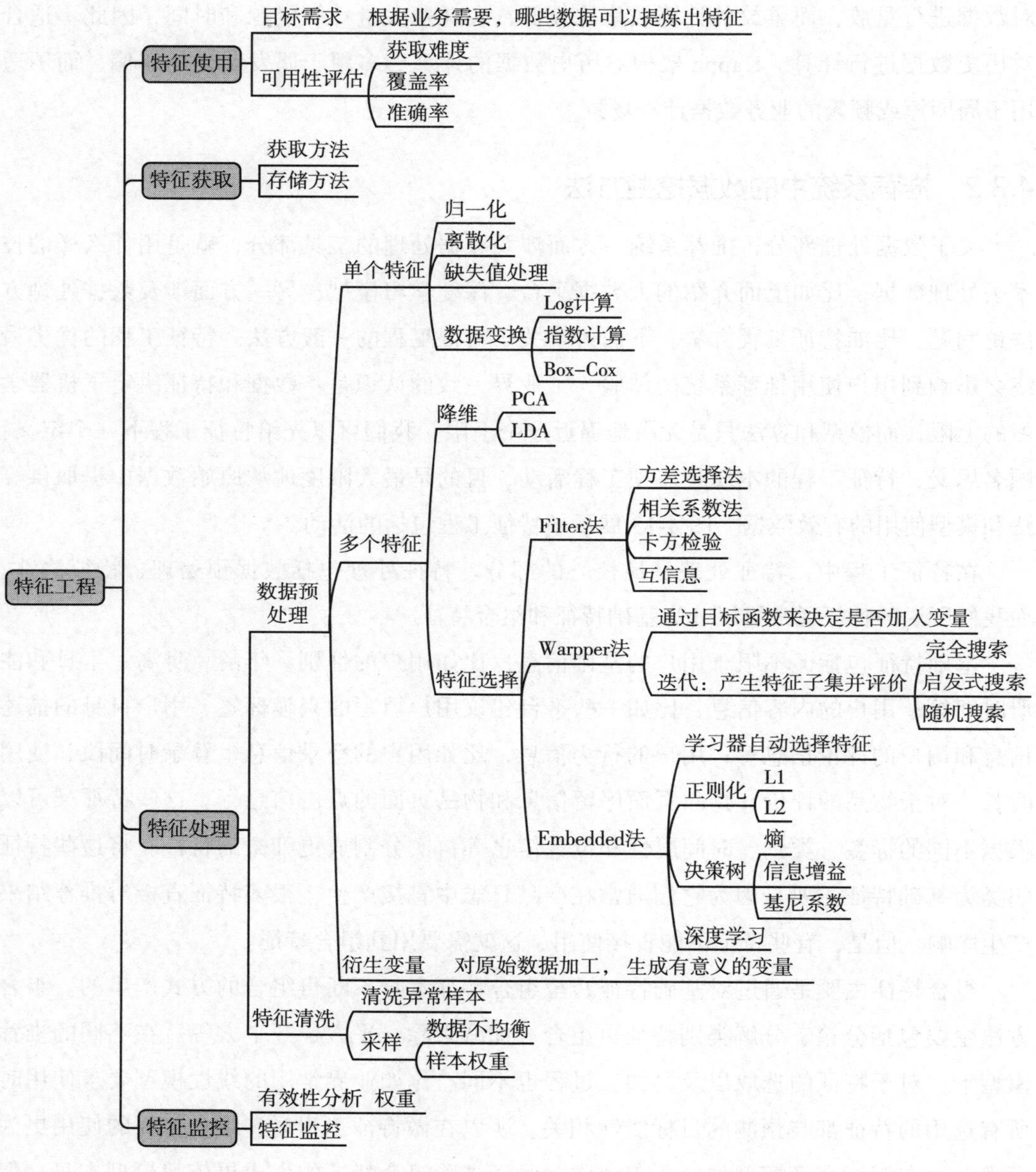

图 4-13 特征工程包括的活动

在生成特征之后，特征验证也是一项比较重要的工作。由于生产场景不同，生成的特征往往存在不可用或者暂时不可用的情况，这需要我们在一开始就将这类特征排除以减少后面的工作。

1. 特征预处理

经过特征提取，我们可以得到未经处理的特征。这些特征数据可能有一些问题，不能直接使用。存在的问题总结如下。

1）不属于同一量纲。特征的规格不一致，不能放到一起。

2）信息冗余。对于某些定量特征，其包含的信息应该按区间划分。如征婚对象的身高，如果只关心“合适”，“不合适”可以转换为用“1”或“0”表示。

3）定性特征不能直接使用。某些机器学习算法和模型只能接收定量特征，需要将定性特征转换为定量特征。最简单的方式是为每一种定性值指定一个定量值。通常使用哑编码方式将定性特征转换为定量特征：假设有 N 种定性值，将这一个特征扩展为 N 种特征，当原始特征值为第 i 种定性值时，第 i 个扩展特征值为 1，其他扩展特征值为 0。哑编码方式相比直接指定方式，不用增加调参工作。对于线性模型来说，使用哑编码后的特征可达到非线性效果。

4）特征存在缺失值。缺失值需要补充。

5）信息利用率低。不同的机器学习算法和模型对数据中信息的利用是不同的。上面提到在线性模型中，使用对定性特征哑编码可以达到非线性效果。类似地，对定量变量多项式化，或者进行其他转换，都能达到非线性效果。

因为有上面这些问题存在，我们需要一些特别的方法进行特征处理。

（1）无量纲数据特征处理

对于无量纲数据，我们可以采用标准化和区间缩放法进行处理。标准化处理的前提是特征服从正态分布，标准化后的特征服从标准正态分布。区间缩放法是利用边界值信息，将特征值缩放到某个范围内。

标准化处理公式：

$$y_i = \frac{x_i - \bar{x}}{s} \tag{4.1}$$

这里 $\bar{x} = \frac{1}{n}\sum_{i=1}^{n} x_i$，$s = \sqrt{\frac{1}{n-1}\sum_{i=1}^{n}\left(x_i - \bar{x}\right)^2}$。

区间缩放实现方法如下：

$$y_i = \frac{x_i - \min\limits_{1\leqslant j\leqslant n}\left\{x_j\right\}}{\max\limits_{1\leqslant j\leqslant n}\left\{x_j\right\} - \min\limits_{1\leqslant j\leqslant n}\left\{x_j\right\}} \tag{4.2}$$

其中，max 是样本数据的最大值，min 是样本数据的最小值。

（2）对定量特征二值化

对定量特征二值化的核心在于设定一个阈值，大于阈值的赋值为 1，小于阈值的赋值为 0。

$$y' = \begin{cases} 1 & 当 x > \theta \\ 0 & 当 x \leqslant \theta \end{cases} \tag{4.3}$$

2. 特征选择

常用的特征选择方法包括 Filter（过滤）法、Warpper（包装）法、Embedded（嵌入）法。

1）Filter 法：按照发散性或相关性对各个特征进行评分，设定阈值或者待选阈值的个数来选择特征，例如：方差选择法、相关系数法、卡方检验和互信息法等。

- 方差选择法。先计算各个特征的方差，然后根据阈值选择方差大于阈值的特征。
- 相关系数法。先计算各个特征对目标值的相关系数以及相关系数的 P 值，将 P 值作为评分标准，选择 k 个特征值。
- 卡方检验。检验两个变量之间是否拟合的一种实验方法，计算方法如下：

$$\chi^2 = \sum \frac{(A-E)^2}{E} \tag{4.4}$$

这里，A 表示实际值，E 表示理论值，式（4.4）衡量了理论和实际的差异程度。

- 互信息法。评价两个变量之间相关性的方法，计算方法如下：

$$I(X;Y) = \sum_{x\in X}\sum_{y\in Y} p(x,y)\log\frac{p(x,y)}{p(x)p(y)} \tag{4.5}$$

2）Warpper 法。对于备选特征，每次在模型中选择或者删除部分特征，基于现有的评价标准，利用模型或者评分标准去评价变动特征对于结果的影响，反向选择特征。

3）Embedded 法。先使用某些机器学习算法和模型进行训练，得到各个特征的权重，再根据权重从小到大地选择特征，类似于 Filter 法。这类方法常用于特征重要程度可解释的模型，比如 LR 和树模型等。

4.3.3 推荐系统模型

在完成特征工程相关工作后，我们就可以进入模型训练阶段。

进入模型训练阶段后，我们就可以选择适当的模型进行训练了。训练模型主要有两个环节，如图 4-6 所示。第一环节主要是召回。第二环节主要是排序。所用的模型可以分为传统模型和深度学习模型。协同过滤、逻辑回归、因子分解机等这些传统模型仍然可凭借可解释性强、硬件环境要求低、易于快速训练和部署等优势，活跃在很多推荐应用场景。而深度学习模型最近凭借更优秀的表达能力，能够挖掘出更多数据信息，可以根据业务场景和数据特点灵活调整等优势吸引了大量学界和工业界研究者，同时取得了比较好的效果。传统推荐模型的演化如图 4-14 所示。

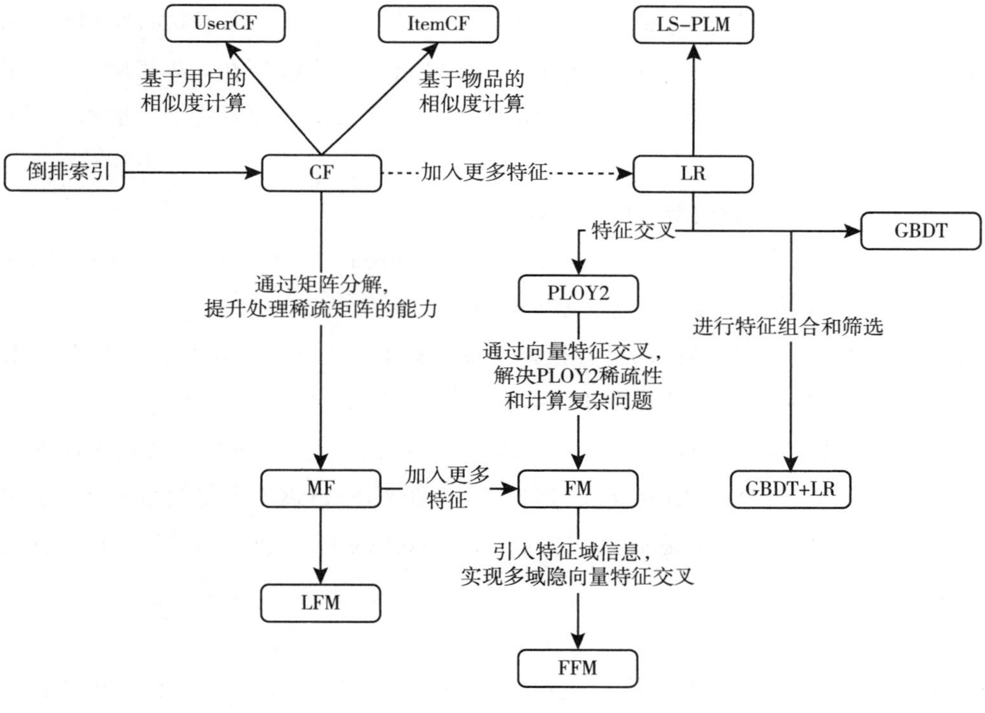

图 4-14　传统推荐模型的演化

在图 4-14 中，传统推荐模型的发展脉络如下。

1）协同过滤（Collaborative Filtering，CF）算法族。经典的协同过滤算法包括基于物品的协同过滤（ItemCF）和基于用户的协同过滤（UserCF）两种算法。为了使协同过滤算法能够更好地处理稀疏共现矩阵问题，提升模型泛化能力，研究者从协同过滤算法中衍生出矩阵分解模型（Matrix Factorization，MF），进一步得到基于兴趣分类的隐语义模型（Latent Factor Model，LFM）。LFM 可针对某个用户，首先得到他的兴趣分类，然后从分类中挑选他可能喜欢的物品。LFM 的本质是从数据出发，确定某个物品属于哪一类的概率以及分类数。

2）逻辑回归（Logistic Regression，LR）模型族。在 CF 中加入更多特征。逻辑回归模型能利用和融合更多用户、物品及上下文特征。

3）因子分解机（Factorization Machine，FM）模型。因子分解机是在逻辑回归的基础上加入二阶部分，使模型具备特征组合的能力，同时还可以加入域，变成域感知因子分解机（Field-aware Factorization Machine，FFM），进一步加强特征交叉能力。

4）组合模型。为了更好地融合非线性特征和线性特征，将不同的模型组合是构建推荐系统常用的方法。Facebook 提出的 GBDT+LR 组合模型在业界影响较大。因为树模型是一种比较好的非线性模型，它和逻辑回归模型结合取长补短，取得了不错的效果。

主流的深度学习推荐模型演化如图 4-15 所示。

图 4-15 中，以多层感知机（Multi-Layer Perceptron，MLP）为核心，通过改变神经网络的结构，构建特点各异的深度学习推荐模型。

AutoRec 是利用自编码器的推荐模型。在形式上，输入等于输出，并且等于用户、物品评分向量；在优化上，只需要对有评分的节点进行优化。

NeuralCF 是广义的矩阵分解模型，实际上是将矩阵分解的内积改变成 MLP 结构完成推荐。NeuralCF 与 Deep Crossing 的区别在于：虽然 NeuralCF 网络模型中有表示用户、物品向量的层，但没有明确说明引入嵌入；NeuralCF 的输入同矩阵分解类似，没有引入特征信息。

在图 4-15 中，模型一部分是串行结构，另一部分是并行结构。

1）串行结构模型。这里面有 Deep Crossing 模型。Deep Crossing 模型包括嵌入层、拼接层、全连接层，在全连接层引入了残差网络结构。残差网络结构将某层输出直接快捷连接（shortcut）到之后的层，这要求该层输出与连接到的层具有相同数目的神经元。残差网络结构的引入可以解决网络退化问题、缓解梯度爆炸和梯度消失问题。

基于积操作的神经模型（Product-based Neural Network，PNN）只相对于 Deep Crossing 有小的改进，即在嵌入层后添加乘积层，将两两特征域进行内积、外积（平均池化）后输入全连接层。PNN 强调了不同特征域之间的交互。

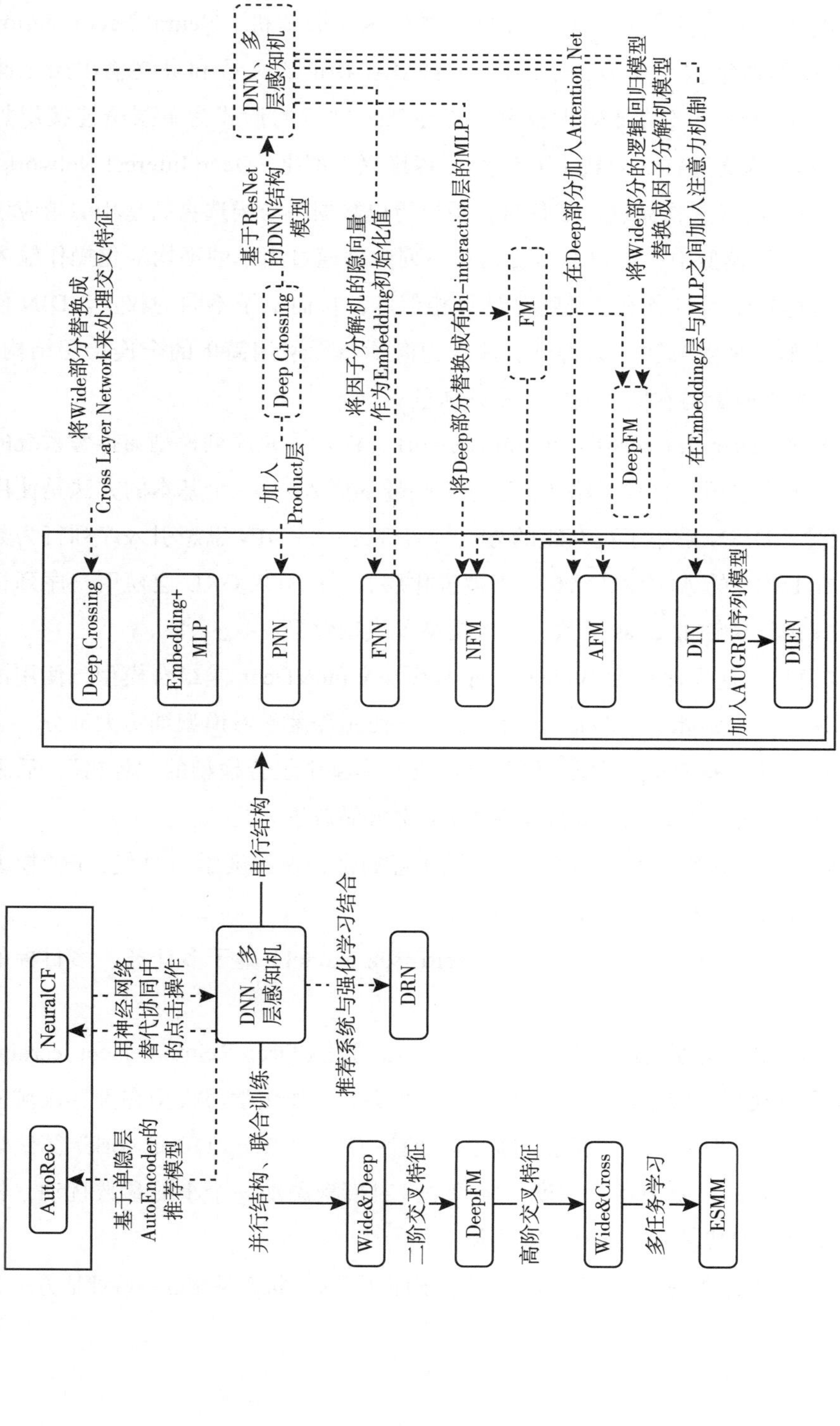

图 4-15　主流的深度学习推荐模型演化

注意力因子分解机（Attention neural Factorization Machine，AFM）建立在不同交叉特征对于结果影响程度不同这个假设上。AFM 和神经因子分解机（Neural Factorization Machine，NFM）在整体结构上相似，不同的是 AFM 在特征交叉层和最终输出层之间加了注意力机制，为每个交叉特征提供权重。该注意力网络的形式为单层全连接层加 Softmax 输出层，输入为交叉特征向量（元素积）。深度兴趣网络（Deep Interest Network，DIN）的提出基于对当前候选物品进行推荐时，用户历史数据中与候选物品越相似越应该被推荐。在 DIN 的基线模型中，用户的历史物品序列数据通过简单的平均池化操作输入网络。DIN 对历史物品序列与当前候选物品计算相似度，从而赋予不同的权重。DIN 使用一个注意力激活单元来生成注意力得分。注意力激活单元采用简单的全连接层结构，输入为两个物品的嵌入向量与它们之间的元素减向量。

深度兴趣进化网（Deep Interest Evolution Network，DIEN）是序列模型与推荐系统的融合，它的要点在于构建用户兴趣网络（表示用户兴趣的嵌入）。一个基本的方法是使用 RNN 建模用户兴趣。DIEN 采用了更高级的方法，表现为：将 DIN 思想引入序列行为数据建模，这表现在 DIEN 的 AUGRU 结构（兴趣进化层）中；引入 GRU 建模用户序列行为（兴趣抽取层）；设计了辅助 Loss 函数，大大提高了模型效果。

2）并行结构模型。这里面包括 Wide&Deep 模型，Wide&Deep 是组合模型，使用浅层模型（LR）训练与结果强相关的特征（记忆能力），使用深度学习模型训练大部分、全量特征（泛化能力）。Wide&Deep 模型是深度学习推荐模型中组合模型的“鼻祖”，后续大部分模型都借鉴了这种思路，且大部分是在 Wide 部分做改进。

DeepFM 模型使用 FM 代替 Wide 部分。需要注意的是，在深度学习时代，FM 模型就已经简化为利用嵌入的内积得到二阶交叉特征。

Wide&Cross 模型、ESMM（Entire Space Multi-task Model）基于多任务、多目标的排序模型构建。

3）强化学习模型和推荐系统的结合。深度强化学习网络（Deep Reinforcement learning Network，DRN）强调模型在线学习和实时更新。它本质上是强化学习模型在推荐领域应用的一种框架，对于一段时间内产生的批量数据，使用 DQN（Deep Q-Network）算法训练；对于实时产生的数据，使用竞争梯度下降算法（对模型添加一个小的参数扰动，根据模型效果判断是否保留扰动）进行模型微更新。

对于推荐效果，我们需要进行评估和 A/B 测试。下面介绍关于推荐系统的一些评估方法。

4.4 推荐系统的评估

推荐系统评估与推荐系统的产品定位息息相关。推荐系统是信息高效分发的工具，可以更快、更好地满足用户的不确定需求。所以，推荐系统的准确度、惊喜度、多样性等都是需要达到的目标。同时，推荐系统要具备稳定性。在推荐系统实现方面，是否能支撑大规模用户访问等也是需要考虑的。对于不同类型的推荐系统，平衡上述各个目标是设计推荐系统需要注意的问题。

对于一个推荐系统，我们可以从用户维度、平台维度、标的物维度、推荐系统维度进行评估，如图 4-16 所示。

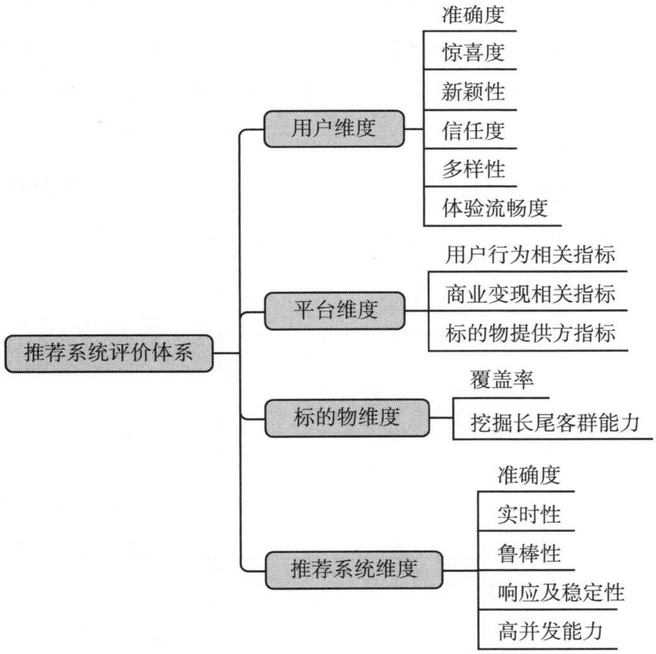

图 4-16　推荐系统的评价体系

1. 用户维度

用户维度是指从用户角度出发，发现用户自己的标的物。简单地说，就是用户喜欢什么，系统就推什么。从用户维度看，我们可以从准确度、惊喜度、新颖性、信任度、多样性、体验流畅度这几个方面进行评价。

1）准确度用于评价推荐的物品是不是用户需要的。以视频推荐为例，如果推荐的电影用户点击观看了，说明推荐的电影是用户喜欢的，准确度高。这里的准确度主要表示用户的主观体验。

2）惊喜度是指推荐给用户一些完全与他们喜欢的历史物品不相似但也喜欢的物品。这些推荐可能超出用户的预期，给用户一种耳目一新的感觉。

3）新颖性是指推荐给用户一些应该感兴趣但是不知道的物品或内容。比如，用户非常喜欢张震岳的歌曲，如果推荐给他《旋风小子》这部电影，假设用户从未听说张震岳演过电影，且用户确实喜欢这个推荐结果，那么当前的推荐就属于新颖推荐。

4）信任度是指用户对推荐系统或者推荐结果的认可程度。比如，用户喜欢头条推荐的内容，就会持续点击浏览系统的推送。

5）多样性是指用户在使用推荐系统时，推荐系统会提供多品类的标的物，如图 4-17 所示。如，在使用音乐推荐时，如果系统推荐不同风格的音乐时，用户体验效果会更好。用户对系统的认知是网站有大量乐曲。

6）体验流畅度是指用户与系统交互时，体验是否佳。从系统角度看，要求推荐系统性能更可靠，提供服务更流畅，不会出现卡顿和响应不及时的体验。

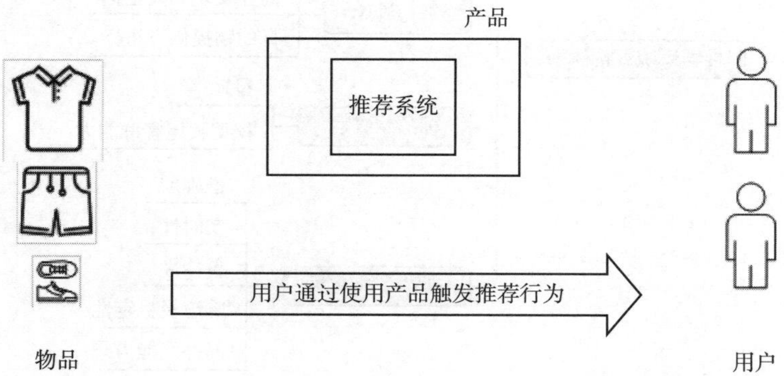

图 4-17 推荐系统提供多品类的标的物

2. 平台维度

平台维度是指从标的物提供方和用户出发，通过服务好两方来评价整体效益。所以，我们既可以从标的物提供方进行评价，也可以从用户方的商业价值进行评价，还可以从双方角度进行评价。评价的依据是商业目标，如大部分互联网产品通过广告挣钱。平台除了需要关注收益外，还需要关注用户留存、用户活跃、用户转化等指标。所以从平台维度看，评价推荐系统可以从以下 3 方面进行：用户行为的相关指标，商业变现的相关指标，标的物提供方指标。

（1）用户行为相关指标

用户行为相关指标包括页面访问率或者页面点击率、日活或月活，可以反映用户黏性；留存率，可以反映用户黏性；转化率（期望的行为数与用户行为总数的商）。

（2）商业变现相关指标

度量推荐系统商业价值需要从产品的赢利模式谈起。目前，互联网产品主要有 4 种盈利模式：游戏（游戏开发、游戏代理等）、广告、电商、增值服务（如会员等），后面三种模式都可以用推荐技术做得更好。推荐技术优化以商业变现为最终目标，比如考虑提升系统的曝光率与转化率，提升用户的留存率、活跃度、停留时长等。

（3）标的物提供方指标

标的物提供方指标即指商家相关的指标。大部分互联网产品会通过广告挣钱。不管哪种情况，平台方都要服务好用户和标的物提供方（比如视频网站是直接花钱购买视频版权的）。推荐系统可以让标的物得到更高效率的分发，提升整个平台的运营效率，可以有效节省公司资源，这会产生更多隐形的商业价值。

3. 标的物维度

当然，我们也可以从标的物视角去评价推荐系统。对于标的物维度，我们可以通过覆盖率和挖掘长尾客群能力来评价推荐系统。

1）覆盖率，主要是考察推荐的覆盖范围。

$$覆盖率=\frac{\left|U_{u\in U}R_u\right|}{\left|I\right|} \tag{4.6}$$

式（4.6）中，$U_{u\in U}R_u$ 是所有提供推荐服务的用户的集合，I 表示所有标的物的集合，是给用户 u 推荐的全量物品。

2）挖掘长尾客群能力是推荐系统的一个重要价值，具体是指将小众的标的物分发给喜欢该类标的物的用户。

4. 推荐系统维度

从推荐系统本身评价指从自身出发去度量整个系统的优劣。前文在介绍推荐系统时，强调推荐算法在推荐系统中的重要作用。评价推荐系统可以从评价算法本身出发，具体从以下几个方面考虑。

1）准确度指核心推荐算法的准确程度。在推荐场景下，无论采用监督学习还是无监督学习，训练的模型都有一定解决实际问题的能力。所以，针对模型本身的效果，我们可以从解决实际问题的能力等进行评价。我们可以采用不同的方法来衡量推荐算法的准确度。比如，在推荐排序中，我们就经常使用准确度、召回率和 NDCG 等指标来评判推荐算法的优劣。简单来说，准确度表述的是模型正确预测的结果，召回率表述的是仅考虑预测结果中正召回结果占正确结果的比例，而 NDCG 是考量了最终的排序结果与原始排序结果的差异性。

还有一点需要补充，这里的准确度和用户视角的准确度可以一致也可以不一致。用户视角的准确度强调主观感受，而这里强调的是客观存在。

2）实时性是指用户的兴趣随时间变化而变化，推荐系统能做到近实时推荐是非常重要的。

3）鲁棒性是指推荐系统及推荐算法不会因为“脏”数据的存在而脆弱，能够为用户提供稳定一致的服务。从宏观上讲，推荐系统依赖用户行为日志；从微观上讲，推荐算法也依赖用户行为日志。用户行为日志产生偏差，不会影响最终的推荐效果。系统中可以引入知识图谱来纠正用户行为日志产生的偏差，减少数据对推荐效果产生的负面影响。

4）响应及稳定性指推荐系统触发推荐服务的时长以及推荐服务的稳定性。推荐服务的稳定性评价包括推荐是否可以正常访问，推荐服务是否可以正常挂起等。

5）高并发能力是指推荐服务在较高的用户请求下能正常、稳定地运行，承受高并发访问。

下面介绍一些其他度量指标。

1）NDCG（Normalized Discounted Cumulative Gain，归一化折损累积增益）。该指标基于两个假设：高相关性的文档比边缘相关的文档要有用很多；一个相关文档的排序越靠后，对于用户的价值就越低，因为它们很少被用户查看。这两个假设产生了一种新的评价方法。这种方法为相关性设定等级，作为衡量一个文档的增益的标准。这种增益从排序靠前的结果开始计算，在靠后的排序位置打折。DCG 方法就是在一个特定的排序的前提下，计算总的增益。在介绍 DCG 之前，先描述一下 CG（Cumulative Gain），其表示前 p 个位置累计得到的增益，公式如式（4.7）所示。

$$\mathrm{CG}_p = \sum_{i=1}^{p} \mathrm{rel}_i \tag{4.7}$$

其中，rel_i表示第 i 个文档的相关性等级，比如：2 表示非常相关，1 表示相关，0 表示无关。

从CG_p的计算过程可以看出，它对位置信息不敏感，假设检索的 3 个文档相关性依次是 2、0、1 和 0、1、2，明显前面的排序更优，但是它们的CG_p值相同，所以要引入位置信息进行度量，即既要考虑文档的相关性等级，又要考虑文档所在的位置。假设文档的位置按照从小到大排序，它们的价值依次递减，假设第 i 个位置的价值是 $\frac{1}{\log_2(i+1)}$［$\log_2(i+1)$也是一种损失因子，通过对数使得这种损失变得更加锐利或平滑］，那么排在第 i 个位置的文档产生的增益$\mathrm{rel}_i \times \frac{1}{\log_2(i+1)} = \frac{\mathrm{rel}_i}{\log_2(i+1)}$，所以$\mathrm{DCG}_p$的公式如式（4.8）所示。

$$\mathrm{DCG}_p = \sum_{i=1}^{p} \frac{\mathrm{rel}_i}{\log_2(i+1)} = \mathrm{rel}_1 + \sum_{i=2}^{p} \frac{\mathrm{rel}_i}{\log_2(i+1)} \tag{4.8}$$

还有一种比较常用的计算方式，用来增加相关性影响比重，公式如式（4.9）所示。

$$\mathrm{DCG}_p = \sum_{i=1}^{p} \frac{2^{\mathrm{rel}_i} - 1}{\log_2(i+1)} \tag{4.9}$$

由于每个查询语句所能检索到的结果文档集合长度不一，p 值会对 DCG 的计算有较大的影响，所以不能对不同查询语句的 DCG 求平均，需要进行归一化处理。NDCG 就是用 IDCG（Ideal Discounted Cumulative Gain）进行归一化处理的，表示当前 DCG 与 IDCG 的差距。NDCG 对于每次检索结果都会随着检索词汇的不同，返回不同的数量，而 DCG 是一个累加值，无法对不同的搜索结果进行比较，因此需要对累加结果进行归一化处理。IDCG 的计算公式如式（4.10）所示。

$$\mathrm{IDCG}_p = \sum_{i=1}^{|\mathrm{REL}|} \frac{2^{\mathrm{rel}_i} - 1}{\log_2(i+1)} \tag{4.10}$$

其中，$|\mathrm{REL}|$表示结果按照相关性从大到小的顺序排序，取前 p 个累加结果，即按照最优的方式对结果进行排序。

所以，NDCG 的计算如式（4.11）所示。

$$\mathrm{NDCG}_p = \frac{\mathrm{DCG}_p}{\mathrm{IDCG}_p} \tag{4.11}$$

下面对上述演变过程举例说明。

假设推荐系统一次返回6个结果，其相关性等级分别是3、3、2、1、0、2，那么CG=3+3+2+1+0+2=11，CG只是对文档的相关性进行打分计算，没有考虑文档所处的位置，DCG计算结果如表4-2所示。

表4-2 DCG计算结果

位置 i	相关性 rel_i	位置降权 $\log_2(i+1)$	DCG $\frac{rel_i}{\log_2(i+1)}$	位置 i	相关性 rel_i	位置降权 $\log_2(i+1)$	DCG $\frac{rel_i}{\log_2(i+1)}$
1	3	1	3	4	1	2.32	0.43
2	3	1.58	1.9	5	0	2.58	0
3	2	2	1	6	2	2.8	0.71

所以，DCG=3+1.9+1+0.43+0+0.71=7.04。接下来进行归一化计算，先计算IDCG，假设实际召回了8个文档，除了上面的6个文档之外，还有2个文档，假设第7个文档相关性等级为2，第8个文档相关性等级为0，那么理想情况下的相关性分数排序应该是3、3、2、2、2、1、0、0，IDCG@6计算结果如表4-3所示。

表4-3 IDCG@6计算结果

i	rel_i	$\log_2(i+1)$	$\frac{rel_i}{\log_2(i+1)}$	i	rel_i	$\log_2(i+1)$	$\frac{rel_i}{\log_2(i+1)}$
1	3	1	3	4	2	2.32	0.86
2	3	1.58	1.9	5	2	2.58	0.78
3	2	2	1	6	1	2.8	0.36

所以，IDCG=3+1.9+1+0.86+0.78+0.36=7.9，NDCG@6=DCG/IDCG=7.04/7.9≈89.11%

2）RMSE和R方。MAE(Mean Absolute Error，平均绝对误差）是绝对误差的平均值，计算如式（4.12）所示。

$$\mathrm{MAE}(X,h)=\frac{1}{m}\sum_{i=1}^{m}\left|h\left(x^{i}\right)-y^{(i)}\right| \tag{4.12}$$

RMSE（Root Mean Square Error，均方根误差）是一种用来衡量观测值同真实值之间偏差的方法，计算如式（4.13）所示。

$$\mathrm{RMSE}(X,h)=\sqrt[2]{\frac{1}{m}\sum_{i=1}^{m}(h\left(x^{i}\right)-y^{(i)})^{2}} \tag{4.13}$$

如式（4.12）、式（4.13）所示，$h\left(x^i\right)$是模型的预测值（观测值），而$y^{(i)}$是真实值。

与所有的均方根方法一样，RMSE 方法对于异常值比较敏感。通俗地讲，RMSE 方法更能准确地评价同样准确率下的不同模型，能够有效地判定哪一个预测结果更靠谱。在实际场景中，如果不苛求模型的准确度，我们希望模型的预测结果更靠谱，那么 RMSE 方法则更适用。

R 方（R-Squared）是一种评价模型与真实值之间拟合程度的方法，如式（4.14）所示。

$$R^2=1-\frac{\Sigma(y-y^r)^2}{\Sigma(y^r-y^m)^2} \tag{4.14}$$

其中，y是预测值，y^r是真实值，y^m是均值，R^2为平方误差（平方差）。这样做的好处在于R^2可以简单直接地评价预测值与真实值的耦合程度，即$R^2=0$时，模型与真实结果几乎不拟合；$R^2=1$时，模型与真实结果几乎完全拟合。同时，R^2还解决了 RMES 和 MAE 中的样本波动问题。回顾 RMES 和 MAE 方法，我们可以发现在计算过程中，不同的预测结果对于最终评价造成影响的可能是同等的。那么，如果输出的预测值波动很大，就可能是评测误判。

例如：现有 2 组预测值和真实值，即预测组 1=[1,2,3]、真实组 1=[1,2,2]，预测组 2=[1,2,300]、真实组 2=[1,2,200]。仅仅靠肉眼观察，我们可以发现两组模型的表现应该是一致的，但是 RMSE 和 MAE 会判断第 1 组的模型效果更好，这就是样本真实值波动导致的。而R^2则避免了这一个问题。

3）AP 和 MAP。AP 计算如式（4.15）所示。

$$\mathrm{AP}=\frac{\sum_{k=1}^{n}\left(P\left(k\right)\times\mathrm{rel}\left(k\right)\right)}{N_{\mathrm{rel}}} \tag{4.15}$$

其中，k 为检索结果队列中的排序位置；$P\left(k\right)$为前 k 个结果的准确率，即$P\left(k\right)=\frac{N_{\mathrm{rel}}}{N}$；$N$ 表示总文档数量；$\mathrm{rel}\left(k\right)$表示位置 k 的文档和其他文档是否相关，相关为 1，不相关为 0；N_{rel}表示相关文档数量。

MAP 为对多个查询对应的 AP 求平均。MAP 是反映系统在全部相关文档上性能的单值指标。系统检索出来的相关文档越靠前，MAP 就可能越高。MAP 计算如式（4.16）所示。

$$\mathrm{MAP}=\frac{\sum_{q=1}^{Q}\mathrm{AP}\left(q\right)}{Q} \tag{4.16}$$

其中，Q为查询数量。

MRR（Mean Reciprocal Rank，平均倒数排名）是一种用于衡量信息检索和推荐系统排序质量的评估指标。它衡量的是在一个给定的推荐列表中，相关物品（或文档）出现在排名最前位置k的平均倒数。对于每个查询，将相关的物品按照预测的用户兴趣程度进行排序，得到一个推荐列表。计算每个查询的倒数排名。如果相关物品排在第k位，倒数排名为$1/k$。对所有查询的倒数排名进行平均，得到MRR值。MRR的取值范围为0到1，值越高表示推荐列表中相关物品更可能出现在排名靠前的位置。MRR考虑了排名位置和相关性之间的关系，更关注排名第一的位置。MRR在信息检索和推荐系统中被广泛应用，尤其适用于评估推荐系统的排序质量，特别是在单个推荐结果的情况下。它反映了推荐结果中相关物品的排名情况，对于比较不同推荐算法或参数设置的性能具有参考价值。

4）其他相关指标。我们介绍了很多指标去评价模型，但是这些评价结果很可能会随着数据的变动而变动，所以，我们需要一个可以无视数据波动来评价模型效果的指标。如果把召回设定为TPR，有$\text{FPR}=\dfrac{\text{FP}}{\text{FP}+\text{TN}}$，以FPR为横坐标，TPR为纵坐标，随着阈值的变动，我们就可以得到一个用来评价分类器性能的归属于（0,0）与（1,1）之间的线段。

这里要特殊说明一下，以二分类模型为例，分类器训练之后可以得到一个可以利用固定阈值和样本预测值进行分类的模型。在预测值固定不变的情况下，调整阈值，那么分类结果也会随之变动。同理，在这个过程中TPR和FPR也会随之变动。将不同阈值调整后的变动的TPR和FPR结果展示在坐标系上，最终我们就可以得到ROC曲线。

AUC是ROC曲线靠近横坐标侧的面积。因为ROC曲线总是凸曲线，所以AUC的值在0.5~1之间。通过ROC曲线的计算公式，我们可以理解AUC的含义。AUC其实表述的是模型的性能，AUC越大，表示当前越存在一个合适的阈值使得模型的分类效果越好。另外，这里还要说明一点的是，为什么ROC曲线总是凸曲线？ROC其实取决于TPR和FPR之间的变换关系，一旦预测结果为凹曲线，我们只需要调换正负预测关系，则凹曲线自然变换成凸曲线。对于AUC低于0.5的模型，我们更偏向于通过调整数据和参数等其他手段，以保证ROC曲线呈现凸曲线。一旦AUC低于0.5，以二分类模型为例，那么我们可以理解为当前模型一定程度上比随机猜测的结果还要差，模型毫无性能可言。

最后，为什么我们要使用ROC和AUC？很重要的原因是ROC的横纵坐标分别是

FPR 和 TPR，得益于其计算方式，两者对于正负样本比例的变化是不敏感的。这种情况下，ROC 与 AUC 更能集中体现模型分类性能的好坏，而尽可能不受其他因素的影响。

4.4.1　推荐系统的评估实验方法

前文介绍过推荐系统架构。推荐系统一般包含召回和排序两个阶段。推荐模型存在于推荐系统的两个阶段。推荐模型本质上是一个机器学习问题。首先，我们需要构建推荐模型，选择合适且效果好的模型，将模型部署到线上推荐业务，利用模型来预测用户对标的物的偏好，通过用户的真实反馈，包括是否点击、是否购买、是否收藏等来评估模型效果；同时，在必要的时候，和用户沟通、收集用户对推荐模型的真实评价。整个过程如图 4-18 所示。我们可以根据推荐业务流的时间线将推荐系统评估分为 3 个阶段：离线评估、在线评估和主观评估。与此同时，我们可以将之前介绍的评价指标嵌入各个阶段。

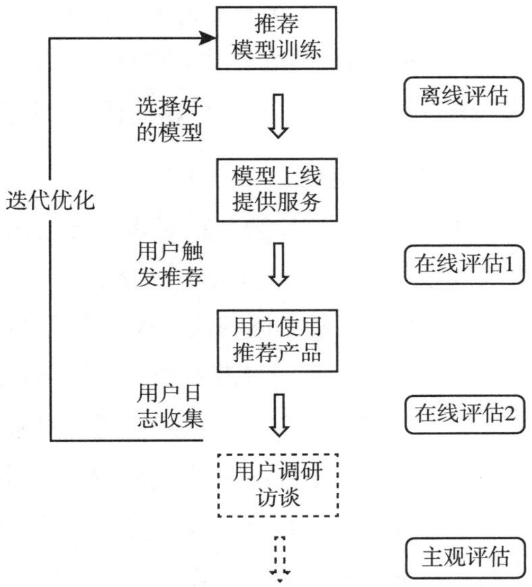

图 4-18　推荐系统评估的整个过程

4.4.2　离线评估

离线评估是算法人员在线下进行的实验，用来检查算法、数据、系统等是否正常的方法。离线评估的主要流程如下。

步骤 1：从数据仓库提取线上数据，以便进行线下训练和测试。

步骤 2：对数据进行预处理，并分为训练集和测试集。

步骤 3：在训练集上进行模型训练，并在测试集上进行模型测试。

步骤 4：评估在测试集上的模型训练效果，根据一定的指标评估模型离线效果是否达到上线标准。

离线评估有三大优点。

1）不需要对系统有实际控制权。

2）不需要用户和内容提供方实时参与。

3）在性能满足要求的前提下，可以大批量评估多种模型，调整及优化模型。

但是，离线评估也有一些缺点。

1）无法计算部分核心商业指标。

2）预测结果与真实结果存在一定差距。

通过离线评估，我们可以选择适合评价推荐模型的指标，具体如下。

1. 准确度指标

准确度评估的主要目的是事先评估出推荐模型是否精准，为选择合适的模型上线提供决策依据。在这个过程中，评估的是推荐模型是否可以准确预测用户的兴趣、偏好。我们可以根据 3 种不同的范式评估模型的准确度。

第一种范式是将推荐看作评分预测问题，预测标的物的评分值（比如 0~10 分）。解决该类型问题的思路是：预测出用户对所有没有产生行为的标的物的评分，按照评分从高到低排序。在这种思路下，推荐模型可以看作评分预测模型。

第二种范式是将推荐看作分类问题，即将推荐可以看作二分类问题，将标的物分为喜欢和不喜欢两类；也可以看作是多分类问题，每个标的物就是一个类，根据用户过去行为预测下一个行为。解决该类型问题的思路一般是：学习出某个标的物在某个类下的概率，根据概率值进行评估；也可以类似第一种思路，排序形成 Top *N* 推荐。

第三种范式是将推荐算法看作排序学习问题，利用排序学习思路来做推荐。这类问题需要学习一个有序列表。

推荐系统的目的是为用户推荐一系列标的物，命中用户的兴趣点。让用户消费标的物是推荐的终极目标。所以，在实际推荐产品时，一般都是为用户提供 *N* 个候选集，称为 Top *N* 推荐，尽可能地召回用户感兴趣的标的物。上面这三种推荐范式都可以转化为 Top *N* 推荐。

下面针对上述 3 种推荐范式，介绍对应的评估指标。

1）针对评分预测范式，评估推荐准确度的主要指标有 RMSE（均方根误差）、MAE（平均绝对误差）。

2）针对分类范式，评估推荐准确度的主要指标有准确率（Precision）、召回率（Recall）。关于准确率、召回率，前面的章节已有描述。简单地说，准确率是指为用户推荐的候选集中有多少比例是用户真正感兴趣的或者在推荐的候选集中有多少比例是用户消费过的标的物；召回率是指用户真正感兴趣的标的物中有多少比例是推荐系统推荐的。一般来说，推荐的标的物越多，召回率越高，精确度越低。

3）针对排序学习范式，评估推荐准确度的主要指标有 MAP、NDCG、MRR 等。

2. 覆盖率指标

对于推荐系统来讲，覆盖率指标都可以直接计算出来。覆盖率指标的计算方法前文已经提到过，这里不再赘述。

3. 多样性指标

用户兴趣千差万别，也会受心情、天气、节日等多种外界因素影响，所以系统在推荐时需要尽量保证推荐的多样性。在实际推荐工程中，我们可以通过聚类标的物和增加不同类别的标的物来保证推荐结果的多样性。

多样性指标又分为个体多样性指标和整体多样性指标。

个体多样性指标采用用户推荐列表内所有物品的平均相似度来定义：

$$\text{IntraListSimilarity}\left(L_u\right)=\frac{2\sum i,j\in L_{u,i\neq j}\text{similarity}\left(i,j\right)}{\left|L_u\right|*\left(\left|L_u\right|-1\right)} \tag{4.17}$$

其中，$\text{similarity}(i,j)$表示相似度的计算指标，L_u 指某用户的推荐列表。

求系统中所有用户推荐列表内所有物品的平均相似度的平均值，得到整体推荐列表中物品的相似度：

$$\text{IntraListSimilarity}=\frac{1}{n}\sum\text{IntraListSimilarity}\left(L_u\right) \tag{4.18}$$

IntraListSimilarity 值越大，说明用户推荐列表内物品之间总体平均相似度越高，也就是说系统整体的个体多样性越低。

整体多样性指标采用推荐列表间的相似度（也就是用户的推荐列表间的重叠度）来定义：

$$\text{InterDeversity}=\frac{2}{n\left(n-1\right)}\sum_{u,v\in U,u\neq v}\frac{\left|L_u\cap L_v\right|}{L_u} \tag{4.19}$$

其中，L_u 和 L_v 指用户 u 和 v 的推荐列表。

4. 实时性指标

一般来说，推荐系统的实时性可以分为 4 个级别：T+1 级、小时级、分钟级、秒级。响应时间越短，对整个系统设计、开发、工程实现、维护、监控要求越高。我们可以按照以下原则设计推荐系统。

1）如果利用用户碎片时间推荐产品，推荐系统需要做到分钟级。

2）如果用户在较长时间消耗标的物，推荐系统可考虑更长时间响应，做到小时级或者 T+1 级。

3）广告系统有必要做到秒级响应，其他大多数推荐系统没有必要。

5. 鲁棒性指标

鲁棒性指标主要是为了评价推荐服务的稳定性。为了提升推荐系统的鲁棒性，我们需要注意以下几点。

1）尽量选用鲁棒性较好的模型。

2）细化特征工程，通过算法和规则去除“脏”数据。

3）避免垃圾数据的引入。

4）完善日志系统，有较好的测试方案。

4.4.3 在线评估

通常，在离线评估完成后，我们就可以进行在线评估。现在，业界通用的在线评估方法是 A/B 实验，即新系统与老系统同时在线并分配不同的流量，在一段时间内同级别地对比核心指标，以确定新旧系统的优劣。具体的在线评估实验如图 4-19 所示。

在线评估可以分为两个阶段。

1）第一阶段是推荐模型根据用户历史使用产品推荐服务。这个阶段的评估指标有实时性、稳定性和抗高并发性。响应及时且稳定是反映推荐服务好坏的重要指标。这个指标反映了用户请求推荐服务时，推荐接口提供数据反馈的时间，响应时间越短越好，一般响应时间要控制在 200ms 之内。抗高并发性是指当用户规模很大，或者在特定时间点有大量用户访问时，推荐接口能够承载的压力。如果同一时间点有大量用户调用推荐服务，推荐系统并发压力将非常大。推荐服务在上线前应该做好压力测试。我们可以采用一些技术手段来提高接口的抗高并发性，比如增加缓存等。在特殊情况下，我们应该进行分流、限流等。

2）第二阶段是收集、分析用户行为日志相关的指标来评估。这一阶段需要我们站在平台方角度来思考指标。这些指标主要有用户行为相关指标、商业化指标等。以一个简单的用户行为漏斗为例，相关评估指标如图 4-20 所示。

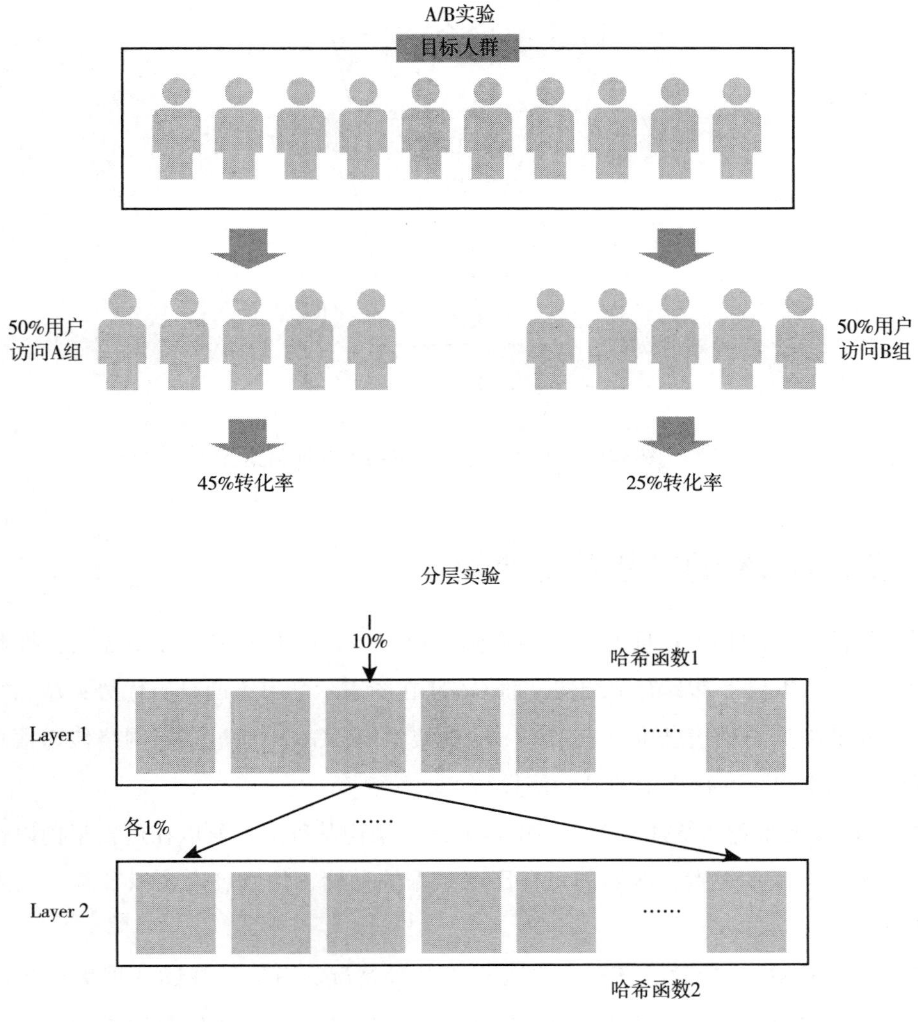

图 4-19　在线评估实验示意图

推荐模型上线后，重要的用户行为指标有转化率、购买率、点击率、人均停留时长、人均阅读次数等。一般情况下，用户的行为数据是一个漏斗。我们需要知道从漏斗上一层到下一层的转化率，通过转化率来衡量推荐对商业产生的最终价值。

总之，在数据量足够的情况下，我们可以通过线上的 A/B 实验从各个方面评估推荐系统效果。用户调研和用户访谈方法相对来说比较简单。由于篇幅所限，这里不再讲述。

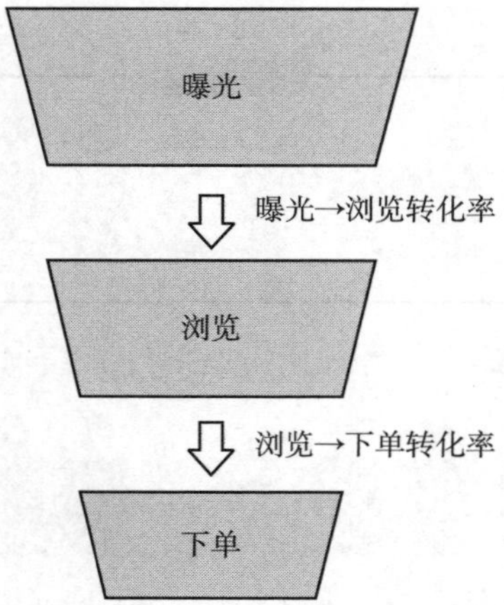

图 4-20 用户行为漏斗下的相关评估指标

4.5 基于 GNN 的推荐系统架构

图神经网络（GNN）在推荐系统中得到广泛应用，主要原因有以下 3 点：推荐系统中的大部分信息本质上都具有图结构，而 GNN 在图表示学习方面具有优势；从图结构角度看，不同的数据类型信息可以采用统一的框架建模；GNN 通过多层网络传递信息，可以显式地编码用户交互行为中的高阶信号。

基于 GNN 的推荐系统建立在一般的推荐系统架构基础上，所以在逻辑架构以及一些整体技术架构上基本一致，区别的点在于图数据的存储、检索、融合以及基于图数据训练的加速等。

构建基于 GNN 的推荐系统时应考虑以下几种情况。首先，在图数据集包含数十亿个节点和边，而每个节点包含数百万个特征的推荐场景中，由于内存使用量大、训练时间长，直接应用传统的 GNN 具有挑战，所以需要改进传统的 GNN。其次，在实际的推荐系统中，不仅用户和物品等对象变化，它们之间的关系也随着时间推移而变化。为了保证输出最新的推荐，系统应该使用新的信息迭代更新。从图的角度来看，不断更新的信息带来的是动态图而不是静态图。再次，对于推荐中的图数据，节点度呈现长尾分布，即活跃用户与物品的交互较多，冷启用户交互较少，类似于热门物品和冷启物品。因此，在所有节点上应用相同的传播步骤可能不是最理想的。只有少数新兴工作可以自适应地决定每个节点的传播步骤，以获得合理的接收域。因此，如何在基于 GNN 的推荐系统中为每个用户或项目自适应地选择合适的接收域仍然是一个值得研究的问题。

下面给出一个图存储与图计算框架（见图 4-21）对图 4-7 进行补充。

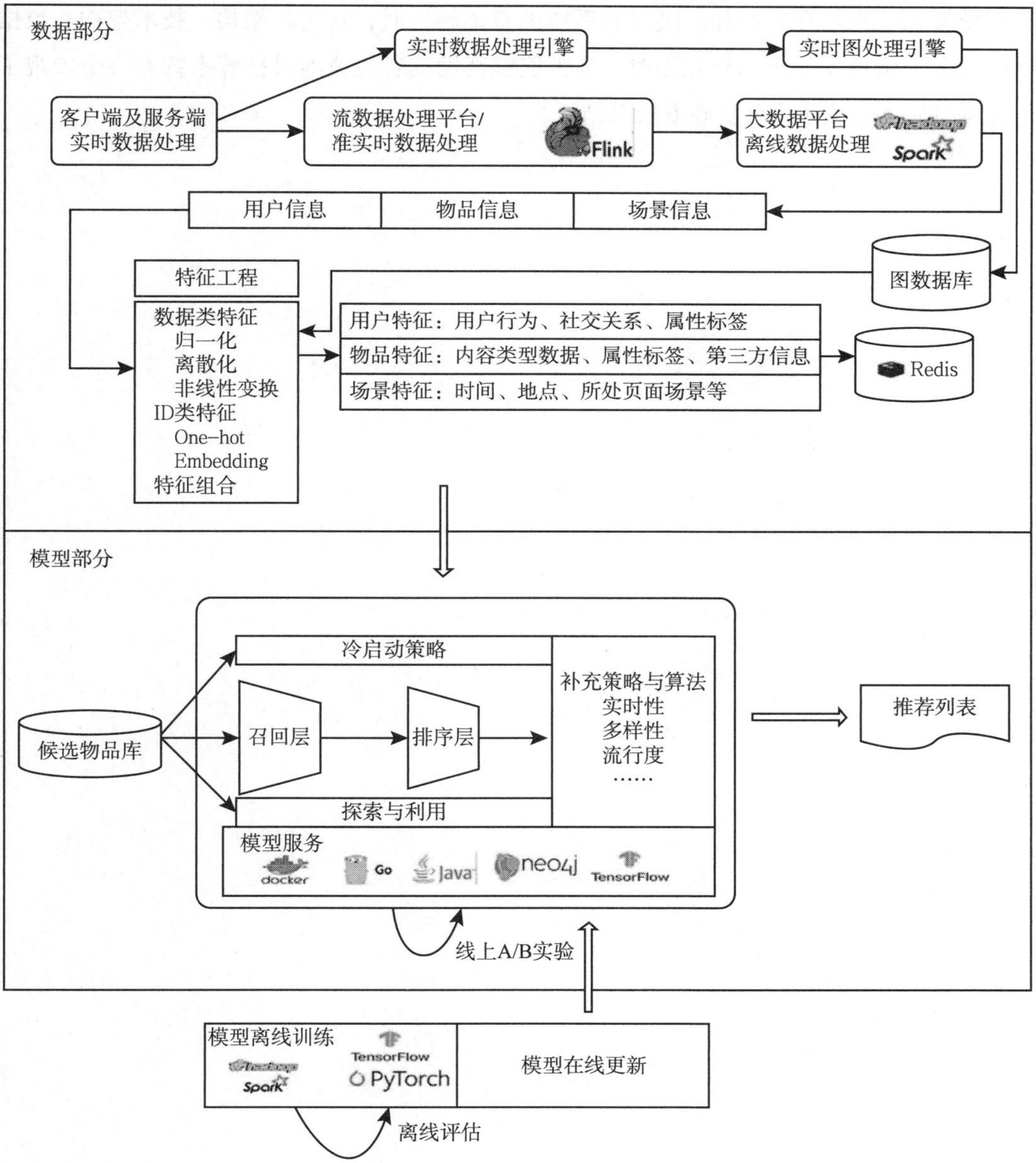

图 4-21　图存储与图计算框架

4.6 本章小结

本章主要对推荐系统的架构和基础知识进行了系统化梳理，从而引出基于 GNN 的推荐系统架构。本章在归纳和总结推荐系统的整体架构时，对逻辑架构、技术架构、数据和模型部分进行了分析。与此同时，为了能够帮助读者快速地对推荐系统有一个宏观了解，本章做了大量架构分析和方法总结。

第 5 章 Chapter 5

基于 GNN 的推荐系统构建基础

图是一种复杂的数据结构，如何高效地表示图中节点的信息是一项具有挑战性的任务。学习图的表示是构建图神经网络的第一步。什么是表示呢？通俗地可以理解为特征。因此，表示学习可以理解为特征学习。前文介绍了许多关于表示学习的模型。数据特征的提取质量直接影响到模型的性能。在推荐系统中，能够从大量数据中提取特征，或者说能够从数据中自动学习有用的特征，并且可以直接用于后续的具体任务，这类方法统称为表示学习。它同时也是构建基于 GNN 的推荐系统的基础。

本章从嵌入开始讲解，逐步介绍几种在实践中比较常见的表示学习方法，以反思构建基于 GNN 的推荐系统时特征处理的一般方法。

5.1 关于嵌入

嵌入（Embedding）又称向量化或向量映射，指用一个低维稠密向量来表示一个对象。这个对象可以是任何事物，如词语、商品、电影等。嵌入最早是从自然语言处理领域引入的，后来逐步发展到传统机器学习、搜索排序、推荐、知识图谱等领域。

谈到嵌入，首先应该从表示学习开始。在应用模型之前，我们需要将信息转化为计算机可理解的知识。这里使用“知识”而不是“数据”，是因为计算机只能处理由 0 和 1 组成的信息，而 0 和 1 只是数据，如果我们按照一定规则将 0 和 1 排列组合，让它们携带更多的信息，当信息量足够反映真实世界的事物时，这些数据就成为知识。一个良好的表示学习应该尽可能多地包含本质信息，并且该表示能够直接服务于后续的计算任务。因此，计算机世界和现实世界之间存在着一个天然的鸿沟，我们称之为语义鸿沟。为了解决这个问题，我们需要考虑如何将现实世界中的本体表示为计算机世界中的物体，如图 5-1 所示。

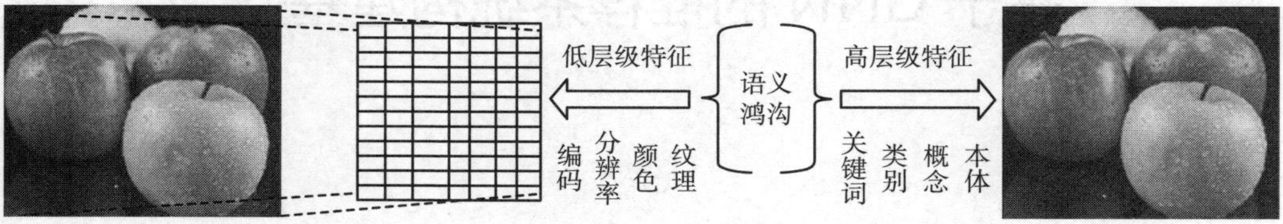

图 5-1 语义鸿沟示意图

在机器学习中，常见的对事物的表示方式有两种：一种是独热编码方式，另一种是分布表示方式。这两种方式都可以用在自然语言处理和图像处理方面，但是在使用过程中略微有些差别。在图像处理中，像素点的强度值可以表示成高维度的数据向量集。同样，音频的功率密度的强度值也可以表示成数据向量集。在自然语言处理中，每个词的传统表示都是离散的。简单地说，词和词之间不存在任何关联。比如，对于“男孩”和“女孩”这两个词，传统的独热编码表示方法无法告诉我们这两个词之间的关联。如果可以建立词和词之间的关系，并且用词向量表示，那么“男孩”和“女孩”之间会有一个量化数据。

独热编码是自然语言中最直观的表示方式，就是把这个词按照一定的顺序进行索引。独热编码表示方法是利用字典中词的数目或者有限维度作为词的表示。

举个例子：假设有 1000 个词的词典，“我”“爱”“北京”“的”“天安门”，那么，这些词在词典中排序的位置为 1，其余的位置都是 0，如图 5-2 所示。

$$\begin{pmatrix}1\\0\\0\\\vdots\\0\\0\end{pmatrix}\text{“我”};\quad\begin{pmatrix}0\\1\\0\\\vdots\\0\\0\end{pmatrix}\text{“爱”};\quad\begin{pmatrix}0\\0\\1\\\vdots\\0\\0\end{pmatrix}\text{“北京”};\quad\begin{pmatrix}0\\0\\0\\\vdots\\1\\0\end{pmatrix}\text{“的”};\quad\begin{pmatrix}0\\0\\0\\\vdots\\0\\1\end{pmatrix}\text{“天安门”}$$

图 5-2 独热编码词向量表示示例

为了更好地展现每个词之间的关系，我们采用分布式表示方法，如图 5-3 所示。该方法从多维度标识词的特征，包括词与词之间的关系特征和词与上下文之间的关系特征。通过学习每个词和上下文的关系，我们可以获得一个固定维度的向量，并引入多维度距离概念。相似的词之间的距离越近，表示它们之间的关系越密切。

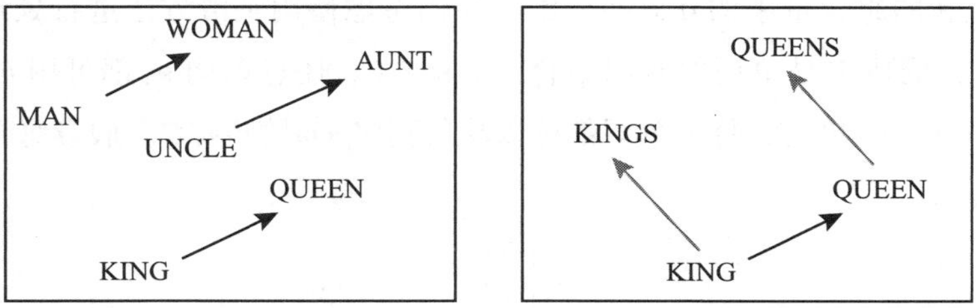

图 5-3　分布式表示方法

空间向量模型是基于分布式表示将词语表示成嵌入在一个连续空间向量的向量集合。语义更加相近的词汇被映射的数据点会更加接近，例如“男孩”“女孩”或者“北京”“天津”。向量之间的距离是否更加接近取决于用来训练的上下文的方法。通常，对于空间向量模型的研究方法大概分为两类：基于语义分析，例如 LDA、SVD 等方法；基于预测的表示，例如 NNLM 等方法。

基于语义分析的方法是指计算某词汇与其邻近词汇在一个大型语料库中共同出现的频率及其他统计量，然后将这些统计量映射到一个语义向量中。基于预测的表示方法则直接对某词汇的邻近词汇进行预测，在此过程中，利用已经学习到的词和词之间的近似关系，不断完善，构建每个词的嵌入向量。

神经网络语言模型（Neural Network Language Model，NNLM）是 Yoshua Bengio 于 2003 年在 A Neural Probabilistic Language Model 论文中发表的词向量表示模型。它有效地改进了 n-Gram 模型，使某个词向量可以利用比 4-Gram 更长的上下文来对这个词产生影响。n-Gram 模型参数会因为 n 的增加呈现指数级增长，所以语言模型一般会被限制在 4-Gram 内。NNLM 利用 m 维概率空间向量表示一个词，而 n-Gram 模型在高维度下存在很多 0 概率值。为了解决这个问题，我们可以采用平滑、插值等方法。相比之下，NNLM 不会出现类似问题，但仍然可以建立词之间的关系。

$\boldsymbol{w}_i$是第 t 个单词，词序列表示为$\boldsymbol{w}_i^j=\left(\boldsymbol{w}_i,\boldsymbol{w}_{i+1},\cdots,\boldsymbol{w}_{j-1},\boldsymbol{w}_j\right)$，那么第 t 个词的条件概率可以表示为：

$$\hat{P}\left(\boldsymbol{w}_1^t\right)=\prod_{t=1}^{T}\hat{P}\left(\boldsymbol{w}_t=i|\boldsymbol{w}_1^{t-1}\right) \tag{5.1}$$

n-Gram 模型利用上下文中的 t–1 个词预测下一个词的构造条件概率，可以表示为：

$$\hat{P}\left(\boldsymbol{w}_t|\boldsymbol{w}_1^{t-1}\right)\approx\hat{P}\left(\boldsymbol{w}_t|\boldsymbol{w}_{t-n+1}^{t-1}\right) \tag{5.2}$$

为了避免新的组合带来的 0 概率分配，我们考虑使用平滑方法进行处理。其中，$\boldsymbol{w}_t$ 是第 t 个单词，词典 V 是单词的有限集合，有 $\boldsymbol{w}_t\in V$。任意单词 $\boldsymbol{w}_t$ 都可用 m 维特征向量表示，词典中有 $|V|$ 个单词，每个单词都可以映射到 $|V|\times m$ 阶矩阵 $\boldsymbol{C}$。假设每个词都可用独热编码向量表示：

$$\boldsymbol{w}_t=\begin{pmatrix}0\\ \vdots\\ 1\\ \vdots\\ 0\\ 0\end{pmatrix} \tag{5.3}$$

$\boldsymbol{C}$ 矩阵可以表示为：

$$\boldsymbol{C}=\left(\boldsymbol{w}_1,\boldsymbol{w}_2,\cdots,\boldsymbol{w}_{v-1},\boldsymbol{w}_v\right)=\begin{bmatrix}(w_1)_1 & (w_2)_1 & \cdots & (w_v)_1\\ (w_1)_2 & (w_2)_2 & \cdots & (w_v)_2\\ \vdots & \vdots & & \vdots\\ (w_1)_m & (w_2)_m & \cdots & (w_v)_m\end{bmatrix} \tag{5.4}$$

假设神经网络结构分为投影层、输入层、隐藏层和输出层 4 部分，输入层的神经元数量为 $\boldsymbol{n}$，词的滑动窗口是 $\boldsymbol{n}$，输入层输入的是独热编码的词向量，输入层到投影层的矩阵是 $\boldsymbol{C}$，投影层到隐藏层的权重矩阵为 $\boldsymbol{H}$、偏移矩阵为 $\boldsymbol{B}$，隐藏层到输出层的权重矩阵为 $\boldsymbol{U}$、偏移矩阵为 $\boldsymbol{D}$。那么，整个 NNLM 结构可以用 Bengio 论文的原图来表示，如图 5-4 所示。

NNLM 的执行步骤如下。

因为其延续了 n-Gram 的条件概率表示：

$$\hat{P}\left(\boldsymbol{w}_t|\boldsymbol{w}_1^{t-1}\right)\approx\hat{P}\left(\boldsymbol{w}_t|\boldsymbol{w}_{t-n+1}^{t-1}\right)=f\left(\boldsymbol{w}_t,\boldsymbol{w}_{t-1},\cdots,\boldsymbol{w}_{t-n+2},\boldsymbol{w}_{t-n+1}\right) \tag{5.5}$$

所以，词 $\boldsymbol{w}_t$ 的条件概率用之前的 t–1 个词来表示可以简化为之前的 n–1 个词来表示。我们用大小为 n 的滑动窗口来表示 n-Gram 的条件概率。

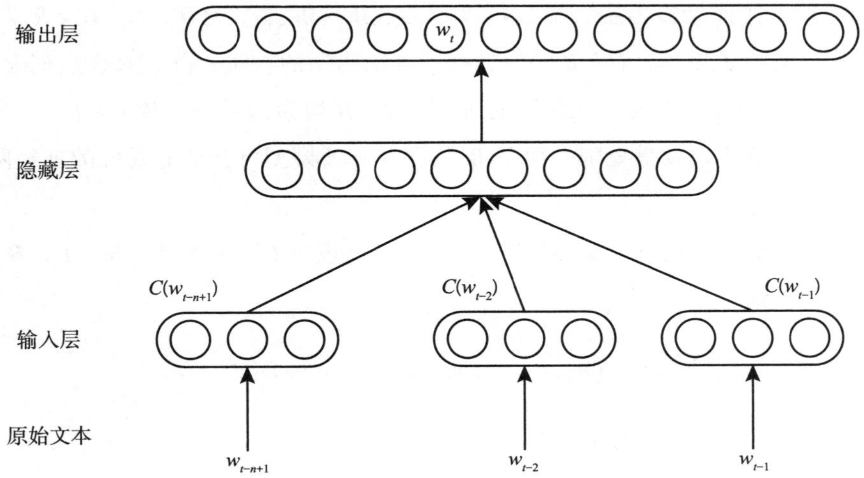

图 5-4　NNLM 结构

步骤 1：定义一个大小为 n 的滑动窗口在语料间滑动，如果窗口的最后一个词是 $\boldsymbol{w}_t$，那么前面从 $\boldsymbol{w}_{t-n+1}$ 到 $\boldsymbol{w}_{t-1}$ 的 $n-1$ 个词都表示为独热编码形式，并作为输入层的输入。

步骤 2：独热编码将词从输入层映射到投影层，即根据 1 的位置通过映射矩阵 $\boldsymbol{C} \in R^{|V| \times m}$ 把属于这个词的 m 维向量 $\boldsymbol{C}(\boldsymbol{w}_t)$ 抽出来，将每个词编码映射为一个 m 维特征向量：

$$\boldsymbol{C}(\boldsymbol{w}_t) = \boldsymbol{w}_t \boldsymbol{C} \tag{5.6}$$

步骤 3：从 $n-1$ 个投影层到隐藏层是全连接形式，$n-1$ 个词特征向量 $\boldsymbol{C}(\boldsymbol{w}_{t-n+1}),\cdots$，$\boldsymbol{C}(\boldsymbol{w}_{t-1})$ 合并为一个 $(n-1)m$ 维向量 $(\boldsymbol{C}(\boldsymbol{w}_{t-n+1}),\cdots,\boldsymbol{C}(\boldsymbol{w}_{t-1}))$，如果用 $\boldsymbol{x}$ 可表示为：

$$\boldsymbol{x} = (\boldsymbol{C}(\boldsymbol{w}_{t-n+1}),\cdots,\boldsymbol{C}(\boldsymbol{w}_{t-1})) \tag{5.7}$$

使用隐藏层的 tanh 函数对 $\boldsymbol{x}$ 进行激活，权重矩阵为 $\boldsymbol{H}$，偏移矩阵为 $\boldsymbol{B}$：

$$\boldsymbol{l} = \boldsymbol{H}\boldsymbol{x} + \boldsymbol{B}$$

步骤 4：从隐藏层到输出层也是全连接形式，使用 Softmax 函数并结合权值矩阵 $\boldsymbol{U}$ 和偏置矩阵 $\boldsymbol{D}$，获得最后的概率输出：

$$p(\boldsymbol{w}_t | \boldsymbol{w}_{t-1},\cdots,\boldsymbol{w}_{t-n+2},\boldsymbol{w}_{t-n+1}) = \frac{\mathrm{e}^{y_{w_t}}}{\sum_i \mathrm{e}^{y_i}} \tag{5.8}$$

其中，$\boldsymbol{y} = \boldsymbol{D} + \boldsymbol{W}\boldsymbol{x} + \boldsymbol{U}\tanh(\boldsymbol{B} + \boldsymbol{H}\boldsymbol{x})$，模型中一共有 6 个参数（$\boldsymbol{D}$、$\boldsymbol{W}$、$\boldsymbol{U}$、$\boldsymbol{B}$、$\boldsymbol{H}$、$\boldsymbol{C}$）。如

果输入层可以直接连接输出层，那么可以令参数$\boldsymbol{W} \neq 0$，否则令$\boldsymbol{W} = 0$。$\boldsymbol{H} \in R^{|h| \times (n-1)|m|}$为输入层到隐藏层的权重矩阵，$\boldsymbol{U} \in R^{|v| \times |h|}$为隐藏层到输出层的权重矩阵，$|v|$表示词表的大小，$|m|$表示词向量的维度，$|h|$表示隐藏层的维度。$\boldsymbol{D}$、$\boldsymbol{B}$ 均为偏置项。$\boldsymbol{W} \in R^{|h| \times (n-1)|m|}$表示从输入层到输出层的直连边权重矩阵。由于 $\boldsymbol{W}$ 的存在，该模型可能从非线性的神经网络退化为线性分类器。

模型训练需要最大化以下似然函数，假设参数θ表示 6 个参数 $\boldsymbol{D}$、$\boldsymbol{W}$、$\boldsymbol{U}$、$\boldsymbol{B}$、$\boldsymbol{H}$、$\boldsymbol{C}$，$R(\theta)$为正则项，则

$$L = \frac{1}{T} \sum_t \log f\left(\boldsymbol{w}_t, \boldsymbol{w}_{t-1}, \cdots, \boldsymbol{w}_{t-n+2}, \boldsymbol{w}_{t-n+1}; \theta\right) + R(\theta) \tag{5.9}$$

使用梯度下降方法更新参数，令η表示步长。

$$\theta \leftarrow \theta + \eta \frac{\partial \log p\left(\boldsymbol{w}_t | \boldsymbol{w}_{t-1}, \cdots, \boldsymbol{w}_{t-n+2}, \boldsymbol{w}_{t-n+1}\right)}{\theta} \tag{5.10}$$

在数学中，嵌入是一种向量化的映射关系；在神经网络中，它是一个向量，用低维密集向量表示一个对象。嵌入技术最初用于自然语言处理领域，后来延伸到传统的机器学习、搜索、推荐和知识图谱领域，具体表现为项目嵌入、图形嵌入、分类变量嵌入等方向的延伸。嵌入本身也在不断更新，从最初表现单一的静态嵌入，到表现更丰富的动态嵌入和扩展，出现了 ELMo、Transformer、GPT、BERT、XLNet、ALBERT 等动态预训练模型。在深度学习推荐系统中，嵌入已经成为推荐的核心部分。嵌入层能够完成从高维稀疏向量到低维向量的转换，预训练嵌入与其他特征的联合训练能够丰富模型中的特征表示部分，并提高模型的精度。特别是图嵌入技术提出后，嵌入层几乎可以引入任何信息进行编码，本身也包含了大量有价值的信息。而且，图嵌入可以更方便地度量用户及物品的相似性。

5.2 Word2Vec

前文提到了语言模型，在这里介绍一种名为 Word2Vec 的语言模型。这个模型是由 Mikolov 在 2013 年提出的。

Mikolov 在 NNLM 基础上提出了 CBOW 和 Skip-gram 两种模型。CBOW 模型是在原 NNLM 的结构上去掉了隐藏层，使投影层直接连接到了 Softmax 输出层。原理和 NNLM

一样，也是用被估计词的上下文来预测这个词的向量。Skip-gram 的预测方法和 CBOW 的预测方法不同，它是用某个词来预测这个词的上下文。在计算整个词库时，Softmax 都是指数运算，计算量非常大。为了减少计算量，Mikolov 提出了两种简化计算的方法：一种是基于词频设计的哈夫曼树结构的 Hierarchical Softmax，另一种是负采样。这两种简化计算的方法都将多分类转变成二分类或多个二分类问题。

Hierarchical Softmax 是将输出层改造为基于词频设计的哈夫曼树结构，用叶子节点表示每个词，通过根节点到词的路径为词编码，从而计算得到这个词的词向量。词频越高，离树的根节点越近，更容易被搜索和计算。

负采样是 Mikolov 提出的另一种精益求解方法。尽管 Hierarchical Softmax 配合 CBOW 和 Skip-gram 的计算已经达到实用程度，但 Mikolov 依然对计算速度不满意，于是在简化噪声、对比估计的基础上，通过随机负采样方法，代替了 Hierarchical Softmax 的哈夫曼树结构。

5.2.1　哈夫曼树与哈夫曼编码

哈夫曼树是带权重的最优二叉树。哈夫曼树通过构造一棵二叉树，最小化带权重的路径长度，即权重较大的节点离二叉树的根节点越近，权重较小的节点离根节点的距离越远。哈夫曼树的构造方法如下。

1）假设存在 n 个权重值的序列 $\theta=\{\theta_1,\theta_2,\cdots,\theta_n\}$，我们可以将序列中的每一个值视为一棵单独的树。

2）从大到小为权重序列重新排序，找出权重最小的两棵树作为左右子树，构造出一棵新的二叉树。可以指定左右子树哪个权重值更小一些，比如左边子树权重值比右边小。新的二叉树的根节点的权重值是两个子节点权重值的和。在原集合中删除已经合并的树，并把新的树加入原集合。

3）重复步骤 2 和 3，直到集合中只有一棵树为止。

如果给出“我”“爱”“北京”“天安门”，它们在整篇文章中的出现频率分别是 1、2、3、4，把词出现的频率当作权重值来构造一棵哈夫曼树，具体步骤如下。

1）首先挑选最小的两个值 1 和 2 作为左右子树，以构建新的二叉树（权重值小的作为左子树，大的作为右子树），新的二叉树根节点值为 3。删去原来的 1 和 2 用新二叉树代替，如图 5-5 所示。

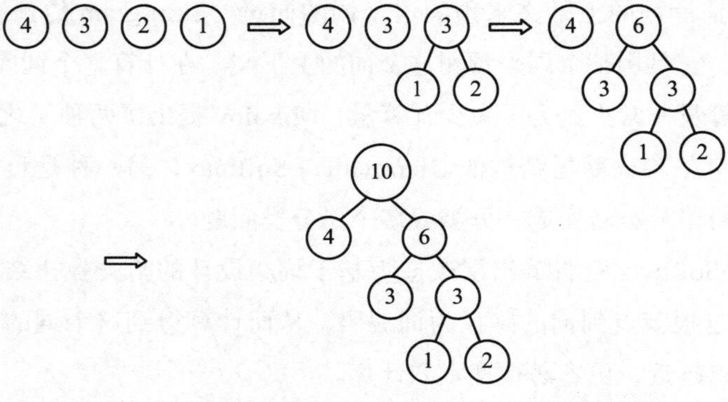

图 5-5　利用权重值构造简单的哈夫曼树

2）在新的集合中选出两个最小的权重，即 3 和 3，将它们合并成一棵新的二叉树，根节点的权重值为 6。删除旧的部分，加入新的二叉树。

3）在新的集合中，4 和根节点值为 6 的二叉树进行合并。由于 4 较小，它作为新的左子树，而 6 作为新的右子树，它们的新根节点值是 10。删除旧的部分，只留下新的二叉树。我们发现只有唯一的新的二叉树存在。这就是我们要找的哈夫曼树。由于可以使用哈夫曼编码来表示哈夫曼树，下面我们来看看哈夫曼编码。

在构造哈夫曼树的过程中，我们约定左子树的权重值小于右子树的权重值。如果使用二进制形式，左节点标识为 0，右节点标识为 1。根据这个规则，我们尝试为“我”“爱”“北京”和“天安门”这四个词找出它们的哈夫曼编码，如图 5-6 所示。

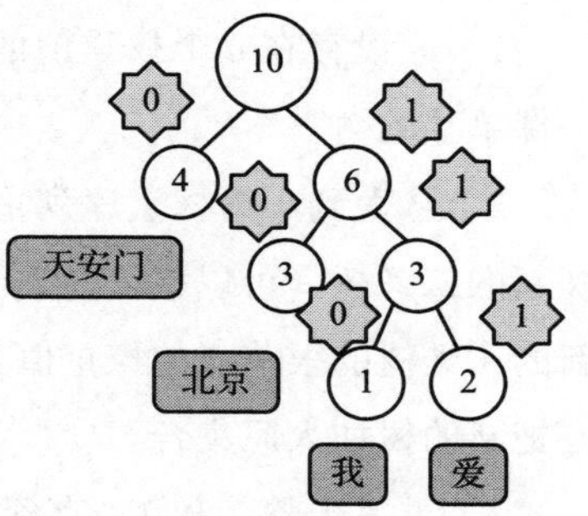

图 5-6　构造中文词的哈夫曼编码

“我”对应的哈夫曼编码为 110，“爱”对应的哈夫曼编码为 111，“北京”对应的哈夫曼编码为 10，“天安门”对应的哈夫曼编码为 0。很显然，字符频率低，编码长；字符频率高，编码短，这样保证了此树的带权路径长度最小化，效果上就是传送报文的最短长度。

5.2.2　基于 Hierarchical Softmax 的 CBOW 模型

CBOW（Continuous Bag-Of-Word）模型只包括输入层、投影层和输出层。如果已知当前词是 $\boldsymbol{w}_t$，上下文词是 $\boldsymbol{w}_{t-2}$、$\boldsymbol{w}_{t-1}$、$\boldsymbol{w}_{t+1}$、$\boldsymbol{w}_{t+2}$。CBOW 模型可以看作利用上下文

$\boldsymbol{w}_{t-2}$、$\boldsymbol{w}_{t-1}$、$\boldsymbol{w}_{t+1}$、$\boldsymbol{w}_{t+2}$来预测当前词$\boldsymbol{w}_t$的模型，如图 5-7 所示。

根据之前介绍可以知道，计算每个词的词向量只和这个词及其上下文有关系，即与$\left(\text{Context}(\boldsymbol{w}),\boldsymbol{w}\right)$有关。一般，我们可以给定一个窗口来限制这个词的上下文$\text{Context}(\boldsymbol{w})$，目标函数可以用对数似然函数来描述：

$$L=\sum_{w\in C}\log p\left(\boldsymbol{w}|\text{Context}(\boldsymbol{w})\right) \tag{5.11}$$

基于 Hierarchical Softmax 的 CBOW 模型如图 5-8 所示。

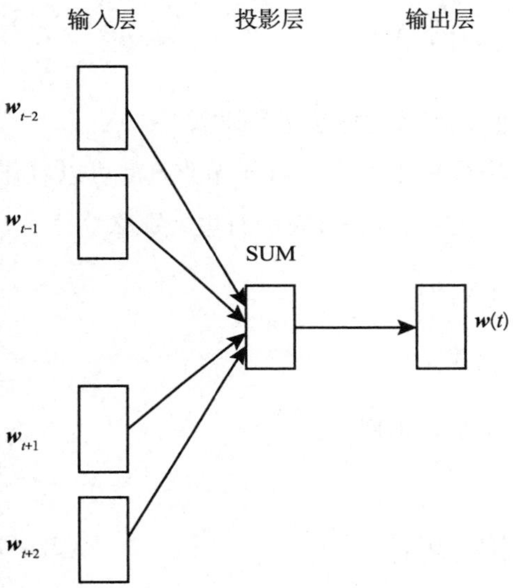

图 5-7　CBOW 模型

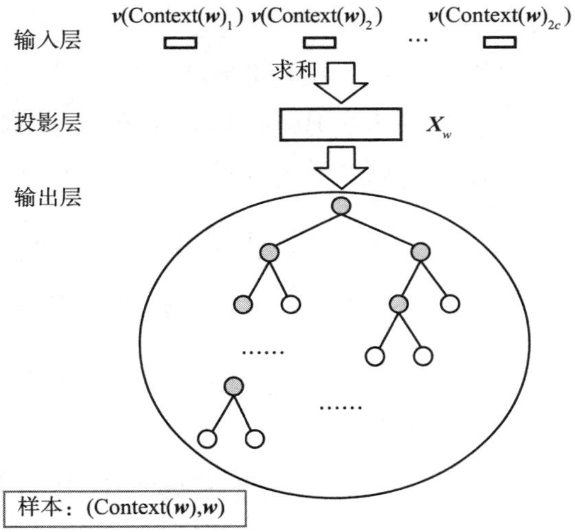

图 5-8　基于 Hierarchical Softmax 的 CBOW 模型

1）输入层：以所求词 $\boldsymbol{w}$ 的上下文$\text{Context}(\boldsymbol{w})$中 $2c$ 个词的词向量（每个词向量都给定固定的维度 m）作为输入层的输入数据：

$$\boldsymbol{v}\left(\text{Context}(\boldsymbol{w})_1\right),\cdots,\boldsymbol{v}\left(\text{Context}(\boldsymbol{w})_{2c}\right)$$

2）投影层：输入层的 $2c$ 个词向量在投影层做加和，生成累加向量$\boldsymbol{X}_w=\sum_{i=1}^{2c}\boldsymbol{v}\left(\text{Context}(\boldsymbol{w})_i\right)\in R^m$。

3）输出层：输出层在 Hierarchical Softmax 中对应一棵哈夫曼树。哈夫曼树的叶子节点为语料中出现过的词，构造哈夫曼树的权重值为这个词在语料中的词频。如果词典中词的个数为 N，那么叶子节点数也是 N，非叶子节点数为 $N-1$。

Hierarchical Softmax 比普通的 Softmax 计算要简单。假设词典的个数是 N，那么 Hierarchical Softmax 不需要像 Softmax 那样计算所有词的打分，只需要计算从根节点到叶子节点路径的概率，而路径最大的深度是 $\log(N)$，时间复杂度从 $O(N)$降到 $O(\log N)$。

对于两个模型来说，我们最终的目标是优化目标函数，得到最大值：

$$L=\sum_{w\in C}\log P\left(\boldsymbol{w}|\text{Context}\left(\boldsymbol{w}\right)\right) \tag{5.12}$$

当输出层采用简单的 Softmax 函数，那么似然函数可以表示为：

$$P\left(\boldsymbol{w}|\text{Context}\left(\boldsymbol{w}\right)\right)=\frac{\exp\left(e\left(\boldsymbol{w}\right)\boldsymbol{X}_w\right)}{\sum_{w'\in D}\exp\left(e\left(\boldsymbol{w}'\right)\boldsymbol{X}_w\right)} \tag{5.13}$$

其中，$e\left(\boldsymbol{w}\right)$、$e\left(\boldsymbol{w}'\right)$是未知参数，可以用最大似然函数的方法进行求解。

当输出层采用 Hierarchical Softmax 函数，哈夫曼树上所有非叶子节点θ都可以看作一个二分类。如果用 d_j 表示二叉树路径，$d_j=0$表示左边，$d_j=1$表示右边，那么

$$p\left(d_j=0|\boldsymbol{X}_w,\theta\right)=\sigma\left(\boldsymbol{X}_w\theta\right)$$

$$p\left(d_j=1|\boldsymbol{X}_w,\theta\right)=1-\sigma\left(\boldsymbol{X}_w\theta\right)$$

其中，$\sigma\left(\boldsymbol{X}_w\theta\right)=\frac{1}{1+\mathrm{e}^{-X_w\theta}}$，利用逻辑回归计算概率的正样本。

似然函数如下：

$$P\left(\boldsymbol{w}|\text{Context}\left(\boldsymbol{w}\right)\right)=\prod_{j=2}^{l^w}p\left(d_j^w|\boldsymbol{X}_w,\theta_{j-1}^w\right) \tag{5.14}$$

其中，l^w是到任意词 $\boldsymbol{w}$ 路径上节点的个数，

$$p\left(d_j^w|\boldsymbol{X}_w,\theta_{j-1}^w\right)=\left[\sigma\left(\boldsymbol{X}_w^{\mathrm{T}}\theta_{j-1}^w\right)\right]^{1-d_j^w}\left[1-\sigma\left(\boldsymbol{X}_w^{\mathrm{T}}\theta_{j-1}^w\right)\right]^{d_j^w} \tag{5.15}$$

则得到似然函数为：

$$\begin{aligned}L&=\sum_{w\in C}\log\prod_{j=2}^{l^w}\left\{\left[\sigma\left(\boldsymbol{X}_w^{\mathrm{T}}\theta_{j-1}^w\right)\right]^{1-d_j^w}\left[1-\sigma\left(\boldsymbol{X}_w^{\mathrm{T}}\theta_{j-1}^w\right)\right]^{d_j^w}\right\}\\L&=\sum_{w\in C}\sum_{j=2}^{l^w}\left\{\left(1-d_j^w\right)\log\left[\sigma\left(\boldsymbol{X}_w^{\mathrm{T}}\theta_{j-1}^w\right)\right]+d_j^w\log\left[1-\sigma\left(\boldsymbol{X}_w^{\mathrm{T}}\theta_{j-1}^w\right)\right]\right\}\end{aligned} \tag{5.16}$$

两边取 log 计算，$L(\boldsymbol{w},j)$表示进行梯度计算的累加：

$$L\left(\boldsymbol{w},j\right)=\left(1-d_j^w\right)\log\left[\sigma\left(\boldsymbol{X}_w^{\mathrm{T}}\theta_{j-1}^w\right)\right]+d_j^w\log\left[1-\sigma\left(\boldsymbol{X}_w^{\mathrm{T}}\theta_{j-1}^w\right)\right] \tag{5.17}$$

对未知参数θ_{j-1}^{w}进行微分

$$\begin{aligned}\frac{\partial L(w,j)}{\partial\theta_{j-1}^{w}}&=\frac{\partial}{\partial\theta_{j-1}^{w}}\left\{\left(1-d_j^{w}\right)\log\left[\sigma\left(\boldsymbol{X}_w^{\mathrm{T}}\theta_{j-1}^{w}\right)\right]+d_j^{w}\log\left[1-\sigma\left(\boldsymbol{X}_w^{\mathrm{T}}\theta_{j-1}^{w}\right)\right]\right\}\\&=\left\{\left(1-d_j^{w}\right)\left[1-\sigma\left(\boldsymbol{X}_w^{\mathrm{T}}\theta_{j-1}^{w}\right)\right]-d_j^{w}\sigma\left(\boldsymbol{X}_w^{\mathrm{T}}\theta_{j-1}^{w}\right)\right\}\boldsymbol{X}_w\\&=\left[1-d_j^{w}-\sigma\left(\boldsymbol{X}_w^{\mathrm{T}}\theta_{j-1}^{w}\right)\right]\boldsymbol{X}_w\end{aligned}\tag{5.18}$$

θ_{j-1}^{w}迭代优化：

$$\theta_{j-1}^{w}:=\theta_{j-1}^{w}+\eta\left[1-d_j^{w}-\sigma\left(\boldsymbol{X}_w^{\mathrm{T}}\theta_{j-1}^{w}\right)\right]\boldsymbol{X}_w\tag{5.19}$$

对未知参数 $\boldsymbol{X}_w$ 进行微分：

$$\frac{\partial L(w,j)}{\partial\boldsymbol{X}_w}=\left[1-d_j^{w}-\sigma\left(\boldsymbol{X}_w^{\mathrm{T}}\theta_{j-1}^{w}\right)\right]\theta_{j-1}^{w}\tag{5.20}$$

$\boldsymbol{v}(\tilde{\boldsymbol{w}})$迭代优化：

$$\boldsymbol{v}(\tilde{\boldsymbol{w}}):=\boldsymbol{v}(\tilde{\boldsymbol{w}})+\eta\sum_{j=2}^{l^w}\left[1-d_j^{w}-\sigma\left(\boldsymbol{X}_w^{\mathrm{T}}\theta_{j-1}^{w}\right)\right]\theta_{j-1}^{w}\tag{5.21}$$

5.2.3　基于 Hierarchical Softmax 的 Skip-gram 模型

Skip-gram 模型和 CBOW 一样，也包括输入层、投影层和输出层，如图 5-9 所示。

如果已知当前词是$\boldsymbol{w}_t$，上下文词是$\boldsymbol{w}_{t-2}$、$\boldsymbol{w}_{t-1}$、$\boldsymbol{w}_{t+1}$、$\boldsymbol{w}_{t+2}$。模型 Skip-gram 可以看作是利用当前词$\boldsymbol{w}_t$来预测上下文$\boldsymbol{w}_{t-2}$、$\boldsymbol{w}_{t-1}$、$\boldsymbol{w}_{t+1}$、$\boldsymbol{w}_{t+2}$的模型。和 CBOW 的输入和预测正好相反，对于基于 Hierarchical Softmax 的 Skip-gram 模型，需要优化的目标似然函数是：

$$L=\sum_{w\in C}\log p\left(\mathrm{Context}(\boldsymbol{w})|\boldsymbol{w}\right)\tag{5.22}$$

$$L=\sum_{w\in C}\log\prod_{u\in\mathrm{Context}(w)}p\left(u|\boldsymbol{w}\right)\tag{5.23}$$

利用 Hierarchical Softmax 来表示 $p(u|\boldsymbol{w})$

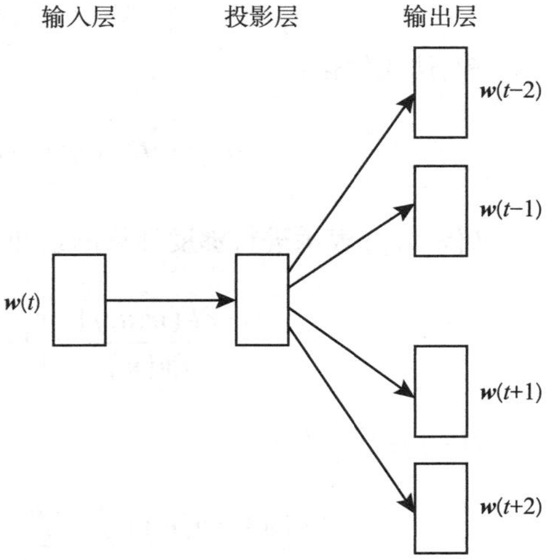

图 5-9　Skip-gram 模型

$$L=\sum_{w\in C}\log\prod_{u\in \text{Context}(\boldsymbol{w})}\prod_{j=2}^{l^u}p\left(d_j^u|\boldsymbol{v}(\boldsymbol{w}),\theta_{j-1}^u\right) \tag{5.24}$$

因为

$$p\left(d_j^u|\boldsymbol{v}(\boldsymbol{w}),\theta_{j-1}^u\right)=\left[\sigma\left(\boldsymbol{v}(\boldsymbol{w})^{\mathrm{T}}\theta_{j-1}^u\right)\right]^{1-d_j^u}\left[1-\sigma\left(\boldsymbol{v}(\boldsymbol{w})^{\mathrm{T}}\theta_{j-1}^u\right)\right]^{d_j^u} \tag{5.25}$$

替换后有

$$L=\sum_{w\in C}\log\prod_{u\in \text{Context}(\boldsymbol{w})}\prod_{j=2}^{l^u}\left\{\left[\sigma\left(\boldsymbol{v}(\boldsymbol{w})^{\mathrm{T}}\theta_{j-1}^u\right)\right]^{1-d_j^u}\left[1-\sigma\left(\boldsymbol{v}(\boldsymbol{w})^{\mathrm{T}}\theta_{j-1}^u\right)\right]^{d_j^u}\right\} \tag{5.26}$$

$$\begin{aligned}L=\sum_{w\in C}\sum_{u\in \text{Context}(\boldsymbol{w})}\sum_{j=2}^{l^u}&\left\{\left(1-d_j^u\right)\cdot\log\left[\sigma\left(\boldsymbol{v}(\boldsymbol{w})^{\mathrm{T}}\theta_{j-1}^u\right)\right]+\right.\\&\left.d_j^u\cdot\log\left[1-\sigma\left(\boldsymbol{v}(\boldsymbol{w})^{\mathrm{T}}\theta_{j-1}^u\right)\right]\right\}\end{aligned} \tag{5.27}$$

$L(\boldsymbol{w},u,j)$ 表示进行梯度计算的累加，对 θ_{j-1}^u 微分：

$$\begin{aligned}\frac{\partial L(\boldsymbol{w},u,j)}{\partial\theta_{j-1}^u}&=\frac{\partial}{\partial\theta_{j-1}^u}\left\{\left(1-d_j^u\right)\cdot\log\left[\sigma\left(\boldsymbol{v}(\boldsymbol{w})^{\mathrm{T}}\theta_{j-1}^u\right)\right]+d_j^u\cdot\log\left[1-\sigma\left(\boldsymbol{v}(\boldsymbol{w})^{\mathrm{T}}\theta_{j-1}^u\right)\right]\right\}\\&=\left(1-d_j^u\right)\left[1-\sigma\left(\boldsymbol{v}(\boldsymbol{w})^{\mathrm{T}}\theta_{j-1}^u\right)\right]\boldsymbol{v}(\boldsymbol{w})-d_j^u\sigma\left(\boldsymbol{v}(\boldsymbol{w})^{\mathrm{T}}\theta_{j-1}^u\right)\boldsymbol{v}(\boldsymbol{w})\\&=\left(1-d_j^u-\sigma\left(\boldsymbol{v}(\boldsymbol{w})^{\mathrm{T}}\theta_{j-1}^u\right)\right)\boldsymbol{v}(\boldsymbol{w})\end{aligned} \tag{5.28}$$

θ_{j-1}^u迭代优化：

$$\theta_{j-1}^u:=\theta_{j-1}^u+\eta\left[\left(1-d_j^u-\sigma\left(\boldsymbol{v}(\boldsymbol{w})^{\mathrm{T}}\theta_{j-1}^u\right)\right)\right]\boldsymbol{v}(\boldsymbol{w}) \tag{5.29}$$

$L(w,u,j)$ 表示进行梯度计算的累加，对 $\boldsymbol{v}(\boldsymbol{w})$ 微分：

$$\frac{\partial L(\boldsymbol{w},u,j)}{\partial\boldsymbol{v}(\boldsymbol{w})}=\left[1-d_j^u-\sigma\left(\boldsymbol{v}(\boldsymbol{w})^{\mathrm{T}}\theta_{j-1}^u\right)\right]\theta_{j-1}^u \tag{5.30}$$

$\boldsymbol{v}(\boldsymbol{w})$ 迭代优化：

$$\boldsymbol{v}(\boldsymbol{w}):=\boldsymbol{v}(\boldsymbol{w})+\eta\sum_{u\in \text{Context}(\boldsymbol{w})}\sum_{j=2}^{l^u}\left[1-d_j^u-\sigma\left(\boldsymbol{v}(\boldsymbol{w})^{\mathrm{T}}\theta_{j-1}^u\right)\right]\theta_{j-1}^u \tag{5.31}$$

5.3 Item2Vec

在 Word2Vec 之后，微软的研究人员把嵌入思想应用到了推荐系统，还撰写了一篇关于 Item2Vec 的论文。这篇论文提到把 Word2Vec 的 Skip-gram 和负采样的算法迁移到基于物品的协同过滤上，以物品的共现性作为上下文关系，并构建神经网络学习物品在隐空间的向量表示。前文已经介绍了 Word2Vec 的 Skip-gram 模型。Skip-gram 模型的目标似然函数如式（5.23）所示。负采样的随机负采样方法提高了最后一层的计算效率。而负采样的思想来自噪声对比估计的简化。在 Item2Vec 中，用户浏览商品的集合等价于一个词汇序列，其中出现在同一集合的商品被看作紧密相邻的元素。这样的序列排列方式有助于捕捉商品之间的关联性。集合 $w_1, w_2, \ldots, w_K$ 的目标似然函数为：

$$L = \frac{1}{K}\sum_{i=1}^{K}\sum_{j \neq i}^{K} \log p(\boldsymbol{w}_j \mid \boldsymbol{w}_i) \tag{5.32}$$

同 Word2Vec，利用负采样，将$p(\boldsymbol{w}_j \mid \boldsymbol{w}_i)$定义为：

$$p\left(\boldsymbol{w}_j|\boldsymbol{w}_i\right) = \sigma\left(\boldsymbol{u}_i^{\mathrm{T}}\boldsymbol{v}_j\right)\prod_{k=1}^{N}\sigma\left(-\boldsymbol{u}_i^{\mathrm{T}}\boldsymbol{v}_k\right) \tag{5.33}$$

Item2Vec 重采样方式同 Word2Vec 相同。

Airbnb 2018 年在 KDD 会议上发表了一篇论文，在这篇论文中提到了 Item2Vec。在 Airbnb 平台上，房东向用户提供房源信息。用户可以通过输入地点、价位等关键词搜索相关的房源信息，并做浏览选择。房东和用户的交互行为分成 3 种：用户点击、用户预定、房东拒绝预定。本文提出两种嵌入方法分别用于捕捉用户的短期兴趣和长期兴趣，利用用户点击会话序列和预定会话序列，训练生成列表嵌入、用户类型和列表类型嵌入，并将嵌入特征输入搜索场景下的排序模型，提升模型效果。其中，列表嵌入方式借用了 Item2Vec 的思想。

通过利用用户的点击会话序列，我们定义了用户在一次搜索中点击的列表序列，并基于该序列训练出列表嵌入。生成这个序列需要满足两个限制条件：停留时间超过 30 秒，点击才算有效；用户点击间隔时间超过 30 分钟，就会被视为新的点击会话序列。

基于负采样的 Skip-gram 模型结构，并对目标似然函数进行改造。负采样方式训练的目标似然函数如下，采用随机梯度上升的方法更新参数。

$$L = \underset{\theta}{\operatorname{argmax}} \sum_{(l,c)\in D_p} \log \frac{1}{1+\mathrm{e}^{-v_c' v_l}} + \sum_{(l,c)\in D_p} \log \frac{1}{1+\mathrm{e}^{v_c' v_l}} \tag{5.34}$$

正样本为在滑动窗口列表中的样本；负样本为列表集合中随机采样的样本。Airbnb基于实际场景，针对业务特点，做了如下改造：引入订购信息，将点击后最终订购的房源作为全局上下文条件，以正样本加入目标函数，所以式（5.33）发生了改变：

$$L = \underset{\theta}{\operatorname{argmax}} \sum_{(l,c)\in D_p} \log \frac{1}{1+\mathrm{e}^{-v_c' v_l}} + \sum_{(l,c)\in D_p} \log \frac{1}{1+\mathrm{e}^{v_c' v_l}} + \sqrt{\log \frac{1}{1+\mathrm{e}^{v_l' v_l}}} \tag{5.35}$$

即使预定列表不在滑动窗口内，我们也认为它与中心列表相关。这很容易理解，因为用户选择点击的房源和最终预订的目标一定是相似的。在线预订住宿时，用户通常会搜索和浏览特定地点（目的地）的列表。因此，正样本通常在同一地点，而随机采样的负样本可能不在同一地点，这种不平衡会导致无法得到最优解。为了更好地发现同一地点房源的差异，我们需要修改目标似然函数：

$$L = \underset{\theta}{\operatorname{argmax}} \sum_{(l,c)\in D_p} \log \frac{1}{1+\mathrm{e}^{-v_c' v_l}} + \sum_{(l,c)\in D_p} \log \frac{1}{1+\mathrm{e}^{v_c' v_l}} + \sqrt{\sum_{l,m_n} \sum_{D_{m_n}} \log \frac{1}{1+\mathrm{e}^{v_{m_n}'}}} \tag{5-36}$$

利用 Skip-gram 模型生成房源嵌入表示示意图如图 5-10 所示。

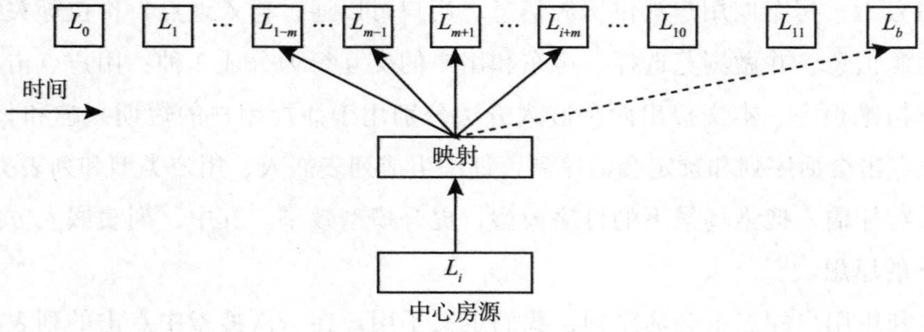

图 5-10 利用 Skip-gram 模型生成房源嵌入表示示意图

综上可知，任何能够生成物品向量的方法都可以被称为 Item2Vec。广告场景中有一种双塔模型可对物品进行嵌入处理，这种嵌入处理也是用到一种 Item2Vec 模型，如图 5-11 所示。

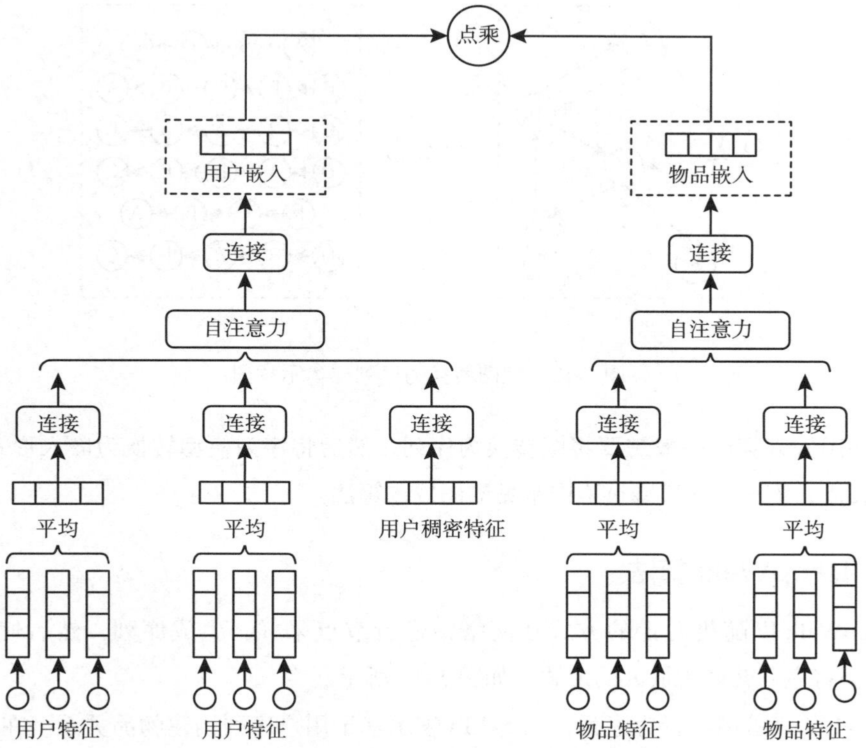

图 5-11　广告场景中的嵌入处理

5.4　图嵌入

前文已经介绍了 Word2Vec 和 Item2Vec 两种模型。Word2Vec 被广泛应用于自然语言处理领域，而 Item2Vec 则将 Word2Vec 中的 Skip-gram 和负采样方法广泛应用于推荐领域。在互联网场景下，数据对象更多是图结构数据。面对这样的数据，传统的嵌入模型有些力不从心。因此，基于图的嵌入方法被提出来，如图 5-12 所示。在图 5-12 中，图 5-12a 表示人们在电商网站浏览物品的行动轨迹，这些轨迹呈现出图的结构。通过算法计算，我们可以得到图 5-12b 的数据格式（具有序列样本特征）。

图嵌入的目的是用低维、稠密、实值的向量来表示网络中的节点。目前，图嵌入在推荐系统、搜索排序和广告领域非常流行，并且取得了非常不错的效果。

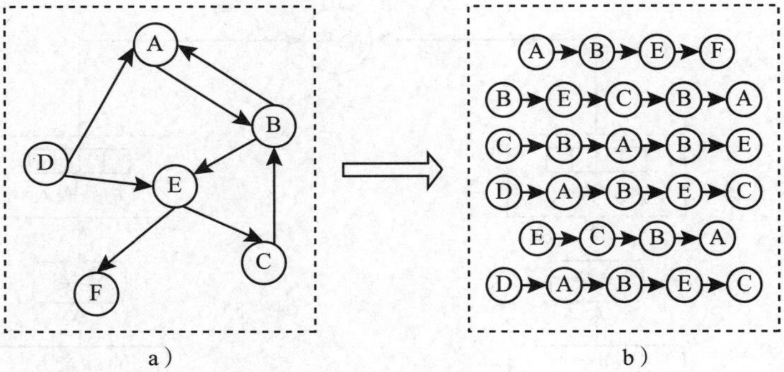

图 5-12 把图转换为序列样本示意图

一些图嵌入算法一般需要将图转换为序列，然后将序列模型转换为嵌入形式。下面我们将具体介绍一些在实践过程中常见的图嵌入算法。

5.4.1 DeepWalk 算法

DeepWalk 以随机游走的方式在网络中进行节点采样，生成序列，然后使用 Skip-gram 模型将序列转换为嵌入的形式，如图 5-13 所示。

图 5-13a 表示用户行为序列；图 5-13b 表示基于用户序列构建物品关系。在图 5-13b 中，物品 A 和物品 B 有多条有向边，这些边的权重被加强。图 5-13c 表示特征按需生成[㊀]，随机游走，产生物品序列。图 5-13d 表示通过 Skip-gram 模型对网络中的节点进行训练，生成物品嵌入向量。DeepWalk 算法是可以扩展的，特征按需生成、随机游走和优化的 Skip-gram 模型都是高效且可并行实现的。

在 DeepWalk 算法中，$\boldsymbol{M}$ 可以表示图$g=(V,E)$的邻接矩阵，$\boldsymbol{M}_{ij}$ 表示从节点 i 到节点 j 的边的权重，所以物品关系图中 v_i 跳到 v_j 的概率可以表示为：

$$P\left(v_j|v_i\right)=\begin{cases}\dfrac{M_{ij}}{\sum\limits_{j\in N_+(v_i)}M_{ij}}, & v_j\in N_+\left(v_i\right)\\ 0, & e_{ij}\notin E\end{cases} \tag{5.37}$$

㊀ DeepWalk 方法通过随机游走的方式在图中采样路径。这意味着它可以根据需要生成节点的表示向量，无须提前计算和存储所有节点的表示。这种按需生成的特性使得 DeepWalk 在处理大规模图数据时更加高效。

其中，E 是所有边的集合，$N_+(v_i)$是节点 v_i 所有的出边㊀集合，M_{ij} 是节点 v_i 到 v_j 的权重。所以，跳转概率求的是跳转边的权重占所有相关边权重之和的比例。

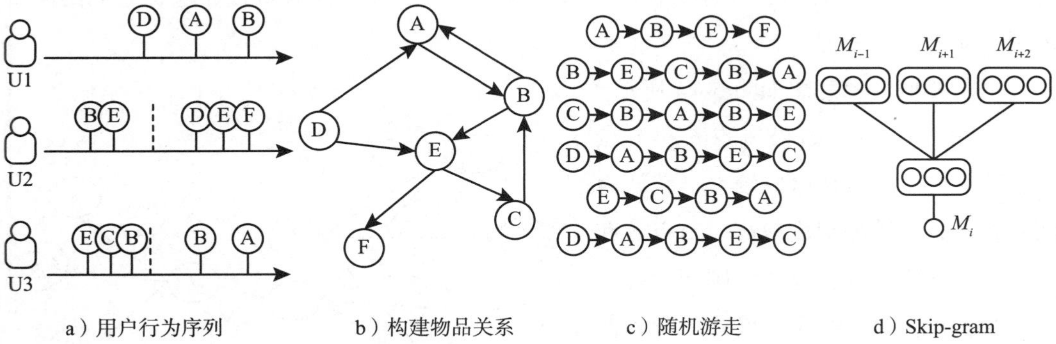

图 5-13 DeepWalk 算法流程

当然，DeepWalk 也存在一些问题，总结如下。

- 可扩展性问题。DeepWalk 是阿里巴巴在 2018 年提出的模型，在小数据集上取得了不错的效果，但在海量数据上表现欠佳。
- 数据稀疏问题。由于用户往往只与少数物品交互，当用户与物品互动很少时，训练出一个好的模型就很困难。
- 冷启动问题。这个问题与数据稀疏性问题相关，因为新物品不断上传，这些物品没有用户行为，所以在处理这些物品和预测用户对它们的偏好时会遇到很大的挑战。

5.4.2 Line 算法

DeepWalk 采用 DFS 随机游走在图中进行节点采样，并使用 Word2Vec 在采样的序列中学习图中节点的向量表示。Line 也是一种基于邻域相似假设的方法，但与 DeepWalk 使用 DFS 构造邻域不同的是，Line 可以看作一种使用 BFS 构造邻域的算法。此外，Line 还可以应用在带权图中，而 DeepWalk 仅能应用于无权图中。

与 DeepWalk 不同，Line 不期望通过随机游走得到节点之间的共现关系来反映图的

㊀ 在图论中，出边是指从一个节点指向其他节点的边。对于节点 V_i，出边集合 N_out（V_i）表示从节点 V_i 出发的所有边所连接的目标节点的集合。

结构规律，而是期望节点的低维隐向量表示能直接蕴含节点之间的一阶和二阶邻近关系。其中，一阶关系指的是两个节点直接相连，它们的向量表示自然比较相似；二阶关系指的是如果两个节点的邻居集合很相似，那么即使这两个节点没有直接相连，它们的向量表示也应该比较相似。

一阶相似度示意图如图 5-14 所示。

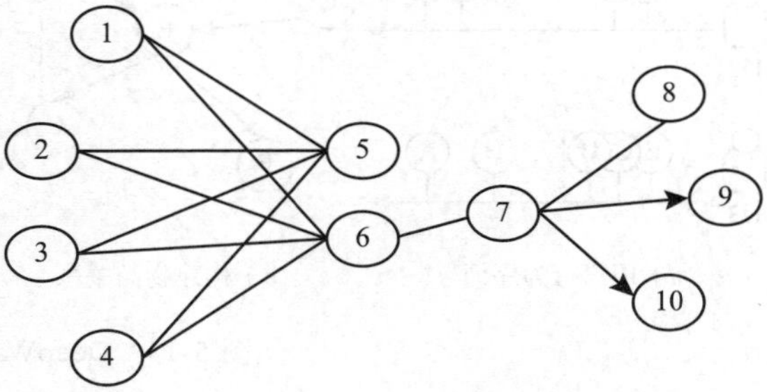

图 5-14 一阶相似度示意图

在图 5-14 中，如果节点 6 和节点 7 之间存在直连边且边权较大，就认为两者相似且一阶相似度较高。节点 5 和节点 6 之间不存在直连边，则两者之间一阶相似度为 0。但是，仅有一阶相似度还不够。在图 5-14 中，虽然节点 5 和节点 6 之间不存在直连边，但是它们有很多相同的邻居节点（节点 1、节点 2、节点 3、节点 4），这也表明了它们相似。二阶相似度被用来描述这种关系，形式化定义为：令$p_u=\left(w_{u,1},\cdots,w_{u,|V|}\right)$表示节点 u 与所有其他节点间的一阶相似度，则节点 u 与节点 v 的二阶相似度可以通过p_u和p_v的相似度表示。若 u 与 v 之间不存在相同的邻居节点，则二阶相似度为 0。所以，对于每一条无向边(i,j)，节点v_i和v_j之间的的联合概率为：

$$p\left(v_i,v_j\right)=\frac{1}{1+\exp\left(-\boldsymbol{u}_i^{\mathrm{T}}*\boldsymbol{u}_j^{\mathrm{T}}\right)} \tag{5.38}$$

其中，$\boldsymbol{u}_i$为节点v_i低维向量表示[㊀]。

可以定义经验分布为：

$$\hat{p}_1\left(v_i,v_j\right)=\frac{w_{ij}}{\sum\limits_{(i,j)\in E}w_{ij}} \tag{5.39}$$

优化的目标为：

$$O_1\left(v_i,v_j\right)=-\sum w_{ij}\log p_1\left(v_i,v_j\right) \tag{5.40}$$

从上面的计算过程可以看出，一阶相似度只能用于无向图中。

㊀ 可以看作一个内积模型，计算两个物品之间的匹配程度。

二阶相似度计算如下。每个节点维护两个嵌入向量：一个是该节点本身的表示向量，一个是该节点作为其他节点的上下文时的表示向量。对于有向边(i, j)，定义给定节点v_i条件，产生上下文（邻居节点）v_j的概率为：

$$p_2(v_j \mid v_i)=\frac{\exp\left(\boldsymbol{c}_j^{\mathrm{T}} * \boldsymbol{u}_i^{\mathrm{T}}\right)}{\sum_{k=1}^{|V|} \exp\left(\boldsymbol{c}_K^{\mathrm{T}} * \boldsymbol{u}_i^{\mathrm{T}}\right)} \tag{5.41}$$

其中，$|V|$为邻居节点的个数。

可以定义经验分布为：

$$\hat{p}_2\left(v_j | v_i\right)=\frac{w_{ij}}{d_i}=\frac{w_{ij}}{\sum_{k \in N(i)} w_{ik}} \tag{5.42}$$

这里，w_{ij}为(i, j)的边权；d_i是v_i的出度，对于带权图，$d_i=\sum_{k \in N(i)} w_{ik}$。

优化的目标为：

$$O_2=\sum \lambda_i d\left(\hat{p}_2\left(\cdot | v_i\right),\ p_2(\cdot \mid v_i)\right) \tag{5.43}$$

其中，λ_i为控制节点重要性的因子，可以通过节点的度数或者 PageRank 等方法估计得到。一般情况下，使用 KL 散度并设$\lambda_i=d_i$，所以式（5.42）可以变为：

$$O_2=-\sum w_{ij} \log p_2(v_j \mid v_i) \tag{5.44}$$

在实际应用过程中，使用负采样方式优化计算过程，提高计算效率。通过上面的分析，我们也可以发现 Line 算法的一些问题。一些节点的邻居节点非常少，会导致嵌入向量的学习不够充分，这时我们可以利用邻居的邻居构造样本进行学习。这里也暴露出 Line 算法仅考虑一阶和二阶相似度，对高阶信息利用不足的问题。对于新加入图的节点v_i，若该节点与图中节点存在边相连，我们只需要固定模型的其他参数，优化如下两个目标之一即可：

$$-\sum_{j \in N(i)} w_{ji} \log p_1\left(v_i, v_j\right) \text{或} -\sum_{j \in N(i)} w_{ji} p_2\left(v_j | v_i\right) \tag{5.45}$$

5.4.3 Node2Vec 算法

DeepWalk 算法中的轨迹是从图上简单游走出来的，轨迹内部节点之间的关系并不能很好地反映图结构的规律，因此提出了 Node2Vec 算法。第 1 章讲到图的基本概念时提到在一张图上对图进行遍历的方法有两种：一种是深度优先搜索（DFS），另一种是广度优先搜索（BFS）。DeepWalk 采用了 DFS，但这种做法并不是最优的。只有采用 DFS 和 BFS 兼顾的方法，模型才能达到更好的效果。

举一个简单的例子，在推荐系统中推荐结果具有同质性和结构性两种特性。同质性很好理解，即相同的物品很可能是同品类、同属性或者经常被一同购买。而结构性相同的物品是各个品类的畅销商品、最佳凑单商品等拥有类似趋势或者属性相同的物品。我们可以用形式化的语言进行描述，同质性指距离相近节点的嵌入应尽量保持相似，节点 U 与其相连的节点 S_1、S_2、S_3、S_4 的嵌入表达应该是接近的；而结构性指结构上相似的节点的嵌入应尽量相同，节点 u 和 S_6 及其周边的结构相似。

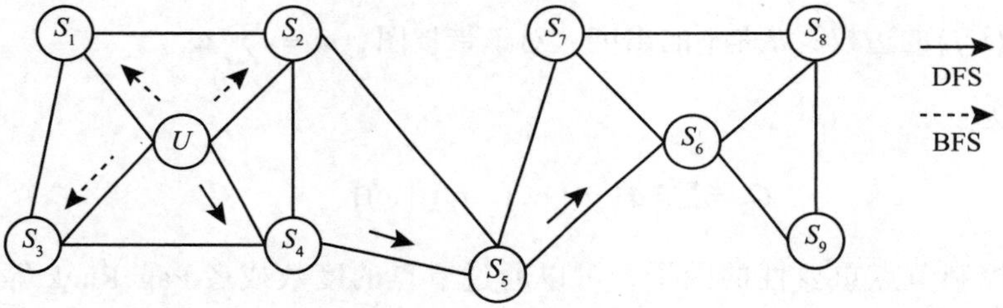

图 5-15　节点 U 的搜索策略

Node2Vec 算法的原理为：给定某个节点，令其近邻节点出现的概率最大，即：

$$\max_f \sum_{u \in V} \log Pr\left(N_s(U) \mid f(u)\right) \tag{5.46}$$

为了求解式（5.46），我们提出两个假设。

1. 条件独立性假设

假设给定源节点，其近邻节点出现的概率与近邻集合中其余节点无关。在这个假设下，条件概率公式可表示为：

$$Pr\left(N_s(U) | f(u)\right) = \prod_{n_i \in N_s(U)} Pr\left(n_i \mid f(u)\right) \tag{5.47}$$

2. 特征空间性

一个节点作为源节点和作为近邻节点时共享同一套嵌入向量。在这个假设下，条件概率公式可表示为：

$$Pr\left(n_i \mid f(u)\right)=\frac{\exp\left(f(n_i)*f(u)\right)}{\sum_{v\in V}\exp\left(f(v)*f(u)\right)} \tag{5.48}$$

所以，综合两个假设，优化的目标就变为：

$$\max_f \sum_{u\in V}\left[-\log Z_u+\sum_{n_i\in N_s(U)} f\left(n_i\right)*f\left(u\right)\right] \tag{5.49}$$

其中，$Z_u=\sum_{v\in V}\exp\left(f\left(v\right)*f\left(u\right)\right)$的计算代价比较高，所以同样采用负例采样的方式简化运算。在负例采样过程中我们会遇到一个问题，选择 BFS 还是 DFS？这里主要通过节点间的跳转概率来判断，以图 5-16 为例说明。

从节点 v 跳转到下一个节点 x 的概率为 $\pi_{vx}=\alpha_{pq}(t,x)\cdot\omega_{vx}$，其中 ω_{vx} 是边 vx 的权重，$\alpha_{pq}(t,x)$ 的定义如下：

$$\alpha_{pq}(t,x)=\begin{cases}\dfrac{1}{p} & 如果 d_{tx}=0\\ 1 & 如果 d_{tx}=1\\ \dfrac{1}{q} & 如果 d_{tx}=2\end{cases}$$

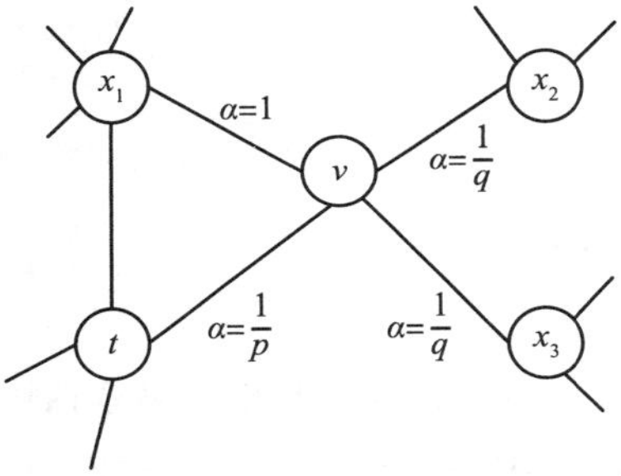

图 5-16　跳转概率

其中，d_{tx}是节点 t 到节点 x 的最短路径距离，受超参数 p 和 q 对游走策略的影响，参数 p 控制重复访问刚访问过的节点的概率。注意到 p 仅作用于$d_{tx}=0$的情况，而$d_{tx}=0$表示节点 x 就是访问当前节点 v 之前刚访问过的节点。那么若 p 较高，则访问刚访问过的节点的概率会变低，反之变高。q 控制着随机游走是向外还是向内，若$q>1$，随机游走倾向于访问和 t 接近的节点（偏向 BFS）；若$q<1$，随机游走倾向于访问远离 t 的顶点（偏向 DFS）。图 5-15 描述的是从 t 访问到 v，决定下一个访问节点时每个节点对应的α。经过实验证明，Node2Vec 算法的效果比 DeepWalk 和 Line 算法的效果要好一些。

5.5　本章小结

本章介绍了图神经网络推荐系统构建的基础，即嵌入技术。嵌入技术是基础，它源于表示学习，最早成功地应用在自然语言处理领域，产生了 Word2Vec 模型，后来逐步应用到推荐领域，产生了 Item2Vec 模型，再融合图数据，产生了图嵌入。嵌入技术在推荐系统、知识图谱中的应用也越来越深入。在理论方面和工程实践方面，嵌入技术日趋成熟。

Chapter 6 第 6 章

基于图的推荐算法

本章在前文基础上继续探讨推荐系统中一些基于图的算法，这些算法有的用于召回，有的用于排序。希望读者通过本章的学习，对推荐系统中的深度学习算法有更深入的理解。

6.1 基于图的召回算法

嵌入是构建深度学习推荐系统的第一步。在嵌入技术和深度学习模型应用到推荐系统之前，推荐系统的召回部分已经开始用一些算法解决召回问题。召回算法对于推荐系统的作用不言而喻，可以想象如果召回存在问题，对于后续排序的影响将是致命的。所以，在搭建推荐系统时，选择合适的召回算法尤其重要。

6.1.1 从协同过滤到 GCMC

在召回算法中，最著名的是协同过滤算法。该算法基于一个基本假设：一个用户的行为可以由和他行为相似的用户进行预测。第 4 章总结了传统推荐模型的演化路径以及深度学习推荐模型的演化路径，见图 4-14 和图 4-15。下面根据演化路径对每个阶段常用的深度学习算法进行逐一讲解。在召回层，协同过滤算法非常重要。协同过滤算法按类型可以分为 3 类：基于用户的协同过滤算法、基于物品的协同过滤算法和基于模型的协同过滤算法。

1）基于用户的协同过滤算法：对用户喜欢的物品进行分析，如果用户 A 和用户 C 喜欢过的物品相近，那么认为用户 A 和用户 C 是相似的。类似于生活中的朋友推荐，系统可以将用户 C 喜欢过但是用户 A 没有看到过的物品推荐给用户 A。基于用户的协同过滤算法示意图如图 6-1 所示。

2）基于物品的协同过滤算法：如果特征相似的用户喜欢物品 A 和物品 B，我们可认为物品 A 和物品 B 是相似的。如果用户喜欢物品 A，那么物品 B 大概率也会被用户喜欢。例如，如果用户阅读了介绍推荐系统的文章，那么他也很可能会喜欢和推荐系统类似的其他机器学习相关的文章。基于物品的协同过滤算法示意图如图 6-2 所示。

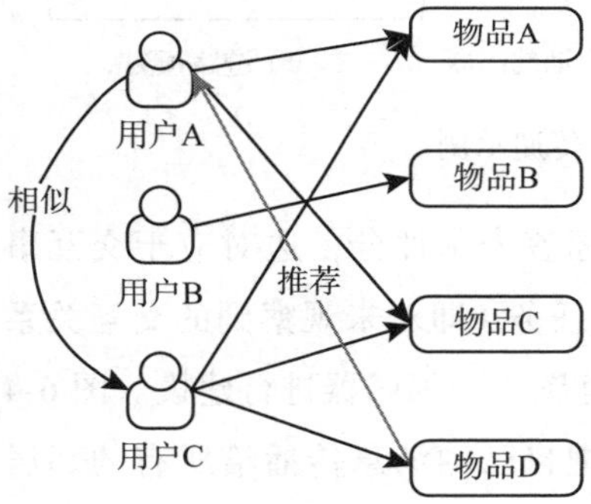

图 6-1 基于用户的协同过滤算法示意图

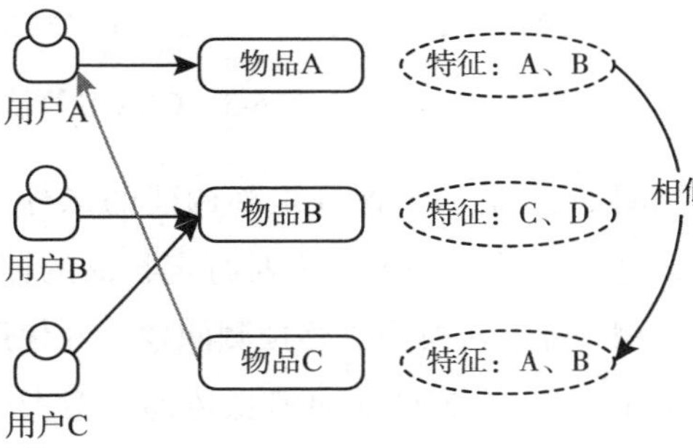

图 6-2 基于物品的协同过滤算法示意图

3）基于模型的协同过滤算法：也被称为基于学习的方法，通过定义一个参数模型来描述用户和物品、用户和用户、物品和物品之间的关系，然后通过已有的用户 – 物品评分矩阵来优化得到的参数。

协同过滤的基本思路是对矩阵的未知部分进行填充。后续很多算法都借用了协同过滤的思想，在召回阶段起到了很重要的作用。

如果把用户和物品的交互关系看成一条边，用户与物品可以形成一个二分图。因此，给用户推荐物品的任务可以形式化为一个二分图上的链路预测问题，基于图数据的计算模型就可以被应用在这里。在图卷积矩阵补全（Graph Convolutional Matrix Completion，GCMC）算法被提出之前，我们通常是先用无监督的方式训练得到节点特征，然后训练一个下游链路预测模型，这两步独立完成。GCMC 算法是一种基于图的矩阵补全自动编码框架，它首先构建一个二分图，图中的边由带有类别标签的边组成，表示用户对物品的评分。图 6-3a 表示原始的评分矩阵，其中的条目对应用户 - 物品交互关系（评分在 1~5 之间，缺失值为 0）。

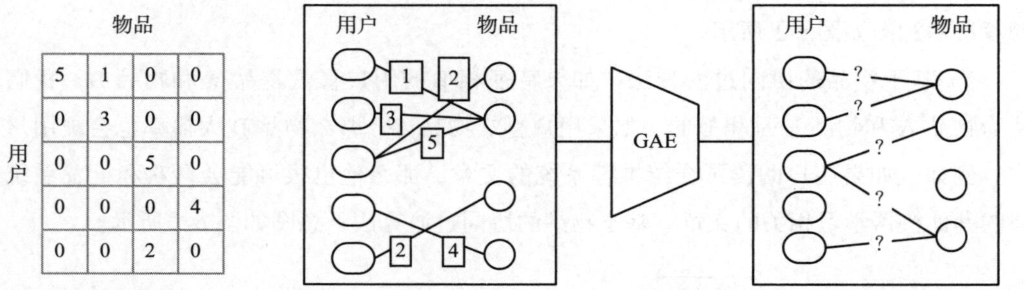

a）原始评分矩阵　　b）二分图　　c）图自动编码器　　d）链路预测

图 6-3　GCMC 算法的图构造和消息传递示例

图 6-3b 是基于评分矩阵构建的二分图，其中边的标签表示评分，边对应于交互事件，边上的数字表示用户对特定物品的评分。矩阵填充任务（即对未观察到的交互关系的预测）可以转换为链路预测问题，并使用端到端可训练图自动编码器进行建模。图 6-4 给出了一个 GCMC 前向消息传递示意图，每个节点会把自己的消息传播给所有的邻居节点。

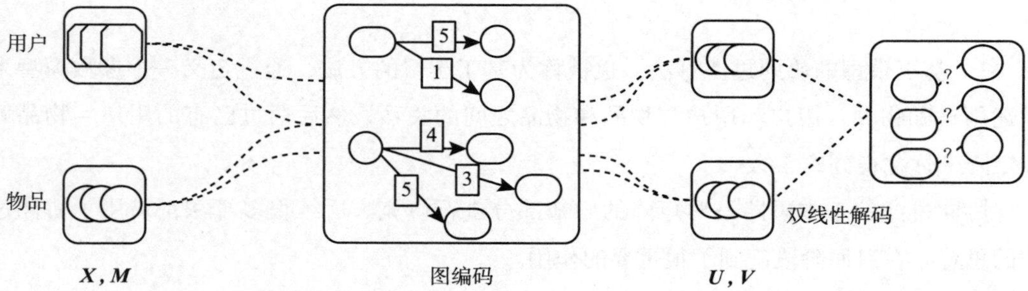

图 6-4　GCMC 前向消息传递示意图

GCMC 前向消息传递公式为：

$$\mu_{j\to i,r}=\frac{1}{c_{ij}}\boldsymbol{W}_r\boldsymbol{X}_j^v \tag{6.1}$$

式中，$\boldsymbol{X}_j^v$表示物品节点v_j的特征向量；$\boldsymbol{W}_r$是标签为r的数据变换参数矩阵；c_{ij}是正则化项，例如，可以设成接收端的度数$|N(u_i)|$，或者边的两端节点的度数乘积平方根$\sqrt{|N(u_i)||N(v_j)|}$；$\mu_{j\to i,\ r}$表示从物品节点j沿着标签为r的边向用户节点i传播的消息。用户节点i会把从所有邻居节点传播过来的消息聚合成一个向量：

$$\boldsymbol{h}_i^u = \sigma\left(\text{accum}\left(\sum_{j\in N_1}\mu_{j\to i,1},\cdots,\sum_{j\in N_R(u_i)}\mu_{j\to i,R}\right)\right) \tag{6.2}$$

其中，accum ()表示聚合方式，例如向量拼接、按位求和。为了得到用户最终的嵌入表示，我们将中间输出$\boldsymbol{h}_i$变换为：

$$\boldsymbol{z}_i^u = \sigma\left(\boldsymbol{W}\boldsymbol{h}_i^u\right) \tag{6.3}$$

物品节点的隐向量可以经过类似操作得到。接着，用一个双线性函数刻画在每个评分维度用户对物品的偏好，并做 Softmax 归一化：

$$p\left(y_{ij}=r\right)=\frac{\mathrm{e}^{(\boldsymbol{z}_i^u)^{\mathrm{T}}\boldsymbol{Q}_R\boldsymbol{z}_j^v}}{\sum_{s=1}^{R}\mathrm{e}^{(\boldsymbol{z}_i^u)^{\mathrm{T}}\boldsymbol{Q}_s\boldsymbol{z}_j^v}} \tag{6.4}$$

式中，$\boldsymbol{Q}_R$是评分r对应的双线性函数参数矩阵。用户对物品的最终偏好分数为各评分预测的期望值：

$$\hat{y}_{ij} = E_{p(y_{ij}=r)}\left[r\right]=\sum_{s=1}^{R} r\cdot p\left(y_{ij}=r\right) \tag{6.5}$$

模型考虑了每种评分r对应一套模型参数$\boldsymbol{W}_r$、$\boldsymbol{Q}_r$，当用户的数据比较稀疏时，部分参数不能被充分优化。所以，引入一个共享参数$\boldsymbol{W}_r$，它由底层的评分参数$\boldsymbol{T}_s$复合而成：

$$\boldsymbol{W}_r = \sum_{s=1}^{r}\boldsymbol{T}_s \tag{6.6}$$

对于$\boldsymbol{Q}_r$，它由n_b个基础参数矩阵$\boldsymbol{P}_s$经过可学习的参数系数a_{rs}线性组合得到：

$$\boldsymbol{Q}_r = \sum_{s=1}^{n_b} a_{rs}\boldsymbol{P}_s \tag{6.7}$$

6.1.2 召回阶段的深度学习算法

前文讲述了两种比较重要的算法：一种是传统的协同过滤算法，另一种是图卷积矩阵补全算法。在推荐系统中，召回算法非常重要。第 4 章已经总结了推荐系统中传统模型和深度学习推荐模型的演化路径。在这个演化路径中，有些算法主要在召回阶段使用，有些在排序阶段使用。本小节将总结一下推荐系统中召回阶段常用的深度学习算法。

推荐系统使用的召回算法大致分为两类：一类是传统的召回算法，另一类是基于深度学习的召回算法。传统的召回算法包括协同过滤算法、矩阵分解算法、SVD 算法、SVD++ 算法以及基于通用特征的算法，如 FM 算法和 FFM 算法。传统的召回算法还可以按照线性和非线性方式进行划分，其中非线性算法主要是树形模型。目前，实际生产中仍广泛使用一些传统的召回算法。传统的召回算法不是本书的重点，有兴趣的读者可以参考其他资料或我与他人合写的《智能搜索和推荐系统：原理、算法与应用》㊀。下面重点介绍基于深度学习的召回算法。基于深度学习的召回算法也有两类：一类是基于表示学习的召回算法，另一类是基于匹配函数的召回算法，如图 6-5 和图 6-6 所示。

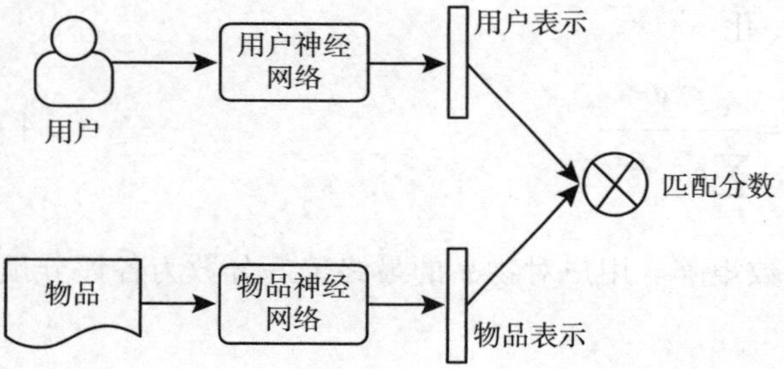

图 6-5 基于表示学习的召回算法

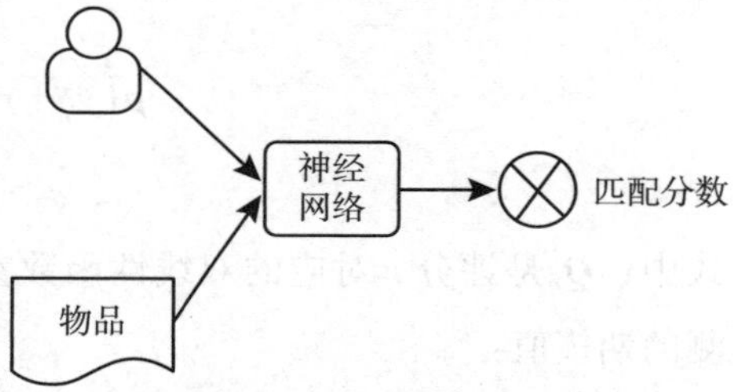

图 6-6 基于匹配函数的召回算法

与基于表示学习的召回算法相比，基于匹配函数的召回算法的最大特点是，不直接学习用户和物品的嵌入，而是通过已有的各种输入，通过一个神经网络框架，直接拟合用户和物品的匹配分数。因此可以这样说，基于表示学习的方法不是一种端到端的方法，通过学习用户和物品的嵌入作为中间产物，然后可以方便地计算两者的匹配分数。而基于匹配函数的方法是一种端到端的方法，直接拟合得到最终的匹配分数。

1. 基于表示学习的召回算法

（1）DMF 模型

回到协同过滤算法，它是基于用户属性或兴趣相似提供个性化推荐。通过协同过滤，

㊀ 该书由机械工业出版社出版，书号为 978-7-111-67067-4。——编辑注

我们可以收集具有类似偏好或属性的用户，并将其意见提供给同一集群中的用户作为参考。

矩阵分解算法是为每个用户和物品找到一个隐向量。它表示用户和物品潜在因素的双向互动，假设潜在空间的每一维都是相互独立的，并且可以用相同的权重线性结合。因此，矩阵分解算法可视为基于隐向量的线性模型。此外，用户对物品的评分存在偏见，对同一物品的理解和喜爱程度会逐渐改变。例如，有些用户对物品整体评分偏高，有些用户对物品整体评分偏低，随着时间的推移，矩阵分解算法会考虑偏见的影响，并逐步优化。因此，我们可以在评分矩阵中加入一些额外数据，例如社交网络关系和物品的内容或评论。

在现有的深度学习方法中，推荐时只使用显式评分或隐式反馈，因此深度矩阵分解（Deep Matrix Factorization，DMF）模型将二者结合起来，用于 Top N 推荐。该模型设计了一个新的损失函数，同时考虑了显式评分和隐式反馈，如图 6-7 所示。

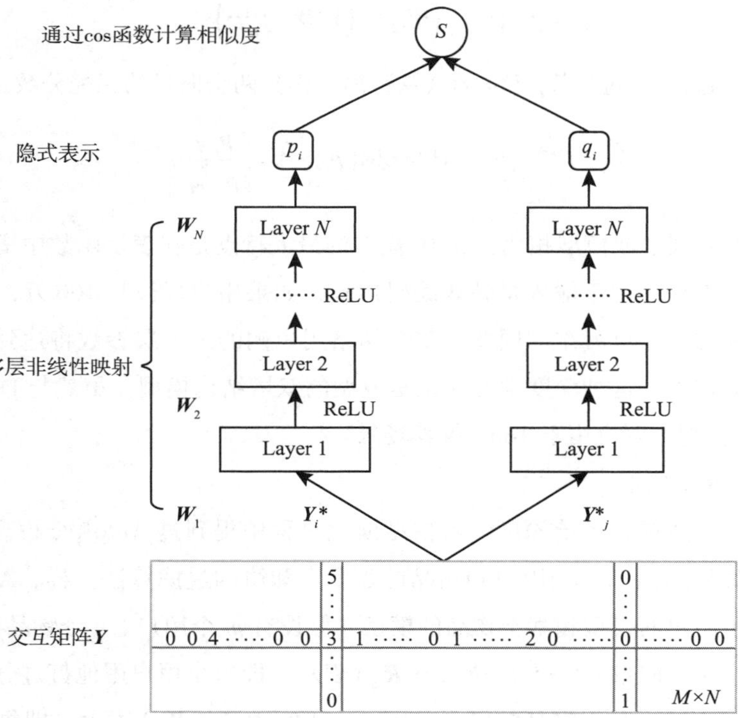

图 6-7　DMF 模型示意图

1）输入层。用户和交互过的物品集合由矩阵 $\boldsymbol{Y}$ 表示，每个用户 $\boldsymbol{u}_i$ 可表示为高维向量$\boldsymbol{Y}_i$，它表示第 i 个用户对所有物品的评分。每个物品 v_j 表示为高维向量$\boldsymbol{Y}_j$，表示第 j 个物品在所有用户中的评分。

2）表示函数。在每一层中，每个输入向量都映射到新空间中的另一个向量。形式上，如果我们用 $\boldsymbol{x}$ 表示输入向量，用 $\boldsymbol{y}$ 表示输出向量，中间隐藏层用 $\boldsymbol{l}_i$ 表示，$i=1,2,\cdots,N-1$，第 i 层的权重是 $\boldsymbol{W}_i$，偏置为 $\boldsymbol{b}_i$，则最终的潜在表示为 $\boldsymbol{h}$：

$$
\begin{aligned}
&\boldsymbol{l}_1=\boldsymbol{W}_1\boldsymbol{x}\\
&\boldsymbol{l}_i=f\left(\boldsymbol{W}_{i-1}\boldsymbol{l}_{i-1}+\boldsymbol{b}_i\right),\ i=2,\cdots,N-1\\
&\boldsymbol{h}=f\left(\boldsymbol{W}_N\boldsymbol{l}_{N-1}+\boldsymbol{b}_N\right)
\end{aligned}
\tag{6.8}
$$

每一层可以采用 ReLU 进行非线性化，通过这种网络架构可以将 u_i 和 v_j 映射到一个新空间的低维向量上：

$$
\begin{aligned}
&\boldsymbol{p}_i=f_{\theta_N^U}\left(\cdots f_{\theta_3^U}\left(\boldsymbol{W}_{U2}f_{\theta_2^U}\left(\boldsymbol{Y}_{i*}\boldsymbol{W}_{U1}\right)\right)\cdots\right)\\
&\boldsymbol{q}_j=f_{\theta_N^I}\left(\cdots f_{\theta_3^I}\left(\boldsymbol{W}_{I2}f_{\theta_2^I}\left(\boldsymbol{Y}_{*j}^{\mathrm{T}}\boldsymbol{W}_{V1}\right)\right)\cdots\right)
\end{aligned}
\tag{6.9}
$$

3）匹配函数。通过计算$\boldsymbol{p}_i$和$\boldsymbol{q}_j$的余弦距离，得到两个向量的匹配分数：

$$
\hat{Y}_{ij}=F^{\mathrm{DMF}}\left(u_i,v_j|\theta\right)=\cos\left(\boldsymbol{p}_i,\boldsymbol{q}_j\right)=\frac{\boldsymbol{p}_i^{\mathrm{T}}\boldsymbol{q}_j}{\|\boldsymbol{p}_i\|\|\boldsymbol{q}_j\|}
\tag{6.10}
$$

与普通的协同过滤模型相比，DMF 模型的最大特点是在表示函数中增加了非线性的多层感知机。然而，由于输入是独热编码形式，如果用户规模是 100 万，则多层感知机的第一层隐藏层为 100 万维。因此，整个网络用户侧的第一层参数将达到 1 亿维，参数空间将变得非常大。这种深度学习模型是典型的双塔结构模型，虽然与 DSSM 有相似之处，但 DMF 模型主要应用于 Top$N$ 推荐场景。

（2）AutoRec 模型

第 4 章在讲述推荐系统深度学习模型演化过程中提到过 AutoRec 模型。AutoRec 模型借鉴自动编码思路来建立用户和物品的表示。和协同过滤算法一样，AutoRec 模型也可以分为基于用户的模型和基于物品的模型。假设有 m 个用户、n 个物品的评分矩阵 $\boldsymbol{R}$，那么每个用户 $\boldsymbol{u}$ 用向量 $\boldsymbol{r}^{(u)}=\left(\boldsymbol{R}_{1u},\boldsymbol{R}_{2u},\cdots,\boldsymbol{R}_{nu}\right)$ 表示，即每个用户用他打过分的物品的向量来表示；同理，对于基于物品的模型，用 $\boldsymbol{r}^{(i)}=\left(\boldsymbol{R}_{1i},\boldsymbol{R}_{2i},\cdots,\boldsymbol{R}_{mi}\right)$ 表示，即每个物品用各个用户对它的打分表示。

用$\boldsymbol{r}^{(u)}$表示用户向量，$\boldsymbol{r}^{(i)}$表示物品向量，整个算法框架就分成了两部分。第一部分是编码过程，通过自动编码将$\boldsymbol{r}^{(u)}$或者$\boldsymbol{r}^{(i)}$投射到低维向量空间。第二部分是解码过程，将解码投射到正常空间，利用自动编码中目标值和输入值相近的特性，重建用户对未交互物品的打分。图 6-8 展示了基于物品的 AutoRec 模型示意图。

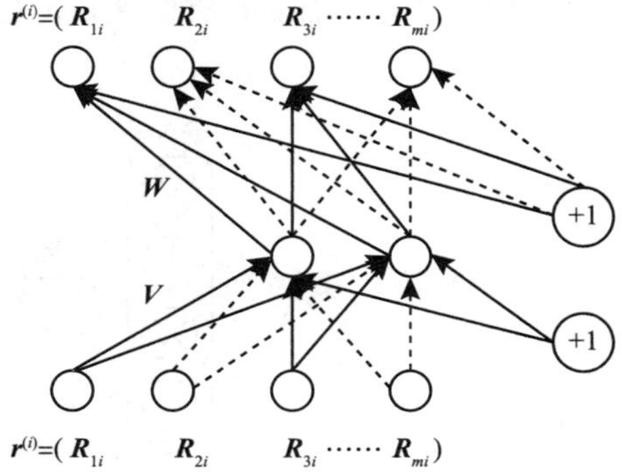

图 6-8　基于物品的 AutoRec 模型示意图

在自动编码的结构表示中，$\boldsymbol{h}(r;\theta)$表示输入层到隐藏层的重建，由于输入的是用户交互过的物品，所以隐藏层的节点（中间层节点）表示的是用户的向量表示；输出层的节点表示的是物品的向量表示，这样就可以得到用户和物品各自的向量表示：

$$\boldsymbol{h}(r;\theta)=f\left(\boldsymbol{W}\cdot g\left(\boldsymbol{V}r+\mu\right)+\boldsymbol{b}\right) \tag{6.11}$$

损失函数为最小化预测的平方差以及 $\boldsymbol{W}$ 和 $\boldsymbol{V}$ 矩阵的 L2 正则化：

$$\min_{\theta}\sum_{i=1}^{n}\left\|\boldsymbol{r}^{(i)}-\boldsymbol{h}\left(r^{(i)};\theta\right)\right\|_{O}^{2}+\frac{\lambda}{2}\cdot\left(\|\boldsymbol{W}\|_{F}^{2}+\|\boldsymbol{V}\|_{F}^{2}\right) \tag{6.12}$$

有了用户和物品的向量表示，我们就可以用向量点积得到两者的匹配分数。实验证明，AutoRec 与 $\boldsymbol{r}$ 无关，因此需要较少的参数。更少的参数使 AutoRec 的内存占用更少，并且不太容易过拟合。

上面介绍了两个深度协同算法，类似的深度协同算法还有很多。综合前文，我们可以知道这类基于协同的深度学习算法有一些共同点：首先，用户或者物品都由本身 ID 表示，或者由历史交互行为表示，用历史交互行为表示的效果比仅用本身 ID 表示的效果要好，但模型也变得更加复杂；其次，训练数据仅用了用户 – 物品的交互信息，完全没有引入用户和物品的附加信息。

所以，我们在训练过程中是否能加入一些其他附加信息呢？比如用户特征、物品侧的特征、图像特征等。加入附加信息后，整个模型是否会有更好的表现？这些问题启发我们进行更深入的研究。

（3）DCF 模型

DCF 模型最大的特点是在特征表示阶段引入了用户特征和物品特征。用户特征包括性别、年龄等；物品特征包括文本、标题、类目信息等。用户特征和物品特征各自通过自动编码来学习，而交互信息 $\boldsymbol{R}$ 矩阵分解为 $\boldsymbol{U}$、$\boldsymbol{V}$。DCF 模型示意图如图 6-9 所示。

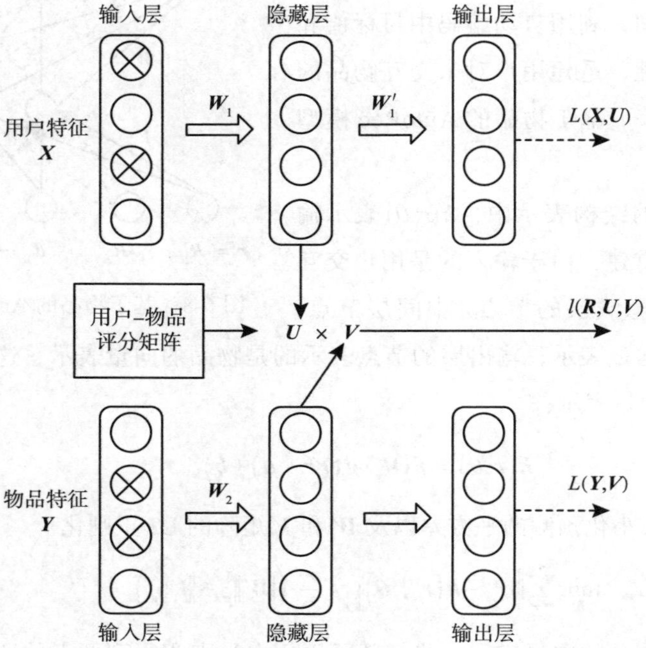

图 6-9 DCF 模型示意图

$\boldsymbol{W}_1$ 表示用户特征 $\boldsymbol{X}$ 在自动编码过程中的编码部分，也就是输入层到隐藏层的重建；而 $\boldsymbol{W}_2$ 表示物品特征 $\boldsymbol{Y}$ 在自动编码过程中的编码部分。假设一个用户 – 物品评分矩阵为 $\boldsymbol{R}$，用户侧信息为 $\boldsymbol{X}$，项目侧信息为 $\boldsymbol{Y}$，DCF 联合分解 $\boldsymbol{R}$，可以得到以下公式：

$$\underset{\boldsymbol{U},\boldsymbol{V}}{\arg\min}\, l\left(\boldsymbol{R},\boldsymbol{U},\boldsymbol{V}\right)+\beta\left(\|\boldsymbol{U}\|_F^2+\|\boldsymbol{V}\|_F^2\right)+\gamma L\left(\boldsymbol{X},\boldsymbol{U}\right)+\delta L\left(\boldsymbol{Y},\boldsymbol{V}\right) \tag{6.13}$$

其中，β、γ 和 δ 是权衡参数。DCF 框架中有两个关键组件：函数 l（$\boldsymbol{R},\boldsymbol{U},\boldsymbol{V}$），用于将评分矩阵 $\boldsymbol{R}$ 分解为两个潜在矩阵；函数 L（$\boldsymbol{X},\boldsymbol{U}$）和 L（$\boldsymbol{Y},\boldsymbol{V}$）将用户、物品上下文特征与潜在因素联系起来。通过矩阵分解派生的第一个组件从评分矩阵中提取潜在知识。

基于表示学习的召回算法还有很多，这里就不一一介绍了，尤其在网络中加入注意力机制取得了不错的效果。从这一类模型可以知道，表示学习的目的是找到用户和物品的潜在向量表示，即得到相应的用户嵌入和物品嵌入。在获得嵌入信息的过程中，我们可以仅使用自身信息，也可以加入其他特征。除了使用传统的 DNN 结构外，我们还可以采用自动编码方式或者去噪自动编码方式，或者 CNN、RNN 结构等。

2. 基于匹配函数的召回算法

和基于表示学习的召回算法相比，基于匹配函数的召回算法的最大特点是，不直接学习用户和物品的嵌入信息，而是利用已有的各种输入，通过一个神经网络框架直接拟合用户和物品的匹配分数。这类方法更加灵活，可拓展的模型更多，但是采用的是端到端方法。我们可以根据采用的模型框架对模型进行简单的分类。比如，可以基于协同过滤的算法、基于特征的算法，前者和传统的协同过滤模型一样，不同点在于后面接入了多层感知机来增强非线性表达，目的是使用户和物品的向量尽可能接近，这是基于神经网络的模型；也有通过引入关系向量使用户向量加上关系向量后接近物品向量，这是基于翻译的模型。下面举例说明。

（1）NCF 模型

2017 年，何向南博士提出了神经网络协同过滤（Neural Collaborative Filtering，NCF）模型。与传统的协同过滤模型相比，NCF 模型在得到用户特征和物品特征后将它们连接到多层感知机，最后拟合输出。这个模型非常灵活，可以在用户和物品两侧加入任意的附加特征，同时多层感知机的网络结构也可以灵活组合，如图 6-10 所示。

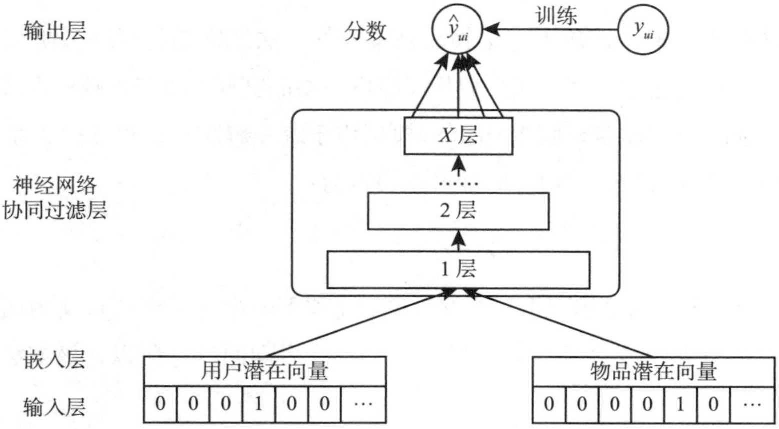

图 6-10　NCF 模型示意图

与基于表示学习中所提到过的协同过滤算法相比，NCF 模型最主要是引入了多层感知机去拟合用户和物品的非线性关系，而不是直接通过内积或者余弦去计算两者关系，这样提升了网络的拟合能力。然而，多层感知机在直接学习和捕获从矩阵分解中提取的用户和物品向量表示的能力上并不强。

（2）TransRec 模型

2017 年，RecSys 会议上提出了一个基于翻译的推荐方法，这个方法要解决的是下一个物品的推荐问题。其基本思想是用户本身的向量，加上用户上一个交互物品的向量，应该接近于用户下一个交互物品的向量，输入是（user，prev item，next item），预测的是下一个物品被推荐的概率，如图 6-11 所示。

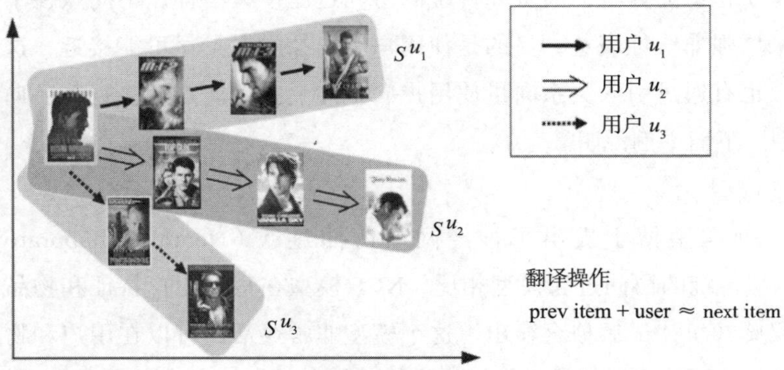

图 6-11 TransRec 模型示意图

在该方法提出之前，预测下一个物品被推荐的方法通常是将这些高阶交互分解为成对关系的组合。通过这种组合，用户偏好（用户 - 物品交互）和交互顺序模式（物品 - 物品交互）由单独的组件捕获。而 TransRec 模型用于统一解决对这种三阶关系进行建模并进行大规模顺序预测的问题。用户向量可以表示为：

$$\gamma_i = t_u + \gamma_j \tag{6.14}$$

其中，γ_i和γ_j分别表示的是用户上一个交互物品 i 和下一个交互物品 j，t_u为用户本身的向量表示。实际的推荐系统会存在数据稀疏问题和冷启动问题。所以，该方法将$\boldsymbol{T}_u$分解成两个向量：

$$\boldsymbol{T}_u = \boldsymbol{t} + \boldsymbol{t}_u \tag{6.15}$$

t 可以是一个全局向量，表示所有用户的平均行为，$\boldsymbol{t}_u$表示用户 u 本身的偏置，例如对于冷启动用户，$\boldsymbol{t}_u$可以设置为 0。

热门物品出现次数非常多，会导致最终热门物品的向量和绝大多数用户向量加上物品向量很接近，因此，对热门物品做了惩罚。最终，已知上一个物品 i，用户和下一个物品 j 的匹配分数表达为：

$$\text{Prob}\left(j|u,i\right) \propto \beta_j - d\left(\gamma_i + \boldsymbol{T}_u, \gamma_j\right) \tag{6.16}$$

其中，第一项 β_j 表示物品 j 的全局热度；第二项 d 表示用户向量加上物品 i 的向量与物品 j 的向量的距离，距离越小，表示 i 和 j 距离越近，被推荐的可能性就越大。

6.1.3　图召回的方法

前面提到了 GCMC 算法，以及一种基于图数据进行召回的方法框架。本小节将继续讲解图召回的各种方法。推荐系统 KDD 在 2018 年发表的 PinSage 模型中引入图神经网络。该模型构建了一个二分图，对于图上的每个节点，采样邻居节点，然后进行汇聚。PinSage 模型中引入图神经网络上线后取得了较大收益。2019 年，NGCF 模型被提出，它加入了中心节点与邻居节点的交互信息，对 GraphSAGE 模型进行了改进。2019 年，诺亚提出了 Multi-GCCF，在用户 – 物品二分图基础上，加入了用户 – 用户和物品 – 物品相似性图，相较于 NGCF 有了更进一步的性能提升。2020 年，DGCF 模型被提出，将用户与物品的多种交互行为拆分成更多个兴趣子图，并在子图上分别进行建模。随后，诺亚于 2020 年在 SIGIR 上提出了 NIA-GCN，考虑了邻居节点间的交互信息，在聚合时加入了它们以提升聚合效果。LightGCN 发现邻居节点的非线性聚合函数和激活函数是可以去除的，并通过这种方法取得了更好的效果。SGL 和 NCL 将对比学习引入图的建模过程。SGL 考虑了图的节点 Dropout、边的 Dropout 以及随机游走来构建对比视图；NCL 采用了空间上的邻居节点以及语义上的邻居节点来建立对比视图，其中语义上的邻居节点是通过聚类得到的。因此，可以看出在研究图召回过程中，业界的模型主要分为 4 个方向：图的引入模型、多图模型、结构优化模型和图对比学习模型。下面将分别介绍每个方向上的典型图召回方法。

1. 图的引入模型——NGCF

基于神经图的协同过滤（Neural Graph Collaborative Filtering，NGCF）模型使用了用户 – 物品的交互数据，即数据是一个二分图。前文提到 GCMC 模型，这个模型也是通过把用户和物品的交互关系看成边，将用户与物品构造成一个二分图。所以，给用户推荐物品的任务就可以形式化为一个二分图上的链路预测问题。下面重点介绍 NGCF 模型的核心思想。

学习用户和物品的向量表示仍然是现代推荐系统的核心。NGCF 利用用户物品图的结构，在用户物品图上传播嵌入。这完成了用户物品图中高阶连通性的表达建模，有效地将协作信息显式地注入嵌入过程。这种方法解决了嵌入信息不足以捕获协同过滤效果的问题。NGCF 结构示意图如图 6-12 所示。

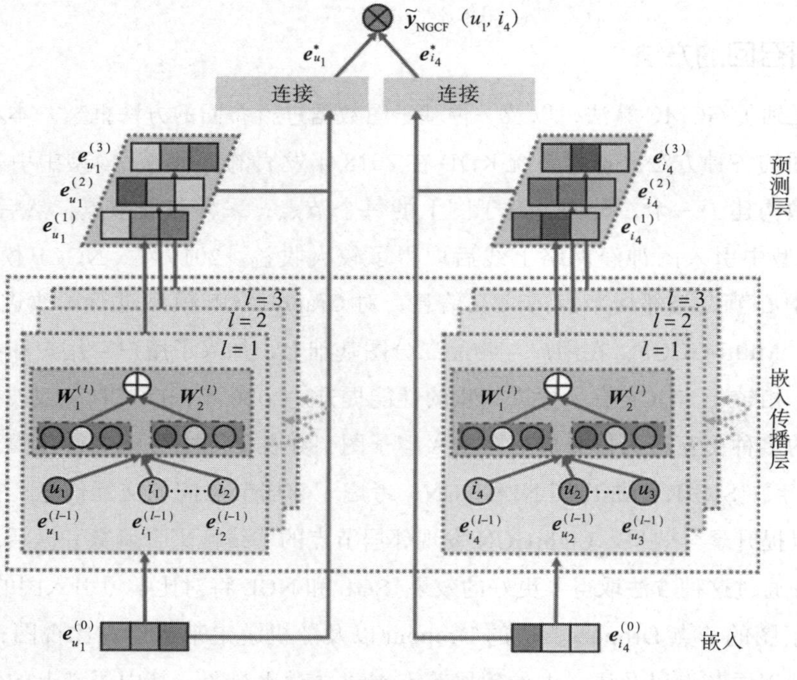

图 6-12 NGCF 结构示意图

在图 6-12 中，嵌入层提供了用户嵌入和物品嵌入的初始化。嵌入传播层通过注入高阶连通性关系来细化各个嵌入；预测层通过整合来自不同传播层的细化嵌入，输出用户 - 物品对的亲和度㊀得分。嵌入向量$e_u \in R^d$ $\left(e_i \in R^d\right)$描述用户 u（物品 i），其中 d 表示嵌入的大小。嵌入层可以用$E = \left[e_{u1}, \cdots, e_{uN}, e_{i1}, \cdots, e_{iM}\right]$来表示。NGCF 模型同时给出了消息传递体系结构，如图 6-13 所示。

㊀ 亲和度用内积来估计用户对物品的偏好。

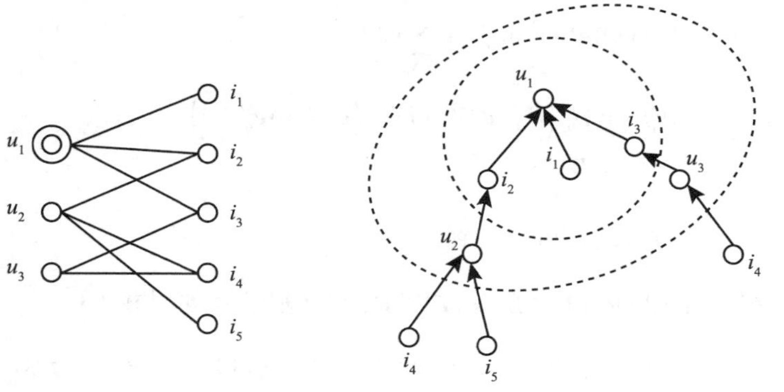

图 6-13　NGCF 消息传递体系结构

直观上，与用户交互过的物品可以体现用户的偏好。类似地，与物品交互过的用户也可以看作物品的特性，并且可以用于度量两个物品之间的协同相似性。对于一个连接的用户 – 物品信息对，我们定义从 i 到 u 的信息嵌入为$m_{u\leftarrow i}$，则：

$$m_{u\leftarrow i}=\frac{1}{\sqrt{|N_u||N_i|}}\left(\boldsymbol{W}_1 e_i+\boldsymbol{W}_2\left(\boldsymbol{e}_i\odot\boldsymbol{e}_u\right)\right) \tag{6.17}$$

$\boldsymbol{W}_1$、$\boldsymbol{W}_2\in R^{d'\times d}$是可训练的权重矩阵，可以提取有用的信息传播，$d'$为转换大小。$N_u$、$N_i$表示用户 u 和物品 i 第一跳的邻居节点。括号前面的部分是拉普拉斯标准化，从表示学习的角度看，反映了历史物品对用户偏好的贡献程度，从消息传递的角度看，可以解释为折扣因子，因为所传播的消息应该随着路径长度而衰减。在考虑信息嵌入时，我们不应只考虑物品的影响，还应该将$\boldsymbol{e}_i$和$\boldsymbol{e}_u$之间的相互作用额外编码到通过$\boldsymbol{e}_i\odot\boldsymbol{e}_u$传递的消息中。这使得消息依赖于$\boldsymbol{e}_i$和$\boldsymbol{e}_u$之间的亲和力，例如，相似的项传递更多的消息。我们可从这个阶段整合 u 的邻域传播消息，以改进 u 的表示：

$$\boldsymbol{e}_u^{(1)}=\text{LeakyReLU}\left(m_{u\leftarrow u}+\sum_{i\in N_u}m_{u\leftarrow i}\right) \tag{6.18}$$

$\boldsymbol{e}_u^{(1)}$ 是用户 u 在一阶嵌入传播层获得的表示。除了考虑从邻居N_u传播的消息外，我们还需要考虑 u 的自连接$m_{u\leftarrow u}=\boldsymbol{W}_1\boldsymbol{e}_u$，以保留原始特征信息。类似地，我们可以通过从其连接的用户传播消息来获得物品 i 的表示形式$\boldsymbol{e}_i^{(1)}$。通过多层堆叠后，用户（和物品）能够接收从其 1 跳邻居传播的消息。在第1跳后，得到递归式为：

$$e_u^{(l)} = \text{LeakyReLU}\left(m_{u\leftarrow u}^{(l)} + \sum_{i\in N_u} m_{u\leftarrow i}^{(l)}\right)$$

$$\begin{cases} m_{u\leftarrow i}^{(l)} = p_{ui}\left(\boldsymbol{W}_1^{(l)} \boldsymbol{e}_i^{(l-1)} + \boldsymbol{W}_2^{(l)}\left(\boldsymbol{e}_i^{(l-1)} \odot \boldsymbol{e}_u^{(l-1)}\right)\right) \\ m_{u\leftarrow u}^{(l)} = \boldsymbol{W}_1^{(l)} \boldsymbol{e}_u^{(l-1)} \end{cases} \tag{6.19}$$

综合式（6.18）和式（6.19），可以得到

$$\boldsymbol{E}^{(l)} = \text{LeakyReLU}\left(\left(\boldsymbol{L}+\boldsymbol{I}\right)\boldsymbol{E}^{(l-1)}\boldsymbol{W}_1^{(l)} + \boldsymbol{L}\boldsymbol{E}^{(l-1)} \odot \boldsymbol{E}^{(l-1)}\boldsymbol{W}_2^{(l)}\right) \tag{6.20}$$

其中，$\boldsymbol{E}^{(l)} \in R^{(N+M)\times dl}$是用户和物品经过 l 步嵌入传播后得到的表示，$\boldsymbol{I}$ 表示单位矩阵，$\boldsymbol{L}$ 表示用户 – 物品的拉普拉斯矩阵，$\boldsymbol{L} = \boldsymbol{D}^{-\frac{1}{2}}\boldsymbol{A}\boldsymbol{D}^{-\frac{1}{2}}$ 且 $\boldsymbol{A} = \begin{bmatrix} 0 & \boldsymbol{R} \\ \boldsymbol{R}^{\mathrm{T}} & 0 \end{bmatrix}$，$\boldsymbol{R} \in R^{(N+M)}$为用户 – 物品交互矩阵，$\boldsymbol{A}$ 为邻接矩阵，$\boldsymbol{D}$ 为对角矩阵，其中第 t 个对角元素$D_{tt} = |N_t|$，这样 L_{ui} 就等于之前的系数p_{ui}。

由于在不同层获得的表示强调通过不同连接传递的消息，它们在反映用户偏好方面有不同的贡献，因此将它们串联起来，构成用户的最终嵌入；对物品也可以做同样的操作，得到

$$\boldsymbol{e}_u^* = \boldsymbol{e}_u^{(0)} \| \cdots \| \boldsymbol{e}_u^{(L)} \quad ,\boldsymbol{e}_i^* = \boldsymbol{e}_i^{(0)} \| \cdots \| \boldsymbol{e}_i^{(L)} \tag{6.21}$$

其中，$\|$为串联操作。除了连接操作符，我们也可以使用其他聚合器，如加权平均、最大池化。使用串联操作符的原因在于它不需要学习额外的参数，而且已经被证明非常有效。最后，我们可以通过内积来估算用户对目标物品的偏好程度。

$$\hat{y}_{\text{NGCF}}(u,i) = \boldsymbol{e}_u^{*\mathrm{T}} \boldsymbol{e}_i^* \tag{6.22}$$

2. 多图模型——DGCF

前面提到的各种模型都有一个隐藏线路，串联着各个模型，也就是协同过滤算法。该算法侧重考虑与历史物品交互（例如购买、点击），并假定行为相似的用户可能对物品有类似的偏好。基于协同过滤的研究经历了 3 个阶段：单个用户 ID 和单个物品 ID 的嵌入方式；加入个人历史特征的嵌入方式；利用整体交互图的嵌入方式。之前的算法强调协同过滤中不同用户、物品关系的重要性，对这种关系的建模可以带来更好的表示和可解释性。因此，研究者提出了一个新的模型——解纠缠图协同过滤（Disentangled Graph Collaborative Filtering，DGCF）模型。DGCF 模型以更小的用户意图粒度来考虑用户 –

物品关系，并生成不相互纠缠的表示，如图 6-14 所示。

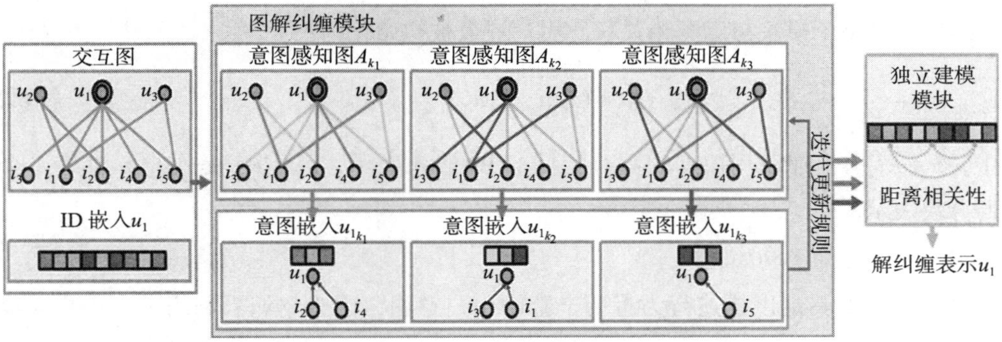

图 6-14　DGCF 模型结构示意图

在 DGCF 模型中，首先需要对任务进行分解。该模型分为两个子任务，其中一个子任务是在用户意图的粒度级别上探索用户和物品之间的关系。假设一个用户的行为会受到多种意图的影响，为了对用户和物品之间的这种更细粒度的关系进行建模，我们的目标是针对每个行为学习用户意图的分布$\boldsymbol{A}(u,i)$，$\boldsymbol{A}(u,i)=\left(\boldsymbol{A}_1(u,i),\ \cdots,\ \boldsymbol{A}_K(u,i)\right)$，其中，$\boldsymbol{A}_K\left(u,i\right)$ 反映了第 K 个意图的置信度，指用户 u 采用物品 i 的原因，例如消磨时间、特定的兴趣爱好等。K 是控制潜在用户意图数量的超参数。联合特定意图 K 相关分数，我们可以构建一个意图的感知图 $G_K=\left(\left(u,i,\boldsymbol{A}_K(u,i)\right)\right)$，其中每个历史交互 (u,i) 可表示为一条边并分配有 $\boldsymbol{A}_K(u,i)$。此外，$\boldsymbol{A}_K$ 为 G_K 的加权邻接矩阵。因此，我们建立了一组意图感知图 $G=\left\{G_1,\cdots,G_K\right\}$ 来呈现不同的用户 – 物品关系，而不是之前模型中采用的统一关系。另一个子任务是生成分离表示，即利用发现的意图为用户和物品生成分离表示。换句话说，提取与个人意图相关的信息作为表示的独立部分，我们的目标是设计一个嵌入函数$f(\cdot)$，以便为用户 u 输出一个解纠缠的表示的$\boldsymbol{e}_u$，它由 K 个独立分量组成，即 $\boldsymbol{e}_u=\left(\boldsymbol{e}_{1u},\boldsymbol{e}_{2u},\cdots,\boldsymbol{e}_{Ku}\right)$，其中，$\boldsymbol{e}_{Ku}$是用户 u 的第 K 个潜在意图的影响。

研究表明，在图结构中应用嵌入传播机制可以从多跳邻居中提取有用的信息并丰富自我节点的表示。更具体地说，节点聚合邻居信息并更新其表示。节点之间的连接为信息流提供了明确的渠道。因此，DGCF 模型中开发了图分解层。图分解层的主要作用是将每个用户、物品嵌入各模块，并将每个模块与意图耦合，然后将新的邻居路由机制并入图神经网络，以便解开交互图并细化意图感知表示。下面讲解图分解过程。

（1）意图感知嵌入初始化

主流的协同过滤算法仅将用户、物品 ID 参数化为整体表示，DGCF 中将 ID 分离成 K 个模块，将每个模块与意图相关联。用户嵌入被初始化为：

$$u=(u_1,u_2,\cdots,u_K) \tag{6.23}$$

其中，$u\in R^d$ 用于捕获用户 u 的固有特性的 ID 嵌入表示，$u_K\in R^{\frac{d}{K}}$ 是用户 u 对第 K 个意图的分块表示。

（2）意图感知图初始化

以前的模型不足以描述行为背后丰富的用户意图，因为它们只利用一个用户 – 物品交互图或同质评级图来展示用户 – 物品关系。我们为 K 个潜在意图定义一组得分矩阵 $\left\{\boldsymbol{S}_k\mid\forall k\in\{1,\cdots,K\}\right\}$，每个条目 $\boldsymbol{S}_k(u,i)$ 表示用户 u 和物品 i 之间的交互。此外，对于每个交互，我们可以构造一个得分向量 $\boldsymbol{S}(u,v)=\left(\boldsymbol{S}_1(u,v),\boldsymbol{S}_2(u,v),\cdots,\boldsymbol{S}_k(u,v)\right)$，统一初始化每个得分向量 $\boldsymbol{S}(u,v)=(1,\cdots,1)$，并假定建模开始时意图的贡献相等。因此，这种得分矩阵 $\boldsymbol{S}_k$ 可以被视为意图感知图的邻接矩阵。

（3）图形分离层

图形分离层的目标是从用户和物品之间的高阶连接中提取有用信息，而不仅仅是 ID 嵌入。为此，我们设计了一个新的图分离层，在该层设计了邻居路由和嵌入传播机制，目标是在传播信息时区分每个用户项连接的自适应角色，形式化表示为：

$$\boldsymbol{e}_{ku}^{(1)}=g(u_k,\{i_k\mid i\in N_u\}) \tag{6.24}$$

$\boldsymbol{e}_{ku}^{(1)}$ 表示用户 u 在子图 k 上的一阶聚合信息，中间使用了邻居路由机制来迭代更新。其中，N_u 是用户 u 的第一跳邻居，超索引（1）表示一阶邻居。迭代更新规则采用了邻居路由机制，首先基于意图感知图，使用嵌入传播机制来更新意图感知嵌入；然后依次利用更新的嵌入来细化图并输出意图上的分布。特别地，我们设置 T 次迭代来实现迭代更新。在每次迭代中，$\boldsymbol{S}_k^t$ 和 $\boldsymbol{u}_k^t$ 分别存储邻接矩阵和嵌入的更新值，其中 $t\in\{1,2,\cdots,T\}$，T 是最终的迭代次数。迭代从 $\boldsymbol{S}_k^0=\boldsymbol{S}_k$ 和 $u_k^0=u_k$ 开始通过等式 $\boldsymbol{S}(u,v)=(1,\cdots,1)$ 和 $u=(u_1,u_2,\cdots,u_K)$ 进行初始化。迭代更新规则如图 6-15 所示。

在 GCN 的某一层中，迭代更新过程为：子图邻域聚合 → 得到用户（物品）嵌入 → 调整子图连边权重 → 子图邻域聚合……

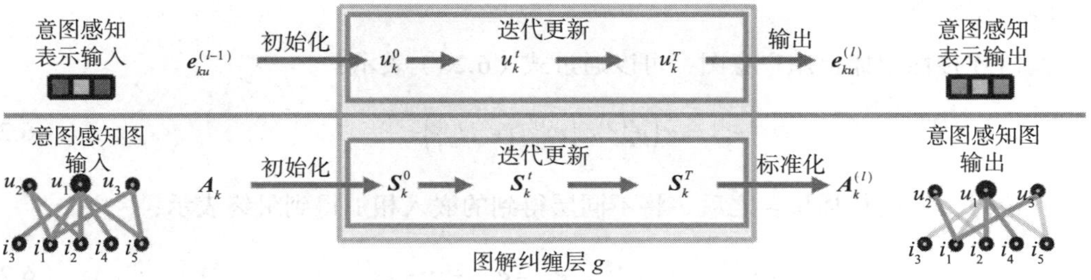

图 6-15　迭代更新规则图示

DGCF 中还提出了交叉意图嵌入传播方法。在迭代 t 次时，对于目标交互（u，i）有得分向量，比如$\left\{\boldsymbol{S}_k \mid \forall k \in \{1,\cdots,K\}\right\}$。为了获得它在所有意图上的分布，我们随后通过 Softmax 函数对这些系数进行归一化：

$$\tilde{\boldsymbol{S}}_k^t(u,i)=\frac{\exp \boldsymbol{S}_k^t(u,i)}{\sum_{k'=1}^{K}\exp \boldsymbol{S}_{k'}^t(u,i)} \tag{6.25}$$

这能够说明哪些意图应该得到更多关注，以解释每个用户行为（u,i）。结果是，我们可以获得每个意图 k 的归一化邻接矩阵$\tilde{\boldsymbol{S}}_k^t$。然后，可以在单个图上执行嵌入传播，从而将对用户意图 k 有影响的信息编码到表示中。更具体地说，嵌入和聚合器定义为：

$$\begin{aligned}\boldsymbol{u}_k^t &= \sum_{i\in N_u}\boldsymbol{L}_k^t(u,i)\cdot i_k^0 \\ \boldsymbol{L}_k^t(u,i) &= \frac{\tilde{\boldsymbol{S}}_k^t(u,i)}{\sqrt{\boldsymbol{D}_k^t(u)\boldsymbol{D}_k^t(i)}}\end{aligned} \tag{6.26}$$

其中，$\boldsymbol{D}_k^t(u)=\sum_{i'\in N_u}\tilde{\boldsymbol{S}}_k^t(u,i')$ 和 $\boldsymbol{D}_k^t(i)=\sum_{u'\in N_i}\tilde{\boldsymbol{S}}_k^t(u',i)$ 分别表示用户 u 和物品 i 的度数。N_u 和N_i 分别是用户 u 和物品 i 的单跳邻居。显然，当迭代次数 $t=1$ 时，$\boldsymbol{D}_k^1(u)$ 和 $\boldsymbol{D}_k^1(i)$ 分别退化为$|N_u|$和$|N_i|$。这是先前研究中广泛采用的固定衰减项。这种归一化方法可以处理不同的邻居节点数，使训练过程更加稳定。对于意向感知图更新，我们可以参照下面的方法：基于新计算出的嵌入$\boldsymbol{u}_k^t$，更新

$$\boldsymbol{S}_k^{t+1}(u,i)=\boldsymbol{S}_k^t(u,i)+\boldsymbol{u}_k^{t^T}\tanh\left(i_i^0\right) \tag{6.27}$$

至此，一次迭代更新就完成了。接下来，基于新的邻接矩阵重复上述步骤。当 T 次迭代都结束时，我们得到用户在当前 GCN 层的嵌入$\boldsymbol{e}_{ku}^{(l)}=\boldsymbol{u}_k^T$和一个子图$\boldsymbol{A}_k^{(l)}=\tilde{\boldsymbol{S}}_k^T$。

（4）层结合

高阶连接性中捕捉用户意图，可以通过式（6.28）表示：

$$e_{ku}^{(l)} = g\left(e_{ku}^{(l-1)}, \left\{e_{ki}^{(l)} \mid i \in N_u\right\}\right) \tag{6.28}$$

在经过 L 层的传播聚合之后，将不同层得到的嵌入相加得到最终表示：

$$e_{ku} = e_{ku}^{(0)} + \cdots + e_{ku}^{(L)}, \quad e_{ki} = e_{ki}^{(0)} + \cdots + e_{ki}^{(L)} \tag{6.29}$$

（5）独立建模

该模块使用距离相关性作为正则化来实现意图的独立性。DGCF 最终生成具有意图感知解释图的解纠缠表示。考虑到上面每种意图得到的用户物品嵌入可能还存在冗余，为了使每种意图之间保持独立，这里引入了一个距离相关的函数：

$$\begin{aligned} \text{loss}_{\text{ind}} &= \sum_{k=1}^{K}\sum_{k'=k+1}^{K} \text{dCor}\left(\boldsymbol{E}_k, \boldsymbol{E}_{k'}\right) \\ \text{dCor}\left(\boldsymbol{E}_k, \boldsymbol{E}_{k'}\right) &= \frac{\text{dCov}\left(\boldsymbol{E}_k, \boldsymbol{E}_{k'}\right)}{\sqrt{\text{dVar}\left(\boldsymbol{E}_k\right)\,\text{dVar}\left(\boldsymbol{E}_{k'}\right)}} \end{aligned} \tag{6.30}$$

这里，$\boldsymbol{E}_k = \left[e_{u_1 k}, \cdots, e_{u_N k}, e_{i_1 k}, \cdots, e_{i_M k}\right] \in R^{(M+N)\times\frac{d}{K}}$ 是嵌入查找表，其中 $N = |U|$，$M = |I|$，该表建立在所有用户和物品的意图感知表示之上。$\text{dCov}(\cdot)$ 表示两个矩阵之间的距离协方差。$\text{dVar}(\cdot)$ 表示每个矩阵的距离方差。

这里用了很大的篇幅讲解 DGCF 模型。因为该模型第一次将一个图分解成多图表示，所以对于 GNN 模型的分解求解法具有一定的指导意义。

3. 结构优化模型——LightGCN

LightGCN 的思想就更简单了，它认为 GCN 中常见的特征转换和非线性激活对于协同过滤来说没有太大作用，甚至降低了推荐效果，所以只对邻居聚合。另外，聚合不包括自连接。

LightGCN 只对 GCN 中最基本的结构（邻居聚合）协同过滤，从而大大简化了模型设计。LightGCN 通过在用户 - 物品交互矩阵上进行线性传播来学习用户和物品的嵌入，最后将所有层学习到的嵌入的加权和作为最终嵌入。这种简单、线性的模型是很容易实施和训练的，并且在同样的实验条件下相对 NGCF 有了实质性的改善，相对效果平均提升了 16.0%。

LightGCN 和 NGCF 在网络结构上非常相似，如图 6-16 所示。LightGCN 模型可以分为两个部分：轻型图卷积和层聚合。

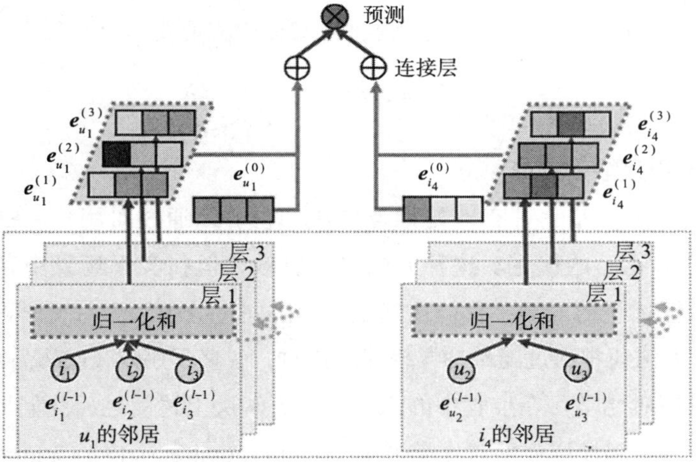

图 6-16　LightGCN 结构示意图

一般地，GCN 的基本思想是通过在图上平滑特征从而学习节点表示。为了达到此目的，GCN 迭代地将邻居聚合特征作为新的节点表示。节点聚合可以表示为：

$$\boldsymbol{e}_u^{(k+1)} = \mathrm{AGG}\left(\boldsymbol{e}_u^{(k)}, \left\{\boldsymbol{e}_i^{(k)} : i \in N_u\right\}\right) \tag{6.31}$$

LightGCN 的轻型图卷积部分采用了简单的加权求和方法，并且舍弃了特征变换和非线性激活。卷积操作可以表示为：

$$\begin{aligned} \boldsymbol{e}_u^{(k+1)} &= \sum_{i \in N_u} \frac{1}{\sqrt{|N_u|}\sqrt{|N_i|}} \boldsymbol{e}_i^{(k)} \\ \boldsymbol{e}_i^{(k+1)} &= \sum_{i \in N_i} \frac{1}{\sqrt{|N_i|}\sqrt{|N_u|}} \boldsymbol{e}_u^{(k)} \end{aligned} \tag{6.32}$$

可以看出，LightGCN 聚合只使用了邻居节点。

在 LightGCN 层聚合部分，训练用的模型参数只有第 0 层。参数经过 k 层后，得到最终表示：

$$\boldsymbol{e}_u = \sum_{k=0}^{K} a_k \boldsymbol{e}_u^{(k)},\quad \boldsymbol{e}_i = \sum_{k=0}^{K} a_k \boldsymbol{e}_i^{(k)} \tag{6.33}$$

其中，$a_k \geqslant 0$表示第 K 层嵌入在构成最终嵌入中的重要性。使用层聚合的原因是随着层数的增加，嵌入会变得过于光滑。因此，仅使用最后一层会存在问题。不同层的嵌入具有不同的语义。将不同层的嵌入与加权和结合起来，可以捕获带有自连接的图卷积效果，这是 GCN 中的一个重要技巧。而模型预测被定义成内积形式：

$$\hat{\boldsymbol{y}}_{ui} = \boldsymbol{e}_u^{\mathrm{T}} \boldsymbol{e}_i \tag{6.34}$$

4. 图对比学习模型——NCL

基于图的协同过滤是一种有效的推荐方法。它可以通过对用户 – 物品交互图进行建模来捕获用户对物品的偏好。这种方法尽管有效，但在实际场景中存在数据稀疏问题。为了减少数据稀疏的影响，我们在基于图的协同过滤中采用对比学习来提高算法性能。然而，这种方法通常通过随机抽样构建对比对，忽略了用户（或物品）之间的相邻关系，未能充分发挥对比学习在推荐中的潜力。为了解决上述问题，我们提出一种新颖的对比学习方法，名为邻域增强的对比学习（Neighborhood-enriched Contrastive Learning，NCL）算法。它明确地将潜在邻居纳入对比过程。NCL 主要从两方面考虑对比关系：一方面考虑图结构上用户 – 用户邻居、物品 – 物品邻居关系，另一方面从节点出发，考虑聚类后的节点与聚类中心的关系，如图 6-17 所示。

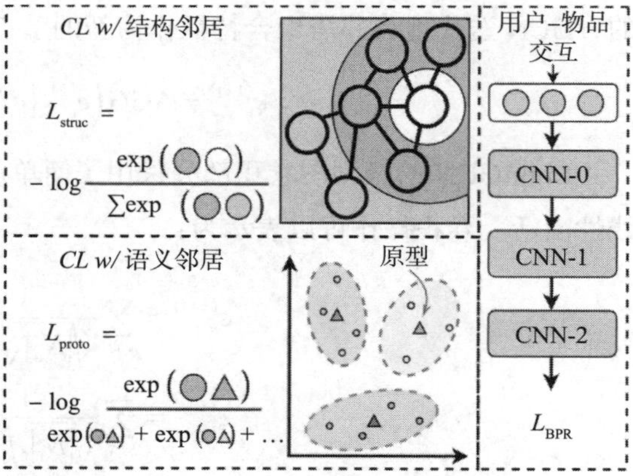

图 6-17 NCL 模型总体框架

假设用户的集合为$U=\{u\}$，物品的集合为$I=\{i\}$，观察到隐式反馈矩阵为$\boldsymbol{R}\in\{0,1\}^{|U|\times|I|}$，在这个矩阵中 1 说明用户和物品交互。基于交互矩阵，我们可以构建图$G=\{E,V\}$，节点集合$V=\{U\cup I\}$，边E表示用户节点和商品节点存在交互。一般而言，基于 GNN 的协同过滤方法可以表述为两个阶段——信息聚合和表征聚合，形式化表示为

$$\boldsymbol{z}_u^{(l)} = f_{\text{propagate}}\left(\left\{\boldsymbol{z}_v^{(l-1)} \mid v\in N_u \cup \{v\}\right\}\right) \tag{6.35}$$

$$\boldsymbol{z}_u = f_{\text{readout}}\left(\boldsymbol{z}_u^{(0)}, \boldsymbol{z}_u^{(1)}, \cdots, \boldsymbol{z}_u^{(L)}\right) \tag{6.36}$$

其中，N_u表示交互图 G 中用户 u 的邻居集，L 表示 GNN 层数。这里，$\boldsymbol{z}_u^{(0)}$ 由可学习的嵌入向量$\boldsymbol{e}_u$初始化。对于用户 u，传播函数$f_{\text{propagate}}(\cdot)$聚合其邻居的第 $l-1$ 层表示，以生成第 l 层的表示 $\boldsymbol{z}_u^{(l)}$ 。经过 l 次迭代传播后，l 跳邻居的信息被编码在$\boldsymbol{z}_u^{(l)}$ 中。而读出函数$f_{\text{readout}}(\cdot)$进一步汇总所有表示$\left[\boldsymbol{z}_u^{(0)},\boldsymbol{z}_u^{(1)},\cdots,\boldsymbol{z}_u^{(L)}\right]$，得到用户 u 的最终表示以进行推荐。类似地，我们可以获得项目侧信息表示。

NCL 模型可以分成两个部分：与结构邻居的对比学习和与语义邻居的对比学习。下面对这两个部分进行详细讲解。

（1）与结构邻居的对比学习

基于图的协同过滤模型主要是通过观察到的用户 – 物品交互来训练模型，而用户或物品之间的潜在关系不能从观察到的数据中学习得到。这里提出将每个用户（或物品）与他的结构邻居进行对比，这些邻居的表征是通过 GNN 的层传播来聚合的。

以 GNN 为基模型的推荐模型，如 LightGCN，初始嵌入表示为$z^{(0)}$ ，经过l层消息传播可以得到$z^{(l)}$ ，最终的输出是将不同层的嵌入进行加权求和。

设交互图 G 是一个二分图，基于 GNN 模型在图上的偶数次信息传播自然地聚合了同构邻居信息，这便于提取用户或物品的潜在邻居，如 u–i–u，进而得到两个相邻的用户。通过这种方式，我们可以从 GNN 模型的偶数层输出中获得同构邻居的表征。通过这些表征，我们可以有效地构建用户、物品与其同构邻居之间的关系，并将用户自己的嵌入和 GNN 偶数层相应输出的嵌入视为正样本对。基于 InfoNCE，用户相关的目标函数为

$$L_S^U=\sum_{u\in U}-\log\frac{\exp\left(\left(\boldsymbol{z}_u^{(k)}\cdot\boldsymbol{z}_u^{(0)}\middle/\tau\right)\right)}{\sum_{v\in U}\exp\left(\boldsymbol{z}_u^{(k)}\cdot\boldsymbol{z}_v^{(0)}\middle/\tau\right)} \tag{6.37}$$

其中，$\boldsymbol{z}^{(k)}$ 是第 k 层的输出，k 是偶数，τ 是超参数。

同理，可以得到物品的对比损失：

$$L_S^I=\sum_{i\in I}-\log\frac{\exp\left(\left(\boldsymbol{z}_i^{(k)}\cdot\boldsymbol{z}_{ii}^{(0)}\middle/\tau\right)\right)}{\sum_{j\in I}\exp\left(\boldsymbol{z}_i^{(k)}\cdot\boldsymbol{z}_j^{(0)}\middle/\tau\right)} \tag{6.38}$$

而完整的结构对比目标函数就是以上两个损失的加权和：

$$L_S=L_S^U+\alpha L_S^I \tag{6.39}$$

其中，α 是一个超参数，用于平衡结构对比学习中两个损失的权重。

（2）与语义邻居的对比学习

结构对比损失显式地挖掘了由交互图定义的邻居。然而，结构对比损失平等地对待用户、物品的同构邻居，这不可避免地将噪声引入对比过程。因此，我们结合语义邻居来扩展要对比的关系。语义邻居是指图上无法到达但具有相似特征（针对物品）或偏好（针对用户）的节点。这部分通过聚类将相似嵌入对应的节点划分到相同的簇，用簇中心代表这个簇，这个中心称为原型。由于该过程无法进行端到端优化，我们可使用 EM 算法学习提出的原型对比目标。聚类中 GNN 模型的目标是最大化式（6.40）（用户相关），简单理解就是让用户嵌入划分到某个簇，其中 θ 为可学习参数，$\boldsymbol{R}$ 为交互矩阵，$\boldsymbol{c}$ 是用户 u 的潜在原型。同理，可以得到物品相关的目标：

$$\sum_{u\in U}\log p\left(\boldsymbol{e}_u \mid \theta,\boldsymbol{R}\right)=\sum_{u\in U}\log\sum_{c_i\in C}p\left(\boldsymbol{e}_u,\boldsymbol{c}_i \mid \theta,\boldsymbol{R}\right) \tag{6.40}$$

其中，θ是一组模型参数，$\boldsymbol{R}$是交互矩阵，$\boldsymbol{c}_i$是用户 u 的潜在原型。同样，我们可以定义物品的优化目标，进而提出原型对比学习目标函数方法。这个方法基于 InfoNCE 最小化函数，在用户目标方面可形式化表示为

$$L_P^U=\sum_{u\in U}-\log\frac{\exp\left(\boldsymbol{e}_u\cdot\boldsymbol{c}_i/\tau\right)}{\sum_{c_j\in C}\exp\left(\boldsymbol{e}_u\cdot\boldsymbol{c}_j/\tau\right)} \tag{6.41}$$

其中，$\boldsymbol{c}_i$是用户 u 的原型，它是通过使用 K-means 算法对所有用户嵌入进行聚类而得到的，并且所有用户都有 K 聚类。在物品目标方面可形式化表示为

$$L_P^I=\sum_{i\in I}-\log\frac{\exp\left(\boldsymbol{e}_i\cdot\boldsymbol{c}_j/\tau\right)}{\sum_{c_t\in C}\exp\left(\boldsymbol{e}_i\cdot\boldsymbol{c}_t/\tau\right)} \tag{6.42}$$

最终的原型对比目标是用户目标和项目目标的加权和：

$$\boldsymbol{L}_P=\boldsymbol{L}_P^U+\alpha\boldsymbol{L}_P^I \tag{6.43}$$

通过这种方式，我们明确地将用户、物品的语义邻居纳入对比学习，以缓解数据稀疏问题。

NCL 模型在整体优化中还用到了 EM 算法，将提出的两个对比学习损失作为补充，并利用多任务学习策略来联合训练传统的排序损失和对比学习损失，公式如下：

$$\boldsymbol{L}=\boldsymbol{L}_{\mathrm{BPR}}+\lambda_1\boldsymbol{L}_S+\lambda_2\boldsymbol{L}_P+\lambda_3\|\theta\|_2 \tag{6.44}$$

通过上面式子可知，根据詹森不等式可以得到上面聚类目标函数的下界：

$$LB=\sum_{u\in U}\sum_{c_i\in C}Q(\boldsymbol{c}_i\mid\boldsymbol{e}_u)\log\frac{p(\boldsymbol{e}_u,\boldsymbol{c}_i\mid\theta,\boldsymbol{R})}{Q(\boldsymbol{c}_i\mid\boldsymbol{e}_u)} \tag{6.45}$$

其中，$Q(\boldsymbol{c}_i\mid\boldsymbol{e}_u)$表示观察到$\boldsymbol{e}_u$时潜在变量$\boldsymbol{c}_i$的分布。当估计$Q(\boldsymbol{c}_i\mid\boldsymbol{e}_u)$时，可以重定向目标以最大化$\boldsymbol{e}_u$上的函数。优化可以使用 EM 算法。因篇幅所限，这里不详细讲解关于 EM 算法的具体计算步骤。

6.2　基于图的排序算法

基于图的排序在业界有两个重要方向：基于特征交互建模和基于显式关系建模。

基于特征交互建模的典型模型有 FiGNN 模型、GraphFM 模型、L0-SIGN 模型等。FiGNN 模型使用特征之间的关系构建了一个全连接图，在这个全连接图上做特征交互，但是由于有些特征之间完全没有联系，所以，这种做法会引入大量噪声。GraphFM 模型在 FiGNN 基础上对全连接图中每条边的存在性进行了判断，最后在筛选后的特征图上进行图卷积操作，建模特征交互。L0-SIGN 模型使用 L0 正则，确保只有少部分边参与特征图的构建。

排序中会考虑大量特征，如 User ID、Item ID 以及其他一些特征。其实，我们可以得到它们之间的显式关系，通过构建一个异构图来做显式关系建模。比较有代表性的是 DGENN 模型、HIEN 模型和 GMT 模型。其中，HIEN 模型在 DGENN 的基础上构建了层级关系，GMT 模型将 GNN 和 Transformer 结合在一起，利用图采样和 GNN 得到多个表征，并在此基础上使用 Transformer 进行建模，取得了不错的效果。

在 DGENN 模型出现之前，CTR 模型主要分为两大类：一类是基于特征交互建模的模型，这类代表模型有 PNN、DeepFM 和 xDeepFM；另一类是基于用户行为建模的模型，这类代表模型有 DIN、DIEN 和 SIM。现在，CTR 模型的发展趋势是处理复杂的数据。越来越多的模型使用检索机制来找到用户历史行为中有用的信息建模，即通过寻找越来越复杂的特征来提升效果。但是已有的 CTR 模型存在两个问题：特征稀疏问题以及行为稀疏问题。在真实的业务数据中，我们会发现它们大多服从长尾分布，即存在大量稀疏特征，在训练数据中出现次数很少，而且存在大量用户只有很少历史交互的情况。那么，此时基于用户历史行为进行建模是很难得到较好的效果的。所以，我们可以考虑使用 GNN 引入特征之间的关系和行为之间的关系来增强样本。

已有的 CTR 模型可以分为嵌入层、表征学习、预测层。由于利用图表征学习可优化嵌入层，所以 DGENN 可以作为插件应用于大部分已有的 CTR 模型。具体来说，我们可以构建一张异构图，包括用户和物品的属性图、用户 - 用户相似性图、物品 - 物品共现图以及用户 - 物品协同图等。为了从包含各类关系的异构图中学习出一个好的信息表征，图学习策略可以是分治策略和课程学习策略。分治策略是先构建单属性图，再汇聚所有属性信息；课程学习策略考虑了行为之间的关系复杂性，先学习用户、物品各自的表征，再学习用户 - 物品的协同关系。

下面通过两个例子分别介绍基于特征交互建模和基于显式关系建模。

6.2.1 基于特征交互建模——GraphFM 模型

在基于特征交互构建的模型中，这里选择 GraphFM 作为代表模型，介绍这类模型的核心思想。

在提到 GraphFM 模型时，我们首先想到的是 FM 模型，以及 FM 的改进模型——FFM 模型等。FM 模型存在两个缺点：第一，不能捕捉高阶特征的交互作用；第二，对所有特征进行交互，但有些特征对预测没有正向作用，因为它们会引入噪声并过度拟合。FM 的一些变体，如 FMM、AFM 等模型，虽然考虑了不同二阶特征相互作用的权重，但只是对二阶特征进行建模。FM 还可以与深度神经网络（DNN）相结合，产生一些新的模型，如 FNN、PNN、NFM 等，这些模型可以学习到高阶特征之间的相互作用。但利用 DNN 是为了学习高阶特征交互，对特征交互的建模过程和模型结果缺乏解释。而 Deep&Cross、xDeepFM 等模型引入了包含浅层和深层组件的混合架构，可以共同学习低阶和高阶特征交互，但这样做会增加模型的复杂性。

相对于 FM 模型，GNN 模型的优点是能够有效地捕捉图节点之间的高阶关系，并通过逐层迭代聚合邻域的特征来学习节点的嵌入信息。前文已经详细介绍了 GNN 模型。GNN 已广泛用于分析图结构数据。然而，在许多情况下，图结构数据是不可用的。为了解决这个问题，围绕图结构学习（Graph Structure Learning，GSL）的概念被提出并涌现出很多研究成果，旨在共同学习图结构和相应的图表示。总结一下，主要有两种图结构学习方法：度量学习方法，通过学习成对表示之间的度量函数来获得边缘权重、改进图结构；概率建模方法，假设图是通过某些分布的采样过程生成的，并使用可学习参数对采样边的概率进行建模。因此，GraphFM 模型采用 GNN 来学习特征之间的交互，并且它属于 GNN 中度量学习的方法，利用注意力网络来获取节点边的权重。

GraphFM 模型示意图如图 6-18 所示。

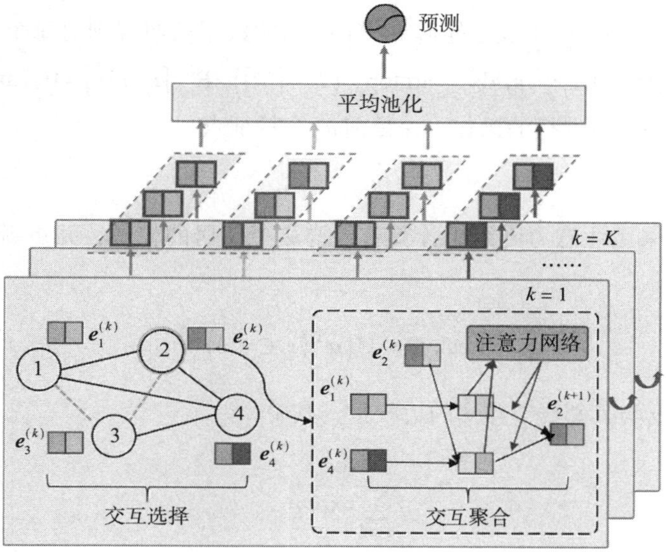

图 6-18　GraphFM 模型示意图

从图 6-18 中可以看出，GraphFM 构成的图是无向图，将每个特征的嵌入信息视为节点，将特征之间的交互视为边。由于并不是所有的特征交互都是有效的，因此模型通过交互选择组件来选择有效的边信息；然后每层通过注意力网络计算权重并聚合节点的邻域信息；将节点的每 k 层嵌入拼接起来，对每个节点做聚合操作形成最终的预测。在图 6-18 中，整个模型可以分为 3 部分：交互选择、交互聚合和预测。下面对这三个部分逐一分析。

1. 交互选择

为了选择有效的成对特征交互，连接特征交互的边要么存在，要么不存在。因此，GraphFM 模型用加权邻接边 P 替换边集 E，其中，$p_{ij} \in (v_i, v_j)$，这也反映了特征之间交互的有效程度。GraphFM 模型中设计了一个度量函数来计算每对特征交互边的权重：

$$f_s(\boldsymbol{e}_i, \boldsymbol{e}_j) = \sigma\left(\boldsymbol{W}_2^S \delta\left(\boldsymbol{W}_1^S(\boldsymbol{e}_i \odot \boldsymbol{e}_j) + \boldsymbol{b}_1^S\right) + \boldsymbol{b}_2^S\right) \tag{6.46}$$

在式（6.46）中，$\boldsymbol{W}_1^S$、$\boldsymbol{W}_2^S$、$\boldsymbol{b}_1^S$、$\boldsymbol{b}_2^S$为多层感知机中的参数，目的是将特征向量之积转换成标量；σ、δ分别是 ReLU 和 Sigmoid 激活函数，因为是无向图，所以$f_s\left(\boldsymbol{e}_i,\boldsymbol{e}_j\right)=f_s\left(\boldsymbol{e}_j,\boldsymbol{e}_i\right)$。

模型的每层都有一个边加权矩阵$\boldsymbol{P}^{(k)}$，对有效的特征交互进行采样，也是对每个特征字段的邻域进行采样。GraphFM 模型统一采样一组固定大小的邻居节点。对于第 k 层的每个特征节点v_i，$\boldsymbol{P}^{(k)}[i,:]$ 表示矩阵$\boldsymbol{P}^{(k)}$ 第 i 列的数据按照规则对每个节点选择前m_k条交互边。规则为$\text{for}\, i=1,2,\cdots,n, \text{idx}_i=\text{argtop}_{m_k}\left(\boldsymbol{P}^{(k)}[i,:]\right)$, $\boldsymbol{P}^{(k)}[i,-\text{idx}]=0$，argtop 是对查询节点 i 的m_k个最重要节点选择的操作，保留前m_k个特征点。

2. 交互聚合

在聚合方面采用注意力网络来计算节点与m_k个邻居的权重，并更新节点的嵌入，具体的步骤如下：

$$c_{ij}=\text{LeakyReLU}\left(\boldsymbol{\alpha}^{\mathrm{T}}\left(\boldsymbol{e}_i\odot\boldsymbol{e}_j\right)\right) \tag{6.47}$$

上式为计算节点v_i与其邻居节点v_j的边权重，其中

$$\alpha_{ij}=\frac{\exp c_{ij}}{\sum\limits_{j'\in N_i}\exp c_{ij'}} \tag{6.48}$$

使用 Softmax 函数对权重系数进行标准化，使得节点的边权重系数之和为 1：

$$\boldsymbol{e}_i'=\sigma\left(\sum_{j\in N_i}\alpha_{ij}p_{ij}\boldsymbol{W}_a\left(\boldsymbol{e}_i\odot\boldsymbol{e}_j\right)\right) \tag{6.49}$$

其中，α_{ij}、p_{ij}分别表示软注意力机制和硬注意力机制，通过将二者相乘可以控制所有特征交互的信息。

3. 预测

在预测层，可以将每个节点 i 的每 k 层的嵌入拼接在一起：

$$\boldsymbol{e}_i^*=\boldsymbol{e}_i^{(1)}\,\|\cdots\|\,\boldsymbol{e}_i^{(k)} \tag{6.50}$$

最后对所有的特征向量进行池化，以获得最开始的图层面的输出，并使用投影向量完成最终的预测，形式化表示为

$$\boldsymbol{e}^*=\frac{1}{n}\sum_{i=1}^{n}\boldsymbol{e}_i^*,\ \ \hat{\boldsymbol{y}}=\boldsymbol{p}^{\mathrm{T}}\boldsymbol{e}^* \tag{6.51}$$

以数据集带有的标签和 GraphFM 预测的标签为数据，以对数损失为损失函数，则

$$\boldsymbol{L}=-\frac{1}{N}\sum_{i=1}^{N}\boldsymbol{y}_i\log\sigma\left(\hat{\boldsymbol{y}}_i\right)+\left(1-\boldsymbol{y}_i\right)\log\left(1-\sigma\left(\hat{\boldsymbol{y}}_i\right)\right)\tag{6.52}$$

6.2.2　基于显式关系建模——GMT 模型

推荐系统的性能经常会受到不活跃行为和系统曝光的影响，导致提取的特征没有包含足够的信息。GMT（Graph Masked Transformer）模型是基于邻域交互的点击预测方法，通过在异构信息网络中挖掘目标用户 - 物品对的局部邻域信息来预测它们的连接，并且考虑了节点之间的 4 种拓扑交互方法来增强局部邻域表征。这四种拓扑交互方法包括诱导子图、相似子图、跨邻域子图和完整子图。

首先是异构图的构建。设有异构图$G=\left(N,E,T_V,T_E\right)$，$N$，$E$，$T_V$，$T_E$分别表示节点集合、边的集合、节点类型集合、边类型集合。$N=\left\{U,I,S_1,\cdots,S_{|T_V|-2}\right\}$，其中 U 表示用户集合，I 表示物品集合，S_i表示第 i 种类型实体集，$S_{|T_V|-2}$表示去掉 U、I后的实体集合。异构图示意图如图 6-19 所示。

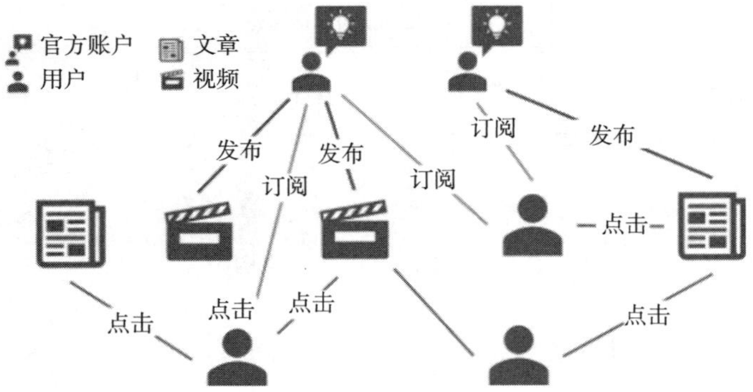

图 6-19　异构图示意图

图 6-19 以微信的视频推荐为例，有 4 种节点类型：用户、视频、文章和官方账号；5 种连接类型：用户 - 点击 - 视频、用户 - 点击 - 文章、用户订阅官方账号、官方账号 - 发布 - 视频和官方账号 - 发布 - 文章。

其次，形式化模型处理的问题。给定用户$U=\left\{u_1,\cdots,u_M\right\}$，物品集合$I=\left\{v_1,\cdots,v_N\right\}$，用户和物品的交互矩阵$\boldsymbol{Y}\in R^{M\times N}$，$y_{uv}=1$表示用户 u 点击了物品 v。给定任务相关的异构图

$g=(N,E)$，对于每个目标用户 u 和物品 v 采样一批邻居节点 $N_{uv}\in N$，每个节点存在对应的特征向量，所以邻居节点特征向量的集合表示为 F_{uv}，上下文特征为 C，所以一个实例可以表示为 $\{F_{uv},C\}$，目标是基于这两个信息预测用户点击物品的概率。

问题描述清楚后，这个问题如何解决。首先看一下 NI-CTR 网络架构图，如图 6-20 所示。这个网络架构图中有 4 个重要组件：异构图中的邻居采样、构建局部子图、利用基于图掩码的 Transformer、计算损失。

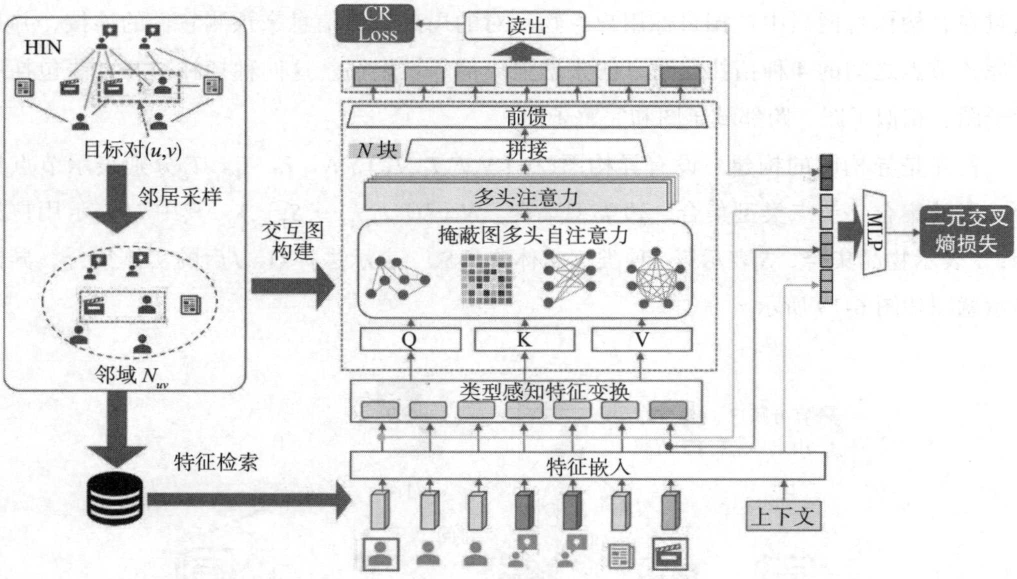

图 6-20 NI-CTR 网络架构图

下面详细介绍各个组件。

1. 异构图中的邻居采样

在异构图中对邻居采样应遵循以下要求。

1）尽可能多地对最近的节点进行采样，因为接近的节点（例如，一阶邻居）通常包含最相关的信息。

2）对每种类型的节点采样一定量的节点集合，这样做的目的是降低计算的复杂度。

3）对和其他节点交互最多的节点进行采样。

为了平衡上面三条要求，整个网络还引入一个采样算法——贪心异构邻域采样算法

(GHNSampling)。

2. 构建局部子图

在目标用户 u 和候选物品 v 的邻居采样之后，整合邻居节点以获得用户 – 物品对的邻居，表示为 $N_{uv}\left(u,v\in N_{uv}\right)$，将 N_{uv} 中的每个节点 i 与其原始特征向量相关联。表示节点序列的直接解决方案是使用一些常用模型如 Transformer，它将邻域中的节点视为一个完整的图，并基于节点特征学习表征。为了使表征更加有特性，我们可以分类为 4 种类型的交互图：诱导子图、相似子图、跨邻域子图、完整子图。

这四种子图有各自的生成方法，如图 6-21 所示。

1）诱导子图：异构图中的边提供了节点之间的重要关系信息。因此，从异构图中检索所有边可以生成诱导子图 g_{uv}^{I}。

2）相似子图：诱导子图 g_{uv}^{I} 仅使用不同节点之间的行为关系或自然关系的分类特征组的子集来构建。但是，描述节点之间丰富的潜在语义连接的其他特征组，如物品标签被忽略了。虽然这些节点相似性可以通过 Transformer 中的自注意力机制隐式捕获，但它们在多层堆叠后会衰减，这可能会影响模型性能。因此，根据节点的原始特征，我们可以通过邻域内的节点特征相似度来定义相似子图 g_{uv}^{S}。所有成对相似度计算如下：

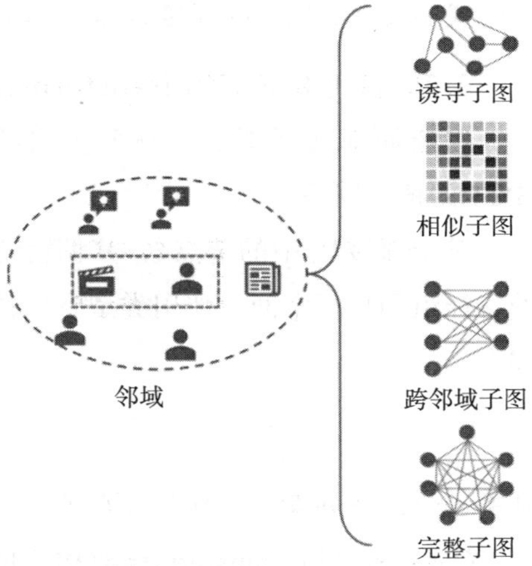

图 6-21　构建 4 种拓扑子图示意图

$$\operatorname{sim}(i,j)=\frac{\boldsymbol{f}_i\left[g\left(t(i),\ t(j)\right)\right]\cdot\boldsymbol{f}_j\left[g\left(t(j),\ t(i)\right)\right]}{\left\|\boldsymbol{f}_i\left[g\left(t(i),\ t(j)\right)\right]\right\|\left\|\boldsymbol{f}_j\left[g\left(t(j),\ t(i)\right)\right]\right\|} \tag{6.53}$$

其中，$t(i)$ 是节点 i 的节点类型，$\boldsymbol{f}$ 是节点的原始特征向量，不同类型的节点可能共享相同的特征组，例如，不同类别的物品（例如，视频、文章、产品）可能共享相同的标签方案。若给定两种节点类型，( ) 表示两种节点类型共享特征组的索引。

基于相似度，有两种构造相似子图的方案。

- 加权的相似子图：该图的邻接矩阵为相似度，即 $\boldsymbol{M}_S[i,j]=\operatorname{sim}(i,j)$。

- k-NN 相似子图：尽管 S 包含相似性权重，但由于数据中可能会产生噪声，因此，应用 k-NN 算法保留强信号，即如果第 j 个节点是第 i 个节点的 k 近邻，则 $\boldsymbol{M}_S[i,j]=1$。

3）跨邻域子图：虽然上面两类图可以捕获邻域中节点的自然关系和相似关系。但是，我们还应考虑更多的隐含关系，将更多的隐含关系显式化。令 N_u、N_v 分别表示用户 u 和物品 v 的邻居。$N_{uv}=N_u \cup N_v$，$N_v \cup N_u=\phi$ 捕获两个子集之间的交叉关系，跨邻域子图为

$$g_{uv}^C=\left\{(s,t) \mid s \in N_u, t \in N_v\right\}$$

4）完整子图：不加任何结构先验，并为模型提供最大的自由度来学习节点之间的任何隐式相关性。该图的邻接矩阵 $\boldsymbol{M}_P=\boldsymbol{1}_{|N_{uv}|\times|N_{uv}|}$。

3. 利用基于图掩码的 Transformer

构建局部交互图后，一个实例可以包含 $\{F_{uv}, g_{uv}^I, g_{uv}^S, g_{uv}^C, g_{uv}^P\}$ 这些信息。下面讲解 GMT 的核心算法。

对于邻域 N_{uv} 中的节点 i，其稠密特征向量表示为 $\boldsymbol{x}_i$。由于不同类型的节点具有不同的特征组和特征空间，使用类型感知的特征转换层将它们映射到一个统一的空间，表示如下：

$$\boldsymbol{h}_i=\text{Liner}^{t(i)}(\boldsymbol{x}_i)$$

其中，$t(i)$ 表示第 i 个节点的类型。

GMT 和原始 Transformer 架构之间的主要区别在于多头自注意层。给定输入序列 $H=\{h_1,\cdots,h_n\}$，基本自注意过程如下：

$$\begin{aligned} e_{ij}&=\frac{(Q\boldsymbol{h}_i)^{\mathrm{T}}(K\boldsymbol{h}_i)}{\sqrt{d}} \\ a_{ij}&=\frac{\exp(e_{ij})}{\sum_{k=1}^{n}\exp(e_{ik})} \\ z_i&=\sum_{j=1}^{n}a_{ij}(V\boldsymbol{h}_i) \end{aligned} \tag{6.54}$$

在多头自注意力层中，有 H 个注意力头来隐式地关注来自不同节点的不同表征子空间的信息。GMT 使用图掩码机制来强制头部显式关注具有图先验的不同子空间，表示如下：

$$e_{ij} = f_m\left(\frac{(Q\boldsymbol{h}_i)^{\mathrm{T}}(K\boldsymbol{h}_i)}{\sqrt{d}}, \boldsymbol{M}_{ij}\right) \tag{6.55}$$

其中，M 为邻接矩阵，$f_m(\cdot)$是掩码函数。

$$f_m(x,\ \lambda) = \begin{cases} \lambda x & 当\lambda \neq 0 \\ -\infty & 当\lambda = 0 \end{cases}$$

上述方式使注意力计算能够意识到图先验。基于上面描述的 4 种类型交互图，将头部分为 4 组，并使用相应的邻接矩阵应用图掩码。第 i 个节点的输出表征$\boldsymbol{h}_i'$：

$$\boldsymbol{h}_i' = \mathrm{FFN}\left(W^O \mathrm{Concat}\left(z_i^1, \cdots, z_i^H\right)\right) \tag{6.56}$$

FFN 为两层前馈神经网络：LN 和残差连接（和基本的 Transformer 一致），通过多头图掩码机制，将各种图先验合并到 Transformer 架构中，从而显著提升模型的表达能力。在堆叠多个图掩码多头自注意力层后，邻域中节点的最终表征为$Z = \left\{z_1, \cdots, z_{|N_{uv}|}\right\}$。为了得到固定大小的表征，在读出层进行平均池化，形式化表示为

$$g_{uv} = \mathrm{Readout}（Z）= \frac{1}{|N_{uv}|}\sum_{v_i \in N_{uv}} z_i \tag{6.57}$$

4. 计算损失

通过上述方式得到邻居节点表征，与目标用户、物品和上下文特征拼接后经过 MLP 进行分数预测，形式化表示如下：

$$z^O = \mathrm{Concat}\left(g_{uv}, x_u, x_v, C\right) \tag{6.58}$$

$$\hat{y}_{uv} = \sigma\left(f_{\mathrm{mlp}}\left(z^O, \theta\right)\right) \tag{6.59}$$

在不同的训练轮次，从同一个用户－物品对中采样的邻居可以不同，这意味着邻域嵌入 g_{uv} 和最终点击率$\hat{y}_{uv}$会不同。假设对每个用户－物品对采样最多 S 次，数据集 D 上的交叉熵损失函数构建为

$$L_{\mathrm{BCE}} = \frac{1}{S}\sum_{\langle u,\ v\rangle \in D}\sum_{s=1}^{S}\left(y_{uv}\log \hat{y}_{uv}^s + \left(1 - y_{uv}\right)\log \hat{y}_{uv}^s\right) \tag{6.60}$$

为了提高对随机抽样的鲁棒性，模型还设计了一种一致性正则化变体，约束从相同用户－物品对采样得到的邻居具有相似嵌入，形式化表示为

$$L_{\mathrm{CR}} = \frac{1}{S}\sum_{\langle u,\ v\rangle \in D}\sum_{s=1}^{S}\frac{1}{d_g}\left\|\hat{g}_{uv}^s - \bar{g}_{uv}^s\right\| \tag{6.61}$$

其中，$\bar{g}_{uv}^{s}=\frac{1}{S}\sum_{s=1}^{S}\hat{g}_{uv}^{s}$，$d_g$ 为 $\hat{g}_{uv}^{s}$ 的维度。

总体损失函数为

$$L=L_{\mathrm{BCE}}+\lambda L_{\mathrm{CR}} \tag{6.62}$$

6.3 本章小结

本章主要对基于图的推荐算法进行了简要梳理，在整理相关知识过程中，主要是对推荐在召回阶段和排序阶段所用到的一些算法进行了归纳和总结。在总结过程中，围绕协同过滤算法这个主线不断展开，拨开基于图的推荐系统的层层迷雾，希望读者能在学习图神经网络和基于图的推荐系统时获得更多启发。

第 7 章 Chapter 7

知识图谱与推荐系统

在信息爆炸的互联网时代，推荐系统可以理解用户的个性化偏好和需求，帮助用户筛选自己感兴趣的产品和服务。然而，传统的基于协同过滤的推荐系统无法解决数据稀疏和冷启动问题。知识图谱是一种表示实体之间复杂关系的异构图。前文已经介绍了知识图谱的作用和价值，本章介绍知识图谱和推荐系统的结合，尤其是知识图谱在推荐系统中所发挥的巨大价值和作用。因为知识图谱以显示的语义关系建立用户 - 物品、物品 - 物品之间的关系，这可以很好地缓解用户行为稀疏问题。

7.1 利用图谱建模

在推荐系统中，用户和物品的交互行为往往是很稀疏的。这一点在前文已经做了说明。而知识图谱以显示的语义关系建立了实体间的关系，因此它能直接为推荐系统带来 3 方面好处。第一是丰富用户 - 物品、物品 - 物品之间的关系，缓解用户行为稀疏问题。通过知识图谱，我们可以利用不同层面的实体信息，得到物品与物品之间隐藏的关系，再利用用户和物品之间的关系，建立更多用户和其他物品之间的关系。第二是丰富物品的属性，通过学习可以得到更全面的物品表示。第三是为推荐系统提高可解释性。

知识图谱结合推荐系统的方式有两类。一类是基于嵌入的方法，这类方法是使用知识图嵌入算法来预处理知识图谱，并将学到的实体嵌入推荐框架。比如，深度知识感知网络（DKN）将实体嵌入和词嵌入视为不同的通道，然后设计一个 CNN 框架将它们组合在一起进行新闻推荐。协作知识库嵌入（CKE）是将协同过滤模块与物品嵌入、文本嵌入和图像嵌入结合在一个统一的贝叶斯框架中。签名异构信息网络嵌入是设计深度自动编码器，以嵌入情感网络、社交网络和个人资料（知识）网络进行名人推荐。基于嵌入的方法在利用知识图谱辅助推荐方面表现出高度的灵活性。但这类方法采用的知识图嵌入算法通常更适合于连接预测等图内应用而不是推荐，因此，这类算法学习到的实体嵌入在表征项目间关系方面不太直观、有效。另一类是基于路径的方法。这类方法探索了知识图谱中各个物品之间的连接模式，为推荐提供了指导。例如，PER（Personalized Entity Recommendation）模型、MGBR（Meta Graph Based Recommendation）模型将知识图谱视为异构信息网络，并提取基于元路径、元图的潜在特征来表示用户之间的连接，以表示沿着不同类型的关系路径、图的物品。这类方法更自然、直观，但是严重依赖手动设计的元路径，在实践中很难优化。为了解决以上模型的局限问题，研究者提出了 RippleNet 模型和 KGAT 模型。下面具体介绍 RippleNet 模型和 KGAT 模型。

7.1.1 RippleNet 模型

RippleNet 模型是一种用于知识图谱感知推荐的端到端框架，专为点击率预测设计的，将用户 – 物品对作为输入并输出用户与该物品互动（例如，点击、浏览）的概率。

在一个推荐系统中，令用户集合为$U=\{u_1,u_2,\cdots\}$，物品集合为$V=\{v_1,v_2,\cdots\}$，用户和物品的交互矩阵为$\boldsymbol{Y}=\{y_{uv} \mid u\in U, v\in V\}$，是通过用户的隐式反馈来定义的。其中，

$$y_{uv}=\begin{cases}1 \text{ 如果（}u, v\text{）两者有交互} \\ 0 \text{ 其他情况}\end{cases}$$

其中，y_{uv}的值为 1 时，表示用户和物品之间存在隐式交互关系，例如，用户的点击、观看和浏览行为等。除了y_{uv}以外，推荐系统还可以使用知识图谱$g=(E,R)$。它包含了大量实体三元组(h,r,t)，其中，$h\in E$，$r\in R$，$t\in E$分别表示知识三元组的头、关系和尾。E和R表示知识图谱中的实体和关系集合。在许多推荐场景中，数据集中的一个物品对应着多知识图谱中的实体。例如，用户所点击的一个新闻标题“震惊！法国的一个熊猫生了宝宝”对应法国和熊猫两个实体。

在已知交互矩阵$\boldsymbol{Y}$和知识图g的情况下，推荐可以形式化为预测用户 u 是否对物品 v 有潜在的兴趣，而用户 u 之前从未与物品 v 有过交互。所以，整个模型的学习目标是得

到预测函数：

$$\hat{y}_{uv} = F(u,v;\theta)$$

其中，y_{uv} 表示用户 u 将点击物品 v 的概率，θ 表示函数 F 的参数。

RippleNet 模型结构如图 7-1 所示。

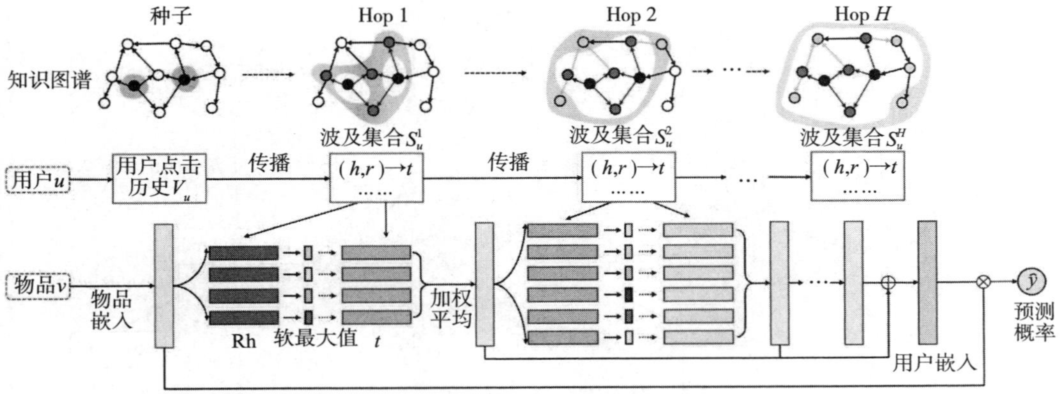

图 7-1　RippleNet 模型结构示意图

RippleNet 通过模拟水面上漾起的波纹来表示用户的兴趣在知识图谱上的传播和扩散，这样可以拉近用户和未知物品之间的距离。

定义 1：给定用户 – 物品的交互矩阵 $\boldsymbol{Y}$ 和知识图谱 G，用户 u 的 k 跳相关实体集合为：

$$\boldsymbol{E}_u^k = \left\{t \mid (h,r,t) \in G, h \in \boldsymbol{E}_u^{k-1}\right\},\ k=1,2,\cdots,H \tag{7.1}$$

$\boldsymbol{E}_u^0 = V_u = \{v \mid y_{uv} = 1\}$ 是用户交互过的物品集合。它也是知识图谱中的种子。相关实体可以看作知识图谱中用户历史兴趣的自然扩展。

定义 2：给定一个关于波纹集合的定义，用户 u 的 k 跳波纹集可以定义为以 $\boldsymbol{E}_u^{k-1}$ 为头节点的知识图谱上的三元集合，具体为

$$S_u^k = \left\{(h,r,t) \mid (h,r,t) \in G,\ 且 h \in \boldsymbol{E}_u^{k-1}\right\},\ k=1,2,\cdots,H \tag{7.2}$$

这样就可以改善用户 M 相对于候选物品 v 的表示。

这里讲讲关于“波纹”隐藏的含义。

1）与多个水滴产生的波纹的真实情况类似，用户对实体的潜在兴趣被历史偏好激活，然后会沿着知识图谱中的连接由近及远逐层传播，具体如图 7-2 所示。

2）在图 7-2 中，随着跳数 k 的增加，用户波纹集中的潜在偏好强度逐渐减弱。这与真实的波纹相似。

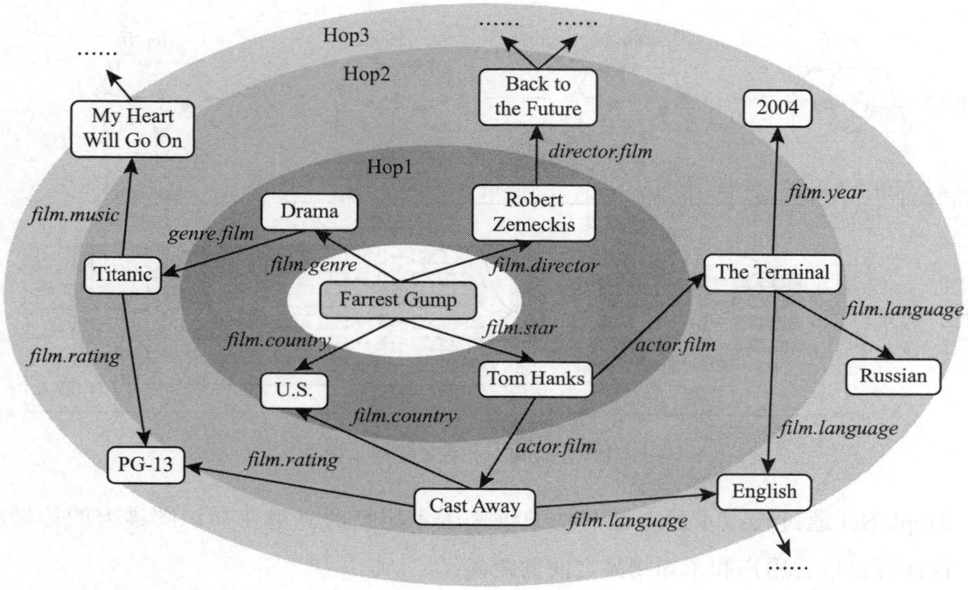

图 7-2 不同跳的传导结构示意图

随着跳数 k 的增加，模型会产生一些问题。这些问题需要引起我们的注意。

1）在实际的知识图谱中，大量实体会成为“淹没实体”，这意味着对于这些实体，只有传入实体，没有传出实体。比如图 7-2 中的“2004”和“PG-13”。

2）在特定的推荐场景中，如电影或书籍推荐，我们可以将关联限制在与场景相关的类别中，以缩小波纹集的大小，提高实体之间的相关性。

3）在实践中，最大跳数 H 通常不会太大，因为距离用户历史兴趣太远的实体可能会带来比正信号更多的噪声。

4）在 RippleNet 模型中，我们可以对一组固定大小的邻居进行采样，而不是使用完整的波纹集，这样可以进一步减少计算开销。设计这样的采样器是未来工作的一个重要方向，特别是非均匀采样器，可以更好地捕捉用户潜在的分层兴趣。

传统的基于协同过滤的方法及其变体会学习用户和物品的潜在表示，然后通过直接将特定函数应用于用户和物品的表示来预测未知的用户或物品的评级。在 RippleNet 模型中，为了以更细的粒度对用户和物品之间的交互进行建模，研究人员提出了一种偏好传播技术。在图 7-1 中，每个物品都与一个物品嵌入$\boldsymbol{v} \in R^d$相关联，其中 d 是嵌入的维度。在实际应用场景中，物品嵌入可以合并一个物品的 ID、属性、词的独热编码或上下文信息。给出物品嵌入 $\boldsymbol{v}$ 和用户 u 的 1 跳的波纹集合 S_u^1，S_u^1 中每个三元组 (h_i, r_i, t_i) 通过物品 v 与这个三元组中的头 h_i 和关系 r_i 比较，得到一个相关性系数p_i：

$$p_i = \text{Softmax}\left(\boldsymbol{v}^{\mathrm{T}} \boldsymbol{R}_i \boldsymbol{h}_i\right) = \frac{\exp\left(\boldsymbol{v}^{\mathrm{T}} \boldsymbol{R}_i \boldsymbol{h}_i\right)}{\sum_{(h, r, t) \in S_u^1} \exp\left(\boldsymbol{v}^{\mathrm{T}} \boldsymbol{R} \boldsymbol{h}\right)} \tag{7.3}$$

式中，$\boldsymbol{R}_i \in R^{d \times d}$和$\boldsymbol{h}_i \in R^d$分别代表关系 r_i 和头实体 h_i 的嵌入表示。相关系数p_i可以看作物品 v 与头实体 h_i 在关系 r_i 下的相似度。例如，Forrest Gump 和 Cast Away 在导演或明星方面高度相似，但如果以题材或作家来衡量，它们的共同点就少了。得到 p_i 后，将S_u^1中尾实体之和乘以相应的关联概率，得到向量 $\boldsymbol{o}_u^1$，波纹集的兴趣表示变为：

$$\boldsymbol{o}_u^1 = \sum_{(h, r, t) \in S_u^1} \boldsymbol{p}_i \boldsymbol{t}_i \tag{7.4}$$

那么，将式（7.3）中的 $\boldsymbol{v}$ 替换成$\boldsymbol{o}_u^1$ 得到二阶波纹集的操作$\boldsymbol{o}_u^2$，以此类推，可以得到 H 个用户向量叠加结果：

$$\boldsymbol{u} = \boldsymbol{o}_u^1 + \boldsymbol{o}_u^2 + \cdots + \boldsymbol{o}_u^H \tag{7.5}$$

最后，将用户嵌入和物品嵌入相结合，输出预测的点击概率：

$$\hat{\boldsymbol{y}}_{uv} = \sigma\left(\boldsymbol{u}^{\mathrm{T}} \boldsymbol{v}\right) \tag{7.6}$$

其中，σ为 Sigmoid 函数。在实践中，H 的值不用很大，模型的学习过程这里篇幅所限不再赘述。RippleNet 在学习过程中同时学习用户 - 物品的预测效果和知识图谱的建模效果，使用户行为和知识图谱中的实体、关系表示能够在一个端到端的框架下一起优化。这个思想是知识图谱和推荐系统联系在一起的一次成功创新。

7.1.2　KGAT 模型

3.2.2 节提到了 KGAT 模型，当时是从知识图谱的角度观察该模型的演化，这里将结合推荐系统继续讲解该模型。传统的有监督学习把每个样本看作一个独立的事件进行预测，忽略了样本之间的内在联系。但是，知识图谱可以通过属性关联各个样本，使得样本之间不再独立预测。

研究人员提出一种协同知识图谱（Collaborative Knowledge Graph，CKG）算法，将图谱关系和用户与物品的交互图融合到一个空间，如图 7-3 所示。这样做可以将协同过滤的信息和知识图谱的信息融合在一起，同时可以通过协同知识图谱发现更高层次的关系信息。

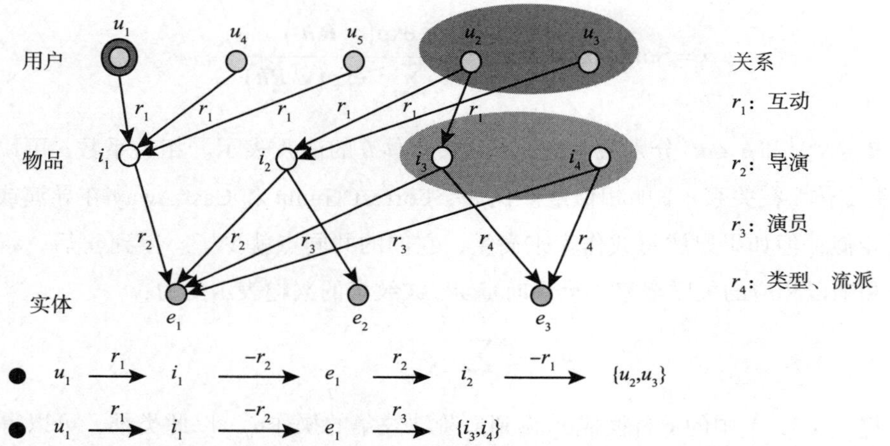

图 7-3 协同知识图谱

KGAT 模型应用 CKG 算法来显式建模高阶关系，以便为推荐系统提供更多的信息。该模型由 3 部分组成：知识图谱嵌入层、注意力嵌入传播层和预测层，如图 7-4 所示。

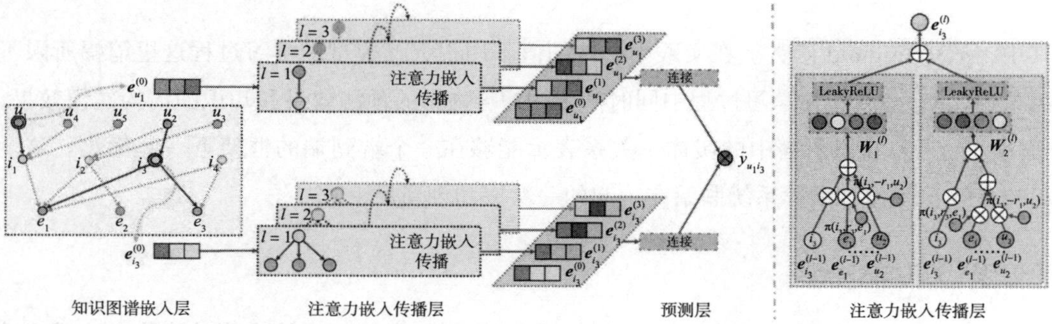

图 7-4 KGAT 模型结构示意图

知识图谱嵌入层的目的是得到指示图结构实体和关系的嵌入表示。这里采用了 TransR 模型。关于 TransR 模型在第 3 章已经讲过，这里不再重点讲解，直接给出三元组 (h,r,t) 在关系 r 投影平面上的平移关系：

$$g(h,r,t)=\|\boldsymbol{W}_r\boldsymbol{e}_h+\boldsymbol{e}_r-\boldsymbol{W}_r\boldsymbol{e}_t\|_2^2 \tag{7.7}$$

其中，$\boldsymbol{W}_r\in R^{k\times d}$ 是关系 r 的变换矩阵，它将实体从 d 维实体空间投影到 k 维关系空间。$g(h,r,t)$ 值越小，表示三元组 (h,r,t) 成立的概率越大。训练的损失函数如下：

$$L_{\mathrm{KG}}=\sum_{(h,r,t,t')}-\log\sigma\left(g(h,r,\mathrm{t}')-g(h,r,t)\right) \tag{7.8}$$

在式（7.8）中，$T=\{(h,r,t,t')\mid(h,r,t)\in G,(h,r,t')\notin G\}$，$(h,r,t')$ 是负例三元组，通常可以通过随机去掉正常三元组中的一个得到。σ 是 Sigmoid 函数。

该层作用是对关系和实体的建模，参与正则化并注入表示，提高模型的表示能力。

注意力嵌入传播层通过层层迭代的方式吸收图上高阶邻域信息，同时通过注意力网络把重要的信息保存下来，忽略噪声信息。假设给定一个实体 h，用 $N_h=\{(h,\ r,\ t)\mid(h,\ r,\ t)\in G\}$，$N_h$ 表示实体 h 所有的三元组集合。所以，实体 h 的所有一阶邻域向量可以表示为

$$\boldsymbol{e}_{N_h}=\sum_{(h,r,t)\in N_h}\pi(h,r,t)\boldsymbol{e}_t \tag{7.9}$$

式中，$\pi(h,\ r,\ t)$ 反映了三元组对 h 的一阶邻域表示的重要程度，实现对从尾节点 t 传播信息的控制。它的计算方式如下：

$$\hat{\pi}(h,\ r,\ t)=(\boldsymbol{W}_r\boldsymbol{e}_t)^{\mathrm{T}}\tanh(\boldsymbol{W}_r\boldsymbol{e}_h+\boldsymbol{e}_r) \tag{7.10}$$

$$\pi(h,r,t)=\frac{\exp\left(\hat{\pi}(h,r,t)\right)}{\sum_{(h,r',t')\in N_h}\exp\left(\hat{\pi}(h,r',t')\right)} \tag{7.11}$$

最终的注意力得分能够建议应该给予哪些邻居节点更多的注意力以捕获协作信息。在前向传播时，注意力流会建议要关注的部分数据，这部分可以视为推荐背后的解释。

区别于 GCN 和 GraphSAGE 中的信息传播将两个节点之间的折扣因子设置为 $\frac{1}{\sqrt{|N_h||N_t|}}$ 或 $\frac{1}{|N_t|}$，KGAT 不仅利用了图的邻近结构，还指定了邻居的不同重要性。

最后，把实体 h 自身嵌入表示 $\boldsymbol{e}_h$ 和它基于邻域的嵌入表示 $\boldsymbol{e}_{N_h}$ 融合，得到实体 h 的新表

示$\boldsymbol{e}_h^{(1)}$，这里融合有3种方法。

1）GCN聚合方式。这种方式是将两个向量相加，然后经过非线性变换层变换：

$$f_{\text{GCN}}=\text{LeakyReLU}\left(\boldsymbol{W}(\boldsymbol{e}_h+\boldsymbol{e}_{N_h})\right) \tag{7.12}$$

2）GraphSAGE聚合方式。这种方式是先拼接两个向量，再经过非线性变换层变换：

$$f_{\text{GraphSAGE}}=\text{LeakyReLU}\left(\boldsymbol{W}(\boldsymbol{e}_h \parallel \boldsymbol{e}_{N_h})\right) \tag{7.13}$$

3）双向交互聚合（Bi-Interaction）方式。这种方式考虑了两个向量的交互方式——向量加和向量点相结合，再经过一层非线性变换层变换：

$$f_{\text{Bi-Interaction}}=\text{LeakyReLU}\left(\boldsymbol{W}_1(\boldsymbol{e}_h+\boldsymbol{e}_{N_h})\right)+\text{LeakyReLU}\left(\boldsymbol{W}_2(\boldsymbol{e}_h \odot \boldsymbol{e}_{N_h})\right) \tag{7.14}$$

这里选择双向交互聚合方式得到一次注意力感知表示的传播操作。若要得到更高阶信息，需要经过多次重复堆叠，如下：

$$\boldsymbol{e}_h^{(l)}=f\left(\boldsymbol{e}_h^{(l-1)},\ \boldsymbol{e}_{N_h}^{(l-1)}\right) \tag{7.15}$$

在预测层中，把用户和物品在各层得到的向量拼接起来得到最终的表示。

$$\boldsymbol{e}_u^*=\boldsymbol{e}_u^{(0)}\parallel\cdots\parallel\boldsymbol{e}_u^{(L)},\ \boldsymbol{e}_i^*=\boldsymbol{e}_i^{(0)}\parallel\cdots\parallel\boldsymbol{e}_i^{(L)} \tag{7.16}$$

用户对物品的偏好预测为两个向量的点积：

$$\hat{y}_{ui}=\boldsymbol{e}_u^{*\text{T}}\boldsymbol{e}_i^* \tag{7.17}$$

推荐预测的损失函数也是成对优化误差：

$$L_{\text{CF}}=\sum_{(u,\ i,\ j)\in O}-\log\sigma\left(\hat{y}_{ui}-\hat{y}_{uj}\right) \tag{7.18}$$

式中，$O=\{(u,i,j)\mid(u,i)\in R^+,(u,j)\in R^-\}$ 表示训练集；R^+表示正样本；R^-表示负样本。KGAT的联合训练损失函数为：

$$L_{\text{KGAT}}=L_{\text{KG}}+L_{\text{CF}}+\lambda\|\theta\|_2^2 \tag{7.19}$$

其中，θ表示模型的参数集合。

7.2　图谱建模与物品推荐关联学习

随着神经网络模型的发展，许多方法扩展了基于相似度的神经网络，并引入了更有效的机制来自动提取用户和物品的潜在特征以进行推荐。但是，这些方法仍然存在问题，例如数据稀疏问题和冷启动问题。如何解决这些问题？我们可以引入各种辅助信息，例如引入上下文信息、关系数据和知识图谱。引入上下文信息的一个优点是提高推荐结果的解释能力，以便理解为什么推荐这个物品而不是其他物品。这对于推荐有效性、效率、说服力和用户满意度是非常重要的。在辅助信息中，知识图谱由于定义了明确的结构、隐含充足的信息，在推荐方面展示出巨大潜力。但在知识图谱中引入实体概念来处理对齐的稀疏性问题，仍然没有考虑实体关系在从知识图谱转移知识中的重要性。

基于翻译的推荐方法的灵感来自知识图谱的表征学习。它假设物品的选择满足在潜在向量空间的平移关系，其中关系要么被视为与顺序推荐中的用户相关，要么通过基于记忆的注意力网络隐式建模。因此，我们可考虑将用户偏好建模为平移关系时的 N 对 N 问题来改进这类方法，通过从知识图谱转移实体及其关系的知识来进一步提升推荐结果的可解释性。

在实际工作中，我们经常遇到一些不完整的知识图谱。那么，如何将这些不完整的知识图谱应用到推荐系统中？解决这类问题的核心是将推荐系统和知识图谱进行联合学习。比如，在一个电影和导演的关系知识图谱中，即使一个用户点击了很多这个导演的电影，在这个知识图谱中还是没有办法推荐出关系缺失的电影。在推荐系统中，用户和物品之间的交互行为对于补全知识图谱能起到辅助作用。下面选择两个比较有代表性的模型，具体讲讲知识图谱和推荐系统是如何进行联合学习的。

7.2.1　KTUP 模型

前文已经详细介绍了用户的兴趣在知识图谱中是如何传播的。然而，知识图谱中包含的数据往往是不完整的，许多三元组信息是缺失的。因此，2019 年，Yixin Cao 等提出了一种名为 TransH 的算法，它可以联合训练用户 – 物品预测模块和知识图谱补全模块。这种算法是一种基于翻译的用户偏好（Translation-based User Preference，TUP）算法、与知识图谱无缝集成的算法。Yixin Cao 等人给它起了一个新的名字，叫作知识增强的基于翻译的用户偏好（Knowledge-enhanced Translation-based User Preference，KTUP）算法。

在第 3 章中，TransH 算法已经被详细讲解过，本节不再做具体讲解。下面给出 KTUP 模型结构，如图 7-5 所示。

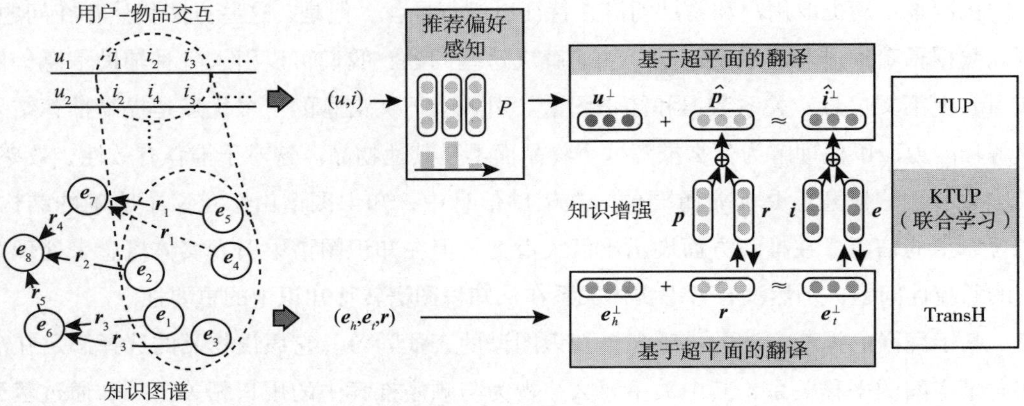

图 7-5 KTUP 模型结构示意图

在图 7-5 中，KTUP 将与用户 – 物品的关系用 TransH 算法建模。假设用户与物品交互是出于某种偏好类型 p（$p \in P$是一系列预先设定好的用户偏好种类），并对观察到的用户 u 和物品 i 的交互进行记录，有$u+p \approx i$。因此，相比普通的只需建模用户 – 物品二元关系的推荐模型，KTUP 额外需要一个偏好关系推断模块，且有两种实现策略：软策略和硬策略。在硬策略中，假设用户只会因为某一种偏好因素做决策，此时可以采用 Straight-Through（ST）Gumbel Softmax 算法，使得离散采样操作能有连续可导的梯度提供端到端的训练。给定一个用户 – 物品对（u,i），决策因素为偏好类型 p，p 的得分为 $\varphi(u,i,p)=\text{dot\_product}\left(\text{Similarity}(u+i,p)\right)$，其中，偏好类型 p 的选择概率计算为：

$$\varphi(p)=\frac{\exp（\log\pi_p）}{\sum_{j=1}^{P}\exp\left(\log（\pi_j）\right)} \tag{7.20}$$

在软策略中，用户可能有各种原因喜欢一个物品，这些原因没有明显的界限。软策略不是选择最突出的偏好，而是通过注意力网络组合多个偏好，形式化表示为

$$p=\sum_{p'\in P}a_{p'}p' \tag{7.21}$$

其中，$a_{p'} \propto \varphi\left(u,i,p'\right)$，$a_{p'}$是偏好$p'$的注意力权重，它与相似度得分成正比。KTUP 模仿

TransH 的做法，以用户和物品的关系建模：

$$g(\boldsymbol{u},\boldsymbol{i};\boldsymbol{p}) = \boldsymbol{u}^{\perp} + \boldsymbol{p} - \boldsymbol{i}^{\perp} \tag{7.22}$$

同理，$\boldsymbol{u}^{\perp}$和$\boldsymbol{i}^{\perp}$是偏好 p 在投影平面上的向量：

$$\boldsymbol{u}^{\perp} = \boldsymbol{w}_p^{\mathrm{T}}\boldsymbol{u}\boldsymbol{w}_p, \boldsymbol{i}^{\perp} = \boldsymbol{i} - \boldsymbol{w}_p^{\mathrm{T}}\boldsymbol{u}\boldsymbol{w}_p \tag{7.23}$$

对于硬策略，$\boldsymbol{w}_p$ 是偏好因素 p 对应的投影向量；对于软策略，投影向量也是通过组合得到的：

$$\boldsymbol{w}_p = \sum_{p'\in P} a_{p'}\boldsymbol{w}_{p'} \tag{7.24}$$

KTUP 采用联合训练的方式同时优化用户 – 物品的推荐模块和知识图谱补全模块。为了建立两个模块的关系，我们需要对齐物品 i、实体 t、偏好因素 p 和关系类型 r 的嵌入表示。具体地，推荐模块更新为：

$$g(\boldsymbol{u},\boldsymbol{i};\boldsymbol{p}) = \boldsymbol{u}^{\perp} + \hat{\boldsymbol{p}} - \hat{\boldsymbol{i}}^{\perp} \tag{7.25}$$

$$\hat{\boldsymbol{i}}^{\perp} = \hat{\boldsymbol{i}} - \boldsymbol{w}_p^{\mathrm{T}}\hat{\boldsymbol{i}}\boldsymbol{w}_p \tag{7.26}$$

$$\hat{\boldsymbol{i}} = \boldsymbol{i} + \boldsymbol{e}, (\boldsymbol{i},\boldsymbol{e}) \in A \tag{7.27}$$

式中，A是已知的物品和实体一一对应集合。同时，知识图谱的关系与用户偏好的一一对应为$R \to P$，更新过的偏好向量：

$$\hat{\boldsymbol{p}} = \boldsymbol{p} + \boldsymbol{r}, \hat{\boldsymbol{w}}_p = \boldsymbol{w}_p + \boldsymbol{w}_r \tag{7.28}$$

推荐模块的损失函数：

$$L_p = \sum_{(u,i)\in y}\sum_{(u,i')\in y^-} -\log\sigma\left[g(\boldsymbol{u},\boldsymbol{i}';\boldsymbol{p}') - g(\boldsymbol{u},\boldsymbol{i};\boldsymbol{p})\right] \tag{7.29}$$

最终的损失函数同时考虑了知识图谱补全误差和推荐预测误差：

$$L = \lambda L_p + (1-\lambda)\ L_k \tag{7.30}$$

式中，L_p 是推荐预测误差，L_k 是知识图谱补全误差。

7.2.2　MKR 模型

MKR 模型的提出还是要解决在推荐系统中协同过滤经常遇到的数据稀疏和冷启动问

题。它是一种用于知识图增强推荐的多任务特征学习方法。MKR 是一个深度端到端框架，利用知识图谱嵌入任务来辅助推荐。众多用户在不同物品之间的协同行为暗示这些物品背后存在强关联关系，可以作为辅助知识嵌入的依据。同时，知识图谱带来的丰富物品之间的关系可以很好地缓解协同过滤中的数据稀疏问题，帮助提升推荐的准确性。这两个任务虽然关联性很强，但仍存在在端到端联合训练框架中权衡两个任务之间的信息共享和差异化以使结果最优的问题。MKR 是推荐系统和多任务特征学习的几种代表方法中的通用模型。经实验证明，MKR 在实际数据集上取得了不错的成绩。MKR 也被证明能够保持良好的性能，即使用户 - 物品交互稀疏，它完全可以作为一个基线模型。MKR 模型结构如图 7-6 所示。

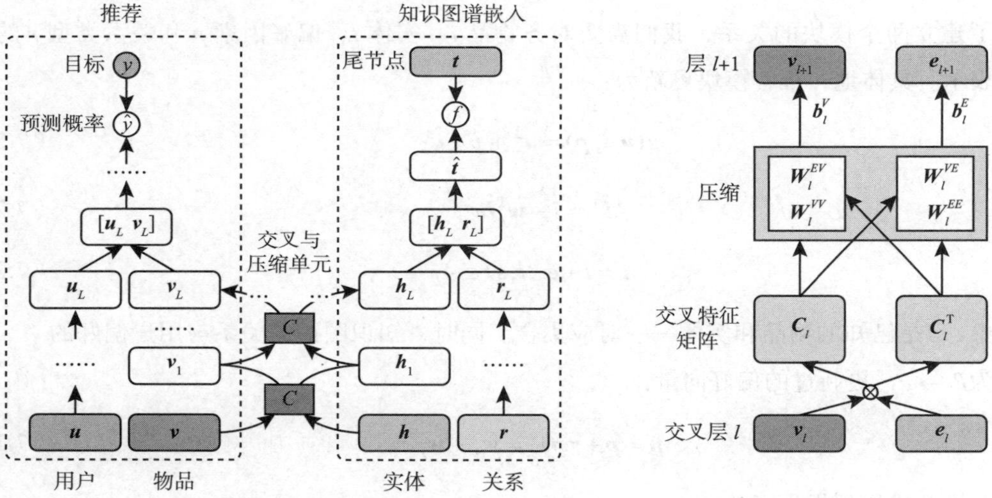

a）MKR框架　　b）交叉与压缩单元

图 7-6　MKR 模型结构

在 MKR 模型中核心组件是交叉与压缩单元。它能够显式地建模物品和实体的高阶交互关系，自动控制两个任务之间的信息共享和交互程度。从图 7-6a 可以看到，整个网络包含 3 个模块：推荐模块、知识图谱嵌入模块、交叉与压缩单元。其中，前两个模块通过交叉与压缩单元桥接在一起。设在第l层中，物品及其对应的实体的嵌入表示为 $\boldsymbol{v}_l \in R^d$ 和 $\boldsymbol{e}_l \in R^d$，那么 $\boldsymbol{C}_l$ 是第l层 $d \times d$ 阶交叉特征矩阵，d 是隐藏层的维数。

$$C_l = v_l e_l^{\mathrm{T}} = \begin{bmatrix} v_l^{(1)} e_l^{(1)} & \cdots & v_l^{(1)} e_l^{(d)} \\ \vdots & & \vdots \\ v_l^{(d)} e_l^{(1)} & \cdots & v_l^{(d)} e_l^{(d)} \end{bmatrix} \tag{7.31}$$

其中，$\boldsymbol{C}_l$ 是物品向量和实体向量在第 l 层网络中的交互结果。需要将交互矩阵压缩成两个向量，分别代表物品向量和实体向量经过第 l 层网络的输出，同时作为第 $l+1$ 层的网络输入：

$$\boldsymbol{v}_{l+1} = \boldsymbol{C}_l \boldsymbol{w}_l^{VV} + \boldsymbol{C}_l^{\mathrm{T}} \boldsymbol{w}_l^{EV} + \boldsymbol{b}_l^{V} = \boldsymbol{v}_l \boldsymbol{e}_l^{\mathrm{T}} \boldsymbol{w}_l^{VV} + \boldsymbol{e}_l \boldsymbol{v}_l^{\mathrm{T}} \boldsymbol{w}_l^{EV} + \boldsymbol{b}_l^{V} \tag{7.32}$$

$$\boldsymbol{e}_{l+1} = \boldsymbol{C}_l \boldsymbol{w}_l^{VE} + \boldsymbol{C}_l^{\mathrm{T}} \boldsymbol{w}_l^{EE} + \boldsymbol{b}_l^{E} = \boldsymbol{v}_l \boldsymbol{e}_l^{\mathrm{T}} \boldsymbol{w}_l^{VE} + \boldsymbol{e}_l \boldsymbol{v}_l^{\mathrm{T}} \boldsymbol{w}_l^{EE} + \boldsymbol{b}_l^{E} \tag{7.33}$$

式中，$\boldsymbol{w}_l^* \in R^d$ 和 $\boldsymbol{b}_l^* \in R^d$ 是可训练的压缩单元的参数，它们旨在将 $R^{d\times d}$ 的 $\boldsymbol{C}_l$ 矩阵压缩成 R^d 的向量。各层压缩单元的参数是不同的。通过 L 层的交互和变换，模型可捕捉不同程度的任务间共享信息。比如，低层网络需要学习较为通用、泛化的知识，这部分知识在不同的任务间共享的程度较大；高层网络需要逐渐为不同的任务提取特定的知识表达，因此在高层网络中，不同任务间的知识共享程度就相对少一些。为了简化表达，令 $C(\boldsymbol{v}_l,\ \boldsymbol{e}_l)$ 表示一次交互与压缩操作。

在图 7-6a 的推荐模块中，输入为用户向量 $\boldsymbol{u}$ 和物品向量 $\boldsymbol{v}$，它们既可以是 ID 的独热编码，也可以是属性特征，根据不同的数据集情况而定。用户向量 $\boldsymbol{u}$ 会经过 L 层 MLP 变换，转换为稠密向量表示：

$$\boldsymbol{u}_L = \boldsymbol{M}^L(\boldsymbol{u}) \tag{7.34}$$

在式（7.34）中，$\boldsymbol{M} = \sigma(\boldsymbol{W}\boldsymbol{x} + \boldsymbol{b})$。

物品向量 $\boldsymbol{v}$ 会和它所关联的实体集合 $S(\boldsymbol{v})$ 经过 L 层的交互与压缩单元提取隐向量：

$$\boldsymbol{v}_L = \mathrm{E}_{e\sim S(v)}\left[\boldsymbol{C}^L(\boldsymbol{v},\boldsymbol{e})[\boldsymbol{v}]\right] \tag{7.35}$$

在拥有用户 u 的潜在特征 $\boldsymbol{u}_L$ 和物品 v 的潜在特征 $\boldsymbol{v}_L$ 之后，通过预测函数 f_{RS} 将从这两个路径得到的特征组合起来，经过 H 层 MLP 变换得到预测值：

$$\hat{y}_{uv} = \sigma\left(f_{\mathrm{RS}}(\boldsymbol{u}_L, \boldsymbol{v}_L)\right) \tag{7.36}$$

类似地，在知识图谱嵌入模块中也可以用类似的方法得到头实体 h 和关系 r 经过 L 层 MLP 变换后的隐向量：

$$\boldsymbol{h}_L = \mathrm{E}_{e\sim S(\boldsymbol{h})}\left[\boldsymbol{C}^L(\boldsymbol{v},\boldsymbol{h})[\boldsymbol{h}]\right] \tag{7.37}$$

$$\boldsymbol{r}_L = \mathrm{MLP}^L(\boldsymbol{r}) \tag{7.38}$$

然后，将 $\boldsymbol{h}_L$ 和 $\boldsymbol{r}_L$ 拼接起来，送入一个 K 层的 MLP 网络，最后得到预测表示：

$$\hat{t} = \mathrm{MLP}^K\left(\left[\boldsymbol{h}_L, \boldsymbol{r}_L\right]\right) \tag{7.39}$$

知识图谱三元组（h,r,t）成立的预测值为尾实体的预测向量和自身向量的相似度，可以按照以下公式进行计算：

$$\mathrm{score}\ (h,r,t) = f_{\mathrm{KG}}(\hat{t},t) \tag{7.40}$$

7.3 物品增强学习

推荐系统最初是为了解决互联网信息过载问题，给用户推荐与之相关、感兴趣的内容。对于新闻推荐领域，有 3 个突出问题需要解决。首先，新闻具有高度的时间敏感性，它们会在短时间内失效。过时的新闻经常会被较新的新闻所取代，导致传统的基于 ID 的协同过滤算法失效。其次，用户在阅读新闻时是带有明显的倾向性的，一般一个用户阅读过的文章会属于某些特定的主题，如何利用阅读历史记录去预测用户对候选文章的兴趣是新闻推荐系统的关键。再次，新闻文章的语言都是高度浓缩的，包含大量知识实体与常识。用户极有可能选择阅读与看过的文章紧密关联的文章。以往的模型只停留在衡量新闻的语义和词共现层面的关联上，很难考虑隐藏的知识层面的联系。为了解决这些问题，研究人员提出了深度知识感知网络（DKN）以及在深度知识感知网络上的拓展模型。

7.3.1 DKN 模型

HongWei Wang 等人提出了 DKN 模型。该模型借助知识图谱，将实体信息融入自然语言表示模型，生成更好的文档表示，提高了推荐的准确度。DKN 是一种基于内容的点击率预测模型，它将一条候选新闻和一个用户的点击历史作为输入，并输出用户点击该新闻的概率。具体来说，对于一条输入新闻，首先通过将新闻内容中的每个词与知识图谱中的相关实体关联来扩展信息内容。与此同时，DKN 还搜索并使用每个实体的上下文实体集（即知识图中的直接邻居）来提供更多互补和可区分的信息。

DKN 模型设计了一个关键组件，即知识感知卷积神经网络（Knowledge-aware CNN，KCNN）。KCNN 的作用是融合新闻的词级和知识级表示并生成知识感知嵌入向量。KCNN 的特点如下：多通道，它将新闻的词嵌入、实体嵌入和上下文实体嵌入视为多个堆叠通道，就像彩色图像一样；词实体对齐，它在多个通道中对齐一个词和它的关联实体，并应用一个转换函数来消除词嵌入和实体嵌入空间的异质性。对 KCNN 优越性的直观理解是，它保持了一个词多个表示的对齐，并显式地桥接了不同的嵌入空间。我们可以使用 KCNN 获得每条新闻的知识感知表示向量。为了获得用户对当前候选新闻的动态表示，KCNN 还使用注意力模块自动将候选新闻与每条点击新闻进行匹配，并以不同的权重聚合用户的历史记录。用户的嵌入和候选新闻的嵌入最终由 DNN 处理，以进行 CTR 预测。

DKN 模型结构示意图如图 7-7 所示。

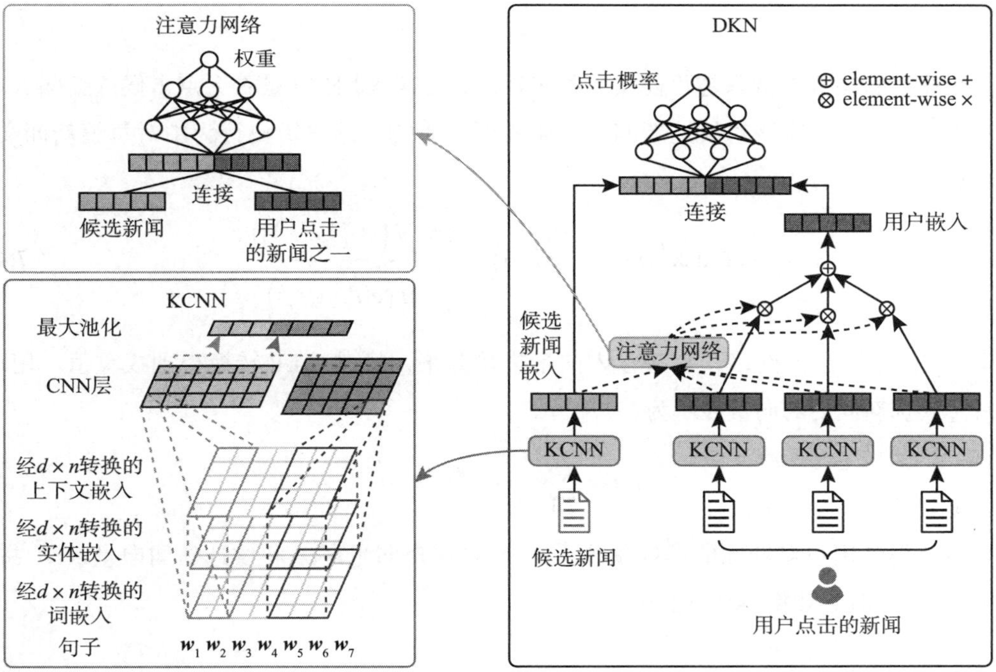

图 7-7　DKN 模型结构示意图

在 DKN 模型中，其核心模块是 KCNN。它使用 Kim CNN 将新闻标题中单词的嵌入表示、对应实体的嵌入表示以及实体的一阶邻居嵌入表示对齐，形成一个 3 维通道的 $d \times n$的输入数据（其中，d 表示嵌入维度，n 表示构题中的单词数量）。其中，实体的原始嵌入表示由一个独立的知识图谱嵌入模型（例如前文介绍的 TransE 或 TransH 模型）训练得到，因此知识图谱嵌入学习过程和推荐模型学习过程不是一个端到端统一的过程。DKN 在原始实体嵌入表示之上采用了一层非线性投影层，旨在将实体的表示投影到单词表示空间，具体实现如下：

$$g(\boldsymbol{e}) = \tanh(\boldsymbol{Me} + \boldsymbol{h}) \tag{7.41}$$

最后，得到新闻文档 t 的向量嵌入表示$\boldsymbol{e}(t)$ 。

假设用户端，用户 i 的历史点击行为记作 $\{t_1^i, t_2^i, \cdots, t_{N_i}^i\}$，那么用户点击新闻的嵌入可以写为 $\boldsymbol{e}(t_1^i), \boldsymbol{e}(t_2^i), \cdots, \boldsymbol{e}(t_{N_i}^i)$，为了表示当前候选新闻 t_j 的用户 i，可以简单地对他点击的新闻标题的所有嵌入进行平均：

$$\boldsymbol{e}(i) = \frac{1}{N_i}\sum_{k=1}^{N_i}\boldsymbol{e}(t_k^i) \tag{7.42}$$

用户对新闻标题的兴趣可能是多种多样的，在考虑用户 i 是否会点击候选新闻 t_j 时，用户 i 的点击物品应该对候选新闻 t_j 产生不同的影响。用户历史行为中对每篇新闻文章的注意力权重计算为：

$$s_{t_k^i, t_j} = \text{softmax}\left(H\left(\boldsymbol{e}(t_k^i), \boldsymbol{e}(t_j)\right)\right) = \frac{\exp\left(H\left(\boldsymbol{e}(t_k^i), \boldsymbol{e}(t_j)\right)\right)}{\sum_{k=1}^{N_i} H\left(\boldsymbol{e}(t_k^i), \boldsymbol{e}(t_j)\right)} \tag{7.43}$$

式中，$H(\cdot)$是注意力网络，它将输入向量拼接起来，经过 MLP 转换得到权重值。用户 i 相对于候选新闻 t_j 的向量表示为：

$$\boldsymbol{e}(i) = \sum_{k=1}^{N_i} s_{t_k^i, t_j}\boldsymbol{e}(t_k^i) \tag{7.44}$$

为了得到用户对新闻的偏好预测，DKN 将用户向量$\boldsymbol{e}(i)$ 和候选新闻向量$\boldsymbol{e}(t_j)$ 拼接起来，经过 MLP 转换得到预测值。

7.3.2 KRED 模型

在 DKN 讲解过程中，我们介绍 DKN 有一个核心模块是 KCNN。KCNN 模块采用卷积神经网络，将对齐的单词和实体作为输入，提取文档的隐向量。然而，这种方法有两个缺点：一是计算复杂度太高；二是扩展性低。

Danyang Liu 等人提出了 KRED 模型，使用知识图谱来增强任意文档的表示。KRED 模型首先通过在知识图谱聚合邻域的信息来丰富实体的嵌入，然后应用上下文嵌入层来注释不同实体的动态上下文，例如频率、类别和位置，最后信息蒸馏层在原始文档表示的指导下聚合实体嵌入，并将文档向量转换为新的文档向量。

KRED 模型能够以高效、简洁的形式注入知识表示。文本表示增强模块主要包括 3 层：实体表示层、上下文嵌入层和信息蒸馏层，如图 7-8 所示。

在图 7-8 中，KRED 模型的实体表示采用了 KGAT，对于 KGAT 的学习可以参考 7.1.2 部分的讲解。KRED 采用 KGAT 将实体的一阶邻居通过注意力机制聚合，通过这种方式增强了自身的表示。

$$\boldsymbol{e}_{N_h} = \text{ReLU}\left(\boldsymbol{W}_0(\boldsymbol{e}_h \oplus \sum_{(h,r,t)\in N_h} \pi(h,r,t)\ \boldsymbol{e}_t)\right) \tag{7.45}$$

其中，$\oplus$ 表示向量连接，$\boldsymbol{e}_h$ 和 $\boldsymbol{e}_t$ 是从 TransE 学习的实体向量。$\pi(h,r,t)$ 是注意力权重，控制邻居节点需要向当前实体传播多少信息，通过两层全连接神经网络计算：

$$\pi_0(h,r,t) = \boldsymbol{w}_2\text{ReLU}\left(\boldsymbol{W}_1(\boldsymbol{e}_h \oplus \boldsymbol{e}_r \oplus \boldsymbol{e}_t) + \boldsymbol{b}_1\right) \tag{7.46}$$

$$\pi(h,\ r,\ t) = \frac{\exp\left(\pi_0(h,r,t)\right)}{\sum_{(h,r',t')\in N_h} \exp\left(\pi_0(h,r',t')\right)} \tag{7.47}$$

上下文嵌入层的任务是将文档中出现的实体表示出来。观察可知，一个实体可能以各种方式出现在不同的文档中，例如位置和频率。动态上下文严重影响文档中实体的重要性和相关性。因此，KRED 设计了 3 种上下文嵌入特征来编码动态上下文，分别是位置、频率和类别。位置表示实体是否出现在标题或正文中。在许多情况下，新闻标题中的实体比仅出现在新闻正文中的实体更重要。频率可以在一定程度上说明实体的重要性。明确揭示实体类别有助于模型更轻松、更准确地理解内容。因此，我们可以叠加上述 3 种类型的嵌入信息来编码动态上下文：

$$\boldsymbol{e}_{I_h} = \boldsymbol{e}_{N_h} + \boldsymbol{C}_{ph}^{(1)} + \boldsymbol{C}_{fh}^{(2)} + \boldsymbol{C}_{th}^{(3)} \tag{7.48}$$

式中，$\boldsymbol{C}_{ph}^{(1)}$ 表示位置偏差向量，$\boldsymbol{C}_{fh}^{(2)}$ 表示频率向量，$\boldsymbol{C}_{th}^{(3)}$ 表示列表向量，+ 表示向量的逐

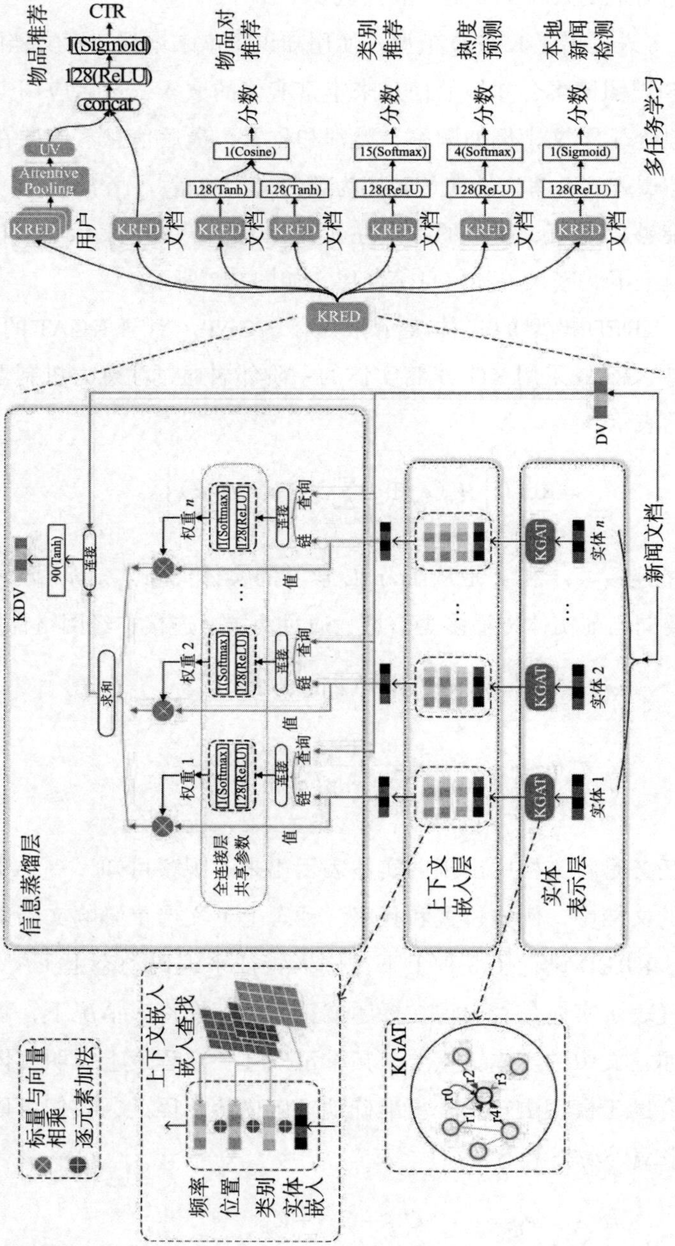

图 7-8 KRED 模型示意图

元素相加。

信息蒸馏层则是把众多实体信息聚合成一个向量 $\boldsymbol{e}_{O_h}$。一个实体的重要性不仅由其自身的信息决定，还受到文章中其他实体和主题的影响。例如，假设有两篇与 A 城市有关的新闻文章。第一篇报道了一位著名的音乐明星将在 A 城市举办音乐会，第二篇报道了 A 城市发生了强烈地震。显然，关键实体在前文是名人，在后文是地点。这里可以将文档初始的表示向量 $\boldsymbol{v}_d$ 作为查询向量，计算每个实体与该文档相关程度作为注意力权重并进行加权融合。

$$\pi_0(h,v)=\boldsymbol{w}_2\mathrm{ReLU}\left(\boldsymbol{W}_1(\boldsymbol{e}_{I_h}\oplus\boldsymbol{v}_d)+\boldsymbol{b}_1\right)+\boldsymbol{b}_2 \tag{7.49}$$

$$\pi(h,v)=\frac{\exp\left(\pi_0(h,v)\right)}{\sum_{t\in E_v}\exp\left(\pi_0(h,v)\right)} \tag{7.50}$$

$$\boldsymbol{e}_{O_h}=\sum_{h\in E_v}\pi(h,v)\ \boldsymbol{e}_{I_h} \tag{7.51}$$

在这三个式子中，E_v表示文档 v 的实体集。然后将实体向量 $\boldsymbol{e}_{O_h}$ 和原始文档向量 $\boldsymbol{v}_d$ 拼接起来并通过一个全连接前馈网络，形式化表示为：

$$\boldsymbol{v}_k=\tanh\left(\boldsymbol{W}_3(\boldsymbol{e}_{O_h}+\boldsymbol{v}_d)+\boldsymbol{b}_3\right) \tag{7.52}$$

$\boldsymbol{v}_k$ 是知识感知文档向量。有趣的是，KRED 并没有使用自注意力编码器或多头注意力机制，因为通过实验观察到这种替换没有给结果带来本质的提升，反而添加了不必要的计算代价。

在工业级推荐系统中，除了个性化物品推荐之外，还有一些其他重要任务，例如，物品到物品的推荐、新闻流行度预测、新闻类别分类和本地新闻检测等。因此，KRED 采用了一种多任务学习机制，通过训练一个统一的文档知识增强模型来完成不同的任务。这样不仅省去了为每个任务单独训练模型的麻烦，还能利用不同的任务数据。

7.4　增强可解释性

知识图谱为推荐系统提供了丰富的数据。此外，知识图谱本身包含了结构化的三元组信息，这些信息能够为推荐结果提供解释。将用户 – 物品交互的二分图与知识图谱合并，可以形成协同知识图。在新的图结构上，通过连接用户和物品的路径来推荐备选项。

这种连接不仅揭示了实体和关系的语义，而且有助于了解用户的兴趣。

7.4.1 KPRN 模型

基于知识图谱的推荐系统，我们可以通过用户和物品之间的连接来表示语义关系，进而了解用户的兴趣。但是，现有的研究还没有完全探索清楚如何利用这种连通性来推断用户的偏好。Xing Wang 等人提出了知识感知路径递归网络（KPRN）模型。该模型对协同知识图上的路径进行建模，并找出高质量路径作为推荐理由。

首先定义一下 KPRN 模型要解决的问题。知识图谱是一个有向图$G=\{(h,r,t)\mid h,t\in E,\ r\in R\}$，其中每个三元组$(h,r,t)$表示从头实体$h$到尾实体$t$的关系为$r$。用户-物品交互数据可以用二分图表示，其中，$U=\{u_t\}_{t=1}^{M}$和$I=\{i_t\}_{t=1}^{N}$分别表示用户集和物品集，$M$和$N$表示用户和物品的数量。在协同知识图上的连接$u$和$i$的所有路径$P(u,i)=\{p_1,p_2,\cdots,p_k\}$，预估用户$u$喜欢物品$i$的概率$\hat{y}_{ui}=f_\theta\left(u,i\mid P(u,i)\right)$。不同于其他基于嵌入表示的推荐模型，$f_\theta(\cdot)$不仅能给出打分，而且能基于$P(u,i)$筛选出推荐理由。KPRN 模型主要包含 3 部分：嵌入层、LSTM 层和池化层，如图 7-9 所示。

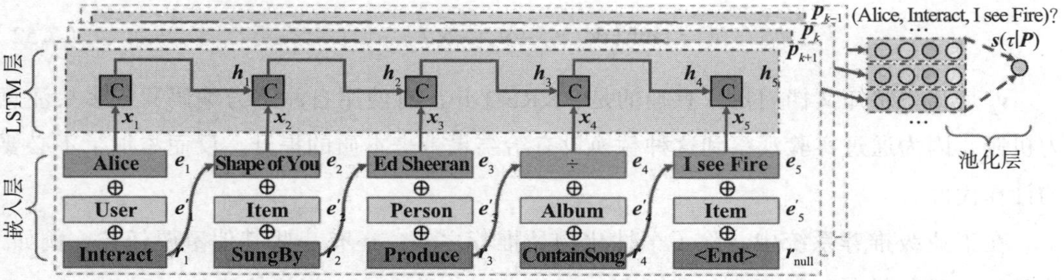

图 7-9 KPRN 模型示意图

嵌入层负责把实体、实体类别和关系的 ID 投影到统一的隐状态空间。在现实世界中，由于连接它们的关系不同，相同的实体对可能具有不同的语义。这种差异可能会揭示用户选择该物品的不同意图。例如，让（Ed Sheeran，IsSingerOf，Shape of You）和（Ed Sheeran，IsSongwriterOf，Shape of You）成为引用用户偏好的两条路径中的三元组。在不指定关系的情况下，这些路径将表示为相同的嵌入，而不管用户是否只喜欢 Ed Sheeran 演唱的歌曲。因此，我们认为将关系的语义明确纳入路径表示学习非常重要。最后，我们得到了路径p_k的一组嵌入表示$[\boldsymbol{e}_1,\boldsymbol{r}_1,\boldsymbol{e}_2,\cdots,\boldsymbol{r}_{L-1},\boldsymbol{e}_L]$，其中每个元素表示一个实体或关系。

得到 p_k 后，用 LSTM 模型处理这个序列，便得到这条路径的嵌入表示。随后，用一个两层的 MLP 得到基于这条路径的偏好预测分：

$$s(\tau \mid p_k) = \boldsymbol{W}_2^{\mathrm{T}} \mathrm{ReLU}(\boldsymbol{W}_1^{\mathrm{T}} p_k + \boldsymbol{b}_1) + \boldsymbol{b}_2 \tag{7.53}$$

其中，$\boldsymbol{W}_1$和$\boldsymbol{W}_2$分别为第一层和第二层的系数权重，并采用 ReLU 作为激活函数。

对于 $P(u,i)$ 中的每条路径 p_k，得到一个路径分 $s_k = s(\tau \mid p_k)$。最终预测可以是所有路径得分的平均值：

$$\hat{y}_{ui} = \sigma\left(\frac{1}{K}\sum_{k=1}^{K} s_k\right) \tag{7.54}$$

为了区分不同路径对预测 $\hat{y}_{ui}$ 的重要程度，KPRN 引入一个池化层：

$$g(s_1, s_2, \cdots, s_K) = \log\left(\sum_{k=1}^{K} \mathrm{Softmax}\left(\frac{s_k}{\gamma}\right)\right) \tag{7.55}$$

最终模型的预测结果为

$$\hat{y}_{ui} = \sigma(g(s_1,\ s_2,\ \cdots,\ s_K)) \tag{7.56}$$

在式（7.55）中，γ是控制每个指数权重的超参数。因为 KPRN 模型会对每条路径 p_k 给出打分s_k，所以，按照分数从高到低排序，就可以得到高分路径，并且可以作为模型推荐的理由。

7.4.2 PGPR 模型

通过介绍 KPRN 模型，我们了解到知识图谱在推荐系统中的一个重要作用是增强推荐结果的可解释性。对于推荐系统和人工智能的其他方向来说，可解释性一直是一个比较前沿的话题。但是，人工智能的可解释性并没有一个明确的定义。直到 2020 年，Freddy Lecue 在博士论文中系统地整理了关于知识图谱在可解释性方面的一些概述工作。关于知识图谱提供推荐结果解释有两种方法：一种是基于路径，比如 KPRN ；另一种是基于嵌入，比如 Query2Box。两种方法的区别在于基于路径的方法解释直观，结构简单，适合推荐系统，缺点是效率低，不支持复杂逻辑推理；但是基于嵌入的方法可用于更高级的逻辑推理，准确率较高，但解释性不如基于路径的方法，而且实现起来相对复杂。这里再举一个基于路径为推荐系统增强可解释性的例子：PGPR 方法。PGPR 方法是一种基于强化学习的解决方案，也是将知识图谱、强化学习和推荐系统融合的经典模型。

PGPR 模型的全名是 Policy Guided Path Reasoning，被 Yikun Xian 等人首次形式化地描述。在 KPRN 模型中，路径的数量会随着路径的长度呈指数级增长。当知识图谱比较大时，KPRN 模型就力不从心了。为了进一步提高推荐性能，在大规模知识图谱中完全探索每个用户 – 物品对的所有路径是不切实际的。如何在协同知识图谱上有效地进行路径寻找成为需要考虑的问题。研究人员探索了知识图谱推理在个性化推荐中的应用。有的研究侧重于使用知识图谱嵌入模型（比如 TransE、Node2Vec 等）进行推荐，但是，这些模型存在一些问题，前文已经讲过，这里不再做重点讲解。Yikun Xian 等人认为智能推荐代理应该能够对知识图谱进行显式推理并做出决策，而不是仅仅将知识图谱作为潜在向量嵌入进行相似性匹配。这个思路的转变非常关键。因此，PGPR 模型将知识图谱视为一种通用结构，用于维护代理人的知识。这样就可以将推荐问题转化为知识图谱上的确定性马尔可夫决策过程（MDP）。强化学习作为一种解决在知识图谱上做路径选择问题的框架被引入。但是，这也带来了 3 个挑战。首先，评估推荐物品的正确性不是一件容易的事情，因此需要考虑终止条件和奖励。传统的基于二分类的奖励函数不适用，需要结合历史行为和附属信息，从抵达物品与用户相关度的角度来设计奖励函数。其次，有些实体的邻居数量非常多，搜索空间可能非常大，需要进行有效的探索并在图中找到有希望的推理路径，因此需要找到有效的以奖励函数为激励的裁剪可行路径，以保证在满足推荐性能的同时尽量缩小动作空间。最后，为同一个用户推荐 N 个物品，需要满足多样性要求，不能总是基于相似的路径推荐内容相似的物品，即必须保持物品和路径的多样性，以避免陷入物品的有限区域。为了实现这一目标，PGPR 还引入了一种引导搜索算法策略，在推理阶段对推荐的推理路径进行采样，有效地解决了推荐解释的多样性问题。PGPR 模型示意图如图 7-10 所示。

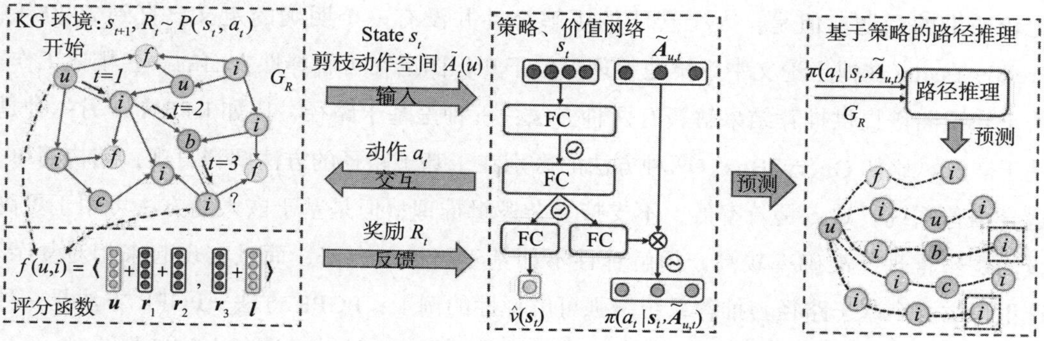

图 7-10 PGPR 模型示意图

因为 PGPR 是一种基于强化学习的解决方案，所以从强化学习的 4 个组成要素（状态、动作、奖励和转移概率）谈起。

设给定一个知识图谱 g，实体集是 E，关系集是 R，那么 $g=\{(e,r,e')\mid e,e'\in E,r\in R\}$，其中，每个三元组 (e,r,e') 表示从头部实体 e 到尾部实体 e'，它们的关系为 r。在这个图上 k 跳路径指从实体 e_0 到实体 e_k，可以定义为由 k 个关系连接的 k+1 个实体序列，如 $p_k(e_0,e_k)=\left\{e_0\overset{r_1}{\leftrightarrow}e_1\overset{r_2}{\leftrightarrow}\cdots\overset{r_k}{\leftrightarrow}e_k\right\}$。现在，可解释推荐的知识图谱推理（KGRE-Rec）问题可以形式化为：给定知识图谱 g_R、用户 $u\in U$、整数 K 和 N，目标是找到物品的推荐集 $\{i_n\}_{n\in[N]}\subseteq I$ 使得每对 (u,i_n) 与一条推理路径 $p_k(u,\ i_n)(2\leqslant k\leqslant K)$ 相关联，N 是推荐数量。

定义问题后，我们可以将 KGRE-Rec 问题形式化为马尔可夫决策过程。

- 状态：在 t 时刻的状态，s_t 定义为一个三元组 (u,e_t,h_t)，其中 u 表示给定用户节点，e_t 是 t 时刻抵达的实体节点，h_t 是 t 时刻前的访问历史，将 k 步历史定义为过去 k 步中所有实体和关系的组合，即 $\{e_{t-k},r_{t-k+1},\cdots,e_{t-1},r_t\}$。初始状态为 $s_0=(u,u,\varnothing)$，给定固定的时间范围 T，最终的状态为 $s_T=(u,e_T,h_T)$。
- 动作：针对状态 s_t 的动作空间为所有从 e_t 节点出发的关系，不包括历史实体和关系 $A_t=\{(r,e)\mid(e_t,r,e)\in G,e\notin\{e_0,\cdots,e_{t-1}\}\}$。考虑到长尾分布情况，这里引入一个评分函数 $f((r,\ e)|u)$，来评估每条边（r，e）对用户 u 的影响。

$$\tilde{A}_t(u)=\left\{(r,e)\middle|\operatorname{rank}(f((r,e)|u))\leqslant\alpha,(r,e)\in A_t\right\} \tag{7.57}$$

其中，α 是预定义的整数，是动作空间大小的上限。

- 奖励：给定任何用户，在 KGRE-Rec 问题中没有预先知道的目标物品，因此考虑指示代理是否已达到目标的二元奖励是不可行的。相反，鼓励代理人探索尽可能多的“好”路径。直觉上，在推荐的上下文中，一个“好”路径表示向用户推荐与之交互过的相关物品的可能性很高。为此，可以定义一个奖励函数，仅对终止状态 $s_T=(u,e_T,h_T)$ 分配一个由函数 $f(u,i)$ 决定的奖励值：

$$R_T=\begin{cases}\max\left(0,\dfrac{f(u,e_T)}{\max\limits_{i\in I}f(u,i)}\right) & \text{如果 } e_T\in I\\ 0 & \text{否则}\end{cases} \tag{7.58}$$

- 转移概率：给定状态 $s_t=(u,e_t,h_t)$ 和选中的动作 $a_t=(r_{t+1},e_{t+1})$，转移到下一个状态

s_{t+1} 的概率：

$$P\left[s_{t+1}=\left(u,e_{t+1},h_{t+1}\right)\mid s_t=\left(u,e_t,h_t\right),a_t=\left(r_{t+1},e_{t+1}\right)\right]=1 \tag{7.59}$$

所以，基于马尔可夫决策过程的定义，PGPR 的学习目标是学习一个策略π。该策略的目标是使如下累积奖励值最大：

$$J(\theta)=\mathrm{E}_{\pi}\left[\sum_{t=0}^{T-1}\gamma^t R_{t+1}\mid s_0=(u,u,\varnothing)\right] \tag{7.60}$$

PGPR 设计了一个策略网络和一个价值网络，通过基线强化学习方法完成任务。策略网络 $\pi\left(\cdot\mid s,\tilde{\boldsymbol{A}}_u\right)$ 的输入是状态表示向量 s 和二值化的动作向量 $\tilde{\boldsymbol{A}}_u$，输出为该动作的概率。价值网络 $\tilde{v}(s)$ 可以基于状态表示向量得到一个预估的奖励值。两个网络的结构形式化表示如下：

$$x=\mathrm{Dropout}\left(\sigma\left(\mathrm{Dropout}\left(\sigma(s\boldsymbol{W}_1)\right)\boldsymbol{W}_2\right)\right) \tag{7.61}$$

$$\pi\left(\cdot\mid \boldsymbol{s},\tilde{\boldsymbol{A}}_u\right)=\mathrm{Softmax}\left(\tilde{\boldsymbol{A}}_u\odot(x\boldsymbol{W}_p)\right) \tag{7.62}$$

$$\tilde{\boldsymbol{v}}(s)=x\boldsymbol{W}_u \tag{7.63}$$

式中，$\odot$表示哈达玛积；σ是非线性激活函数，状态表示向量$\boldsymbol{s}$简单地通过拼接(u,e_t,h_t)对应的嵌入向量得到；动作向量$\tilde{\boldsymbol{A}}_u\in\{0,1\}^{d_A}$；$d_A$表示预设的阶段动作最大数量。模型的策略梯度为

$$\nabla_{\theta}J(\theta)=\mathrm{E}_{\pi}\left[\nabla_{\theta}\log\pi_{\theta}\left(\cdot\mid \boldsymbol{s},\tilde{\boldsymbol{A}}_u\right)\left(\boldsymbol{G}-\tilde{\boldsymbol{v}}(s)\right)\right] \tag{7.64}$$

式中，$\boldsymbol{G}$是从状态 s 到终止状态 s_T 的折扣累积奖励。

下面看一下评分函数$f\left((r,e)\mid u\right)$的求解方式。这里先定义一个 $\tilde{r}_{k,j}$，它表示在连通e_0和e_k的路径上，前j个关系是正向关系，后k–j个关系是逆向关系，即路径$\{e_0,r_1,\cdots,e_k,r_k\}$的实际构成为$e_0\xrightarrow{r_1}e_1\cdots\xrightarrow{r_j}e_j\xleftarrow{r_{j+1}}e_{j+1}\cdots\xleftarrow{r_k}e_k$，那么，评分函数为

$$f\left((e_0,e_k)\mid \tilde{r}_{k,j}\right)=\mathrm{dot\_produt}\left(e_0+\sum_{s=1}^{j}r_s,e_k+\sum_{s=j+1}^{k}r_s\right)+b_{e_k} \tag{7.65}$$

对于一个给定的用户 – 物品对(u,e)，令k_e表示符合$\tilde{r}_{k,j}$定义的最小的k值，那么评分函数为$f\left((r,e)\mid u\right)=f\left((u,e)\mid \tilde{r}_{k_e,j}\right)$，其作为奖励函数可得到用户和物品的相关度：$f(u,i)=f\left(u,i\mid \tilde{r}_{1,1}\right)$

为了学习得到有意义的实体和关系的嵌入表示，每个具有合理的k跳路径$\tilde{r}_{k,j}$的实体

对(e,e')有

$$P\left(e' \mid e,\tilde{r}_{k,\ j}\right)=\frac{\exp\left(f\left(e' \mid e,\tilde{r}_{k,\ j}\right)\right)}{\sum\limits_{e''\text{Neg\_sample}（\varepsilon）}\exp\left(f\left(e,e'' \mid \tilde{r}_{k,\ j}\right)\right)} \tag{7.66}$$

实体集规模巨大，所以采用负采样技术。

受策略网络指导的智能体会倾向于选择累积奖励最大的动作方向，所以可能会导致找出的路径十分相似。为了提高智能体产生的路径集合的多样性，PGPR 采用了集束搜索（Beam Search）方法探索潜在的推荐路径。在每个时刻 t，不是根据策略只采取一个动作，而是去选择概率最大的 K 个动作，最后只保留终止状态是物品节点的路径。

7.5　本章小结

本章主要讲解知识图谱和推荐系统的结合，结合表现在 4 个方面，每个方面通过两个例子给予具体的说明。在学习过程中，我们应该掌握每个模型独特的思维方式，而不是陷入整个模型的求解过程。

推荐系统可以基于知识图谱进行建模，将知识图谱作为数据源。这类模型可以参考 RippleNet 模型和 KGAT 模型。我们也可以将知识图谱与物品的推荐进行关联学习。这类模型可以参考 KTUP 模型和 MKR 模型。知识图谱对推荐系统的增强学习也很有作用，可以参考 DKN 模型和 KRED 模型。

最后，知识图谱对推荐结果的解释性也很重要，在这方面的研究也很多，比如 KPRN 模型等。

Chapter 8 第8章

推荐系统的热点问题和研究方向

我们生活在一个信息爆炸的时代。信息爆炸与人类个体有限的认知能力形成了尖锐的矛盾，这给人们在日常生活和工作中获取信息带来了困难。我们今天使用的信息检索系统已经取得了非常大的成功。以 Google 为代表的搜索引擎在服务用户的同时也获得了巨大的商业成功。推荐系统的核心是预测用户对物品的喜好程度。广告推送是推荐系统的一个典型应用场景。推荐系统的研究开始逐步深入并且带来极高的商业价值。此外，推荐系统在具有广泛应用前景，在学术界和工业界一直占据着重要地位。

本章主要是对前文的补充，具体讨论推荐系统的热点问题和研究方向，为所有对推荐技术感兴趣的读者提供参考。

8.1 推荐系统的热点问题

推荐系统在很多商业领域已经取得成功，但这并不意味着推荐系统没有缺陷。任何一个系统都会存在缺陷，且系统越复杂，面临的挑战就会越多。推荐系统应用挑战也是学术界和工业界的热点话题。

构建推荐系统时，我们应该掌握构建推荐系统的第一性原理。那么，构建推荐系统的第一性原理有哪些？归根到底就是预测、推荐和解释。

对于预测，所要解决的问题是推断每个用户对每个物品的喜好程度。长期以来，预测的主要手段是根据稀疏矩阵中已有的信息计算用户在他没打过分的物品上可能的打分或喜好程度。这里会存在一些问题，首先是如何补全稀疏矩阵。因此，针对稀疏数据给出相对可靠的推荐结果是推荐系统研究的热点问题。另外，预测会出现偏差，如何尽量减小偏差，也是推荐系统研究的热点问题。

对于推荐，所要解决的问题是根据预测环节计算的结果向用户推荐他没有打过分的物品。物品的数量众多，用户不可能全部浏览一遍，因此推荐的核心是对预测结果的排序。如果按照单一因素排序，其实并不复杂，但现实情况是考虑多个因素共同作用下排序的结果。因此，推荐环节存在的问题就更多了。首先，推荐环节是在预测环节之后，是基于预测结果进行推荐。这样，预测的误差会影响推荐最终的结果。如何减少前一个环节对推荐环节的影响是一个值得思考的问题。如果我们默认预测可靠，那么在推荐环节如何完成多因素作用下的排序，这就是一直在研究的点击率预估问题。所以，点击率预估也一直是推荐系统研究的热门问题之一。这个环节还可以引申出很多研究热点问题，比如排序特征的选择问题，推荐结果的多样性问题，推荐结果的去噪、纠偏等。

对于解释，所要解决的问题是对推荐列表中的每一个物品或推荐列表整体给出解释，即为什么认为这个推荐列表对用户而言是合理的，而不是另一个，从而说服用户查看甚至接受系统给出的推荐列表。推荐结果的可解释性可以以各种形式表现。可解释性需要特别说明。因为现在的推荐系统基本上基于深度神经网络，所以，深度神经网络的可解释性也是比较前沿的话题之一。

下面具体看看推荐系统研究的热点问题。

8.1.1　多源数据融合

多源数据融合问题主要研究如何通过融合多种类型的数据来提升推荐算法的准确性。用户交互数据是推荐系统的基础数据，用户个人数据、物品属性、用户社交关系和知识图谱等都是推荐系统的可靠信息源。虽然在计算机视觉领域，多源数据融合问题已经有了成熟的解决方案，但在推荐系统领域，这一问题还需要进一步研究。借助多源数据融合，我们可以协同解决推荐系统中更复杂的问题，例如推荐系统的冷启动问题。多源数据融合的难点在于如何根据不同的数据特点将所有类型的数据有机地融合在一起，共同挖掘用户和物品的特征以及提高推荐的准确性。

可以想到，一种常见的多源数据融合方法是各种类型的数据直接进行拼接求和。这种方法过于简单，易于实施，但在大多数情况下，无法取得令人满意的结果，因为简单的拼接操作会增加特征的维度，导致模型训练难度增加，很容易使推荐模型过拟合。此外，简单的求和计算操作会忽略各类特征各自的语义信息，造成特征含义模糊，而且一些关键特征可能会被其他特征所掩盖，导致整个推荐准确率降低。解决多源数据融合的方法分为 3 类：数据层融合、模型层融合和结果层融合。

在实际场景中，由于数据的丰富性和异构性，混合推荐得到了广泛应用，目前兴起了很多推荐新方向，包括基于上下文的推荐、基于知识图谱的推荐、基于多种辅助信息的可解释性推荐、跨领域推荐和多媒体推荐等。这些技术的本质都是多源数据融合后的推荐。

8.1.2 冷启动

冷启动问题一直是推荐系统领域的难题，困扰着学术界和工业界。当一个新用户没有任何个性化偏好分析或物品交互记录时，系统如何提供推荐列表？答案是无法提供。这个问题在传统基于数值化评分的个性化推荐方法中尤为突出，与数据稀疏问题相互为因果，因为对于新用户通常只能对少量物品进行数值化评分，我们很难通过这些评分来分析用户的偏好和需求。在大数据环境下，数据稀疏问题更加明显和严重。解决冷启动问题有一些特别的方法，例如利用热门物品推荐、利用附加信息推荐、利用专家标注推荐、基于对话推荐等。工业界通过技术改进来解决冷启动问题，如引入强化学习、序列融合加深度神经网络技术等。下面详细介绍如何利用各种方法来解决冷启动问题。

1. 利用热门物品推荐

推荐系统可以记录一些流行度较高、比较热门的物品，并在新用户进入系统时直接向他们推荐。通过根据用户对这些物品的反馈不断调整推荐结果，推荐系统最终可以实现对新用户的个性化推荐。这种方法的弊端是对新用户不友好，无法在短时间内给出个性化的推荐方案。

2. 利用附加信息推荐

推荐系统可以利用新用户在注册时预留的信息，例如性别和年龄，以及问卷调查结果等探索用户的偏好。这种方法也是大多数推荐系统采用的策略。获取用户附加信息后，推荐系统可以借助基于内容的推荐算法，选出符合用户偏好的物品进行推荐。这可以有效提升推荐的准确性。推荐系统可以通过建立用户画像实现个性化推荐。这种方法在工业界也比较常用。

3. 利用专家标注推荐

专家标注是指在物品进入推荐系统之前，专家会对物品的属性进行标注，并指定物品的一些关键属性。一旦新物品的属性被标注，推荐系统就可以快速计算出新物品的受众人群，并将其推荐给适合的用户。这种方法可以有效提高物品推荐的准确性，但需要投入较多的人力。目前，一些公司在使用这种方法，但主要问题在于需要平衡投入资源和产出结果。

4. 基于对话推荐

基于对话推荐可以通过与用户对话的方式理解用户的意图和偏好，进而实现个性化推荐。这种解决冷启动问题的方式是通过引入对话系统，根据用户的输入不断地去理解用户的需求，同时生成新的问题，挖掘用户的偏好，在收集到足够的信息后进行个性化推荐。

以下是一些方法。

1）用户引导式对话。建立一个用户与推荐系统之间的交互式对话，通过询问用户的偏好、兴趣和需求等信息，引导用户提供反馈，从而获取用户的个性化偏好信息。例如，系统可以通过对用户的提问来了解其兴趣、购物偏好、预算等信息，并根据用户的回答生成个性化的推荐结果。

2）协同过滤对话。通过对话的方式，与用户交互以获取用户与物品之间的交互行为，例如购买、点击、收藏等，从而构建用户 - 物品的交互历史。基于这些交互历史，我们可以使用传统的协同过滤算法，例如基于用户的协同过滤、基于物品的协同过滤等进行推荐。通过对话方式获取的用户行为信息可以作为推荐系统的输入，从而解决推荐系统的冷启动问题。

3）增量式对话。通过与用户交互不断获取用户的反馈信息，并将这些信息作为系统的输入进行实时更新。例如，推荐系统可以通过对用户的点击、购买等行为进行实时监测，并根据用户最近的反馈进行推荐。这样，即使用户是新用户，也可以通过不断对话来积累用户的行为信息，从而提供更加个性化的推荐结果。

4）混合式对话。结合多种对话方式，如用户引导式对话、协同过滤对话和增量式对话等，解决推荐系统的冷启动问题。例如，可以先进行用户引导式对话，获取用户的偏好和需求信息，然后结合用户 - 物品的交互历史，利用协同过滤算法进行推荐，并通过增量式对话不断更新用户的兴趣和需求信息。

2022 年，一些新的解决思路被应用在冷启动问题解决上，包括利用知识图谱、图神经网络。

（1）利用知识图谱解决冷启动问题

知识图谱可以作为辅助信息纳入推荐系统。这一点在第 7 章已经有了详细说明。尽管该方法在一般推荐场景中取得了不错的效果，但对于交互较少的冷启动场景无法满足需求。这是因为传统方法依赖探索交互并进行拓展，因此可能无法在冷启动场景中捕获足够的信息。

为了解决这个问题，研究人员提出了一种具有个性化特征引用机制的新型知识感知神经网络，即 KPER。与大多数简单地从知识图谱丰富目标语义的方法不同，KPER 将知识图谱作为语义桥梁来对新用户或物品提取特征提供参考。KPER 由 3 个重要模块组成，包括交互信息编码模块、注意力知识编码模块和个性化特征引入模块。

交互信息编码模块的作用是总结观察交互中的潜在特征，并准确地表示用户和物品。注意力知识编码模块的作用是从知识图谱中提取多跳知识，同时保持不同用户和物品之间的知识多样性。个性化特征引入模块的作用是对于给定的用户或物品，整合信息，然后使用自适应种子探测来明确被检测用户或物品的代表。这些代表拥有足够的交互信息，并与给定用户或物品共享语义相似的特征，但可能在结构上相去甚远。因此，这个模块提供了一种有效的连续逼近方法来引入更稳定的模型，然后用门控信息聚合。通过这种增强的特征，冷启动问题可以大大缓解。

实验结果表明，KPER 在真实数据集上取得了不错的效果。现有的基于知识图谱的推荐模型主要有 3 种类型：基于路径的方法、基于嵌入的方法、混合方法。基于路径的方法探索了知识图谱中物品之间的各种连接模式（即元路径或元图），为推荐提供额外的指导。通常，这类连接模式的生成在很大程度上依赖路径生成算法或手动创建。虽然基于路径的方法自然地对推荐结果可解释，但在有限的知识背景下设计这种算法很困难。所以，对于大规模复杂的知识图谱，通过穷举路径检索和生成是一种不切实际的方法。而选择路径优劣成为最终影响推荐性能的关键。

基于嵌入的方法采用了知识图谱嵌入算法，直接利用知识图谱中的语义信息，然后丰富用户和物品的表示。例如，DKN 利用 TransD 联合处理知识图谱和学习物品嵌入。

混合方法结合上述两种技术提高推荐性能，因此近年来备受关注。这种方法通常在图神经网络框架下应用迭代信息传播来生成实体表示以丰富信息。例如，CKAN 沿多跳链接，采用异构传播策略来编码用户和项目的知识关联。但是，所有这些方法都不是为冷启动推荐而设计的。KPER 模型的提出正好弥补了所有这些模型在推荐冷启动方面的不足。KPER 模型示意图如图 8-1 所示。

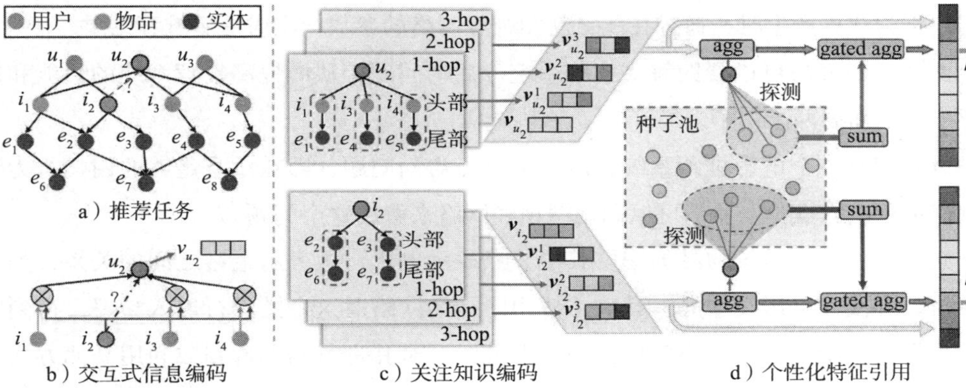

图 8-1　KPER 模型示意图

（2）利用图神经网络解决冷启动问题

图神经网络可以用于解决推荐系统冷启动问题。以下是一些利用图神经网络解决推荐系统冷启动问题的方法。

1）基于物品的图神经网络。这种方法通过构建物品之间的关系图，利用图神经网络进行物品的嵌入学习，从而捕捉物品之间的相似性或相关性。即使缺乏用户行为数据，系统也可以利用物品的属性、标签或其他信息进行推荐，例如，可以构建物品关系图，其中节点表示物品，边表示物品之间的关系，如共同属性、相似度等，然后使用图神经网络对构建的图进行嵌入学习，得到物品的低维向量表示，从而进行推荐。

2）基于用户 – 物品交互图的图神经网络。构建用户 – 物品交互图（将用户和物品作为节点，边表示用户与物品之间的交互关系，比如用户对物品的评分、点击、购买等行为），然后使用图神经网络对这个交互图进行嵌入学习，从而获取用户和物品的低维向量表示。这种方法适用于在缺乏物品属性或标签信息时，通过用户行为数据进行推荐的场景。

3）融合图神经网络与传统推荐方法。这种方法是将图神经网络与传统推荐方法进行融合，即利用图神经网络学习到的物品或用户嵌入向量与传统方法进行结合，从而提升推荐系统的性能，例如，可以将图神经网络学习到的物品嵌入向量与基于协同过滤的方法结合，通过计算物品嵌入向量之间的相似度进行推荐。

4）增量式学习。这种方法是利用图神经网络进行增量式学习，从而在新物品或用户出现时，能够快速地进行更新和推荐，例如，可以使用图神经网络进行在线学习，当有新的用户行为数据产生时，通过在线更新图神经网络的参数，实时更新推荐结果。

上面介绍的方法可以帮助解决推荐系统冷启动问题，从而提高推荐系统的性能和用户满意度。下面举两个例子。

假设我们有一个电影推荐系统，需要解决冷启动问题，即在没有足够的用户行为数据时如何进行电影推荐？我们可以利用图神经网络来解决这个问题。

首先，构建一个基于物品的图，其中节点表示电影，边表示电影之间的关系，如共同的演员、导演、电影类型等。其次，使用图神经网络对这个图进行嵌入学习，得到电影的低维向量表示。再次，当新用户加入系统时，对其进行问卷调查或利用其他方式获取一些关于用户的信息，例如用户的年龄、性别、喜欢的电影类型等。最后，使用这些用户属性信息生成一个虚拟用户节点，并将其加入电影关系图。通过将虚拟用户节点与电影节点连接起来，我们可以利用图神经网络计算虚拟用户节点与电影节点之间的相似度或相关性。根据相似度或相关性，我们可以将与虚拟用户节点相似的电影节点作为推荐结果。例如，可以计算虚拟用户节点与电影节点之间向量的余弦相似度，将相似度高的电影节点作为推荐结果。

这种基于物品的图神经网络方法可以在缺乏用户行为数据时，利用电影之间的关联信息进行推荐，从而解决电影推荐系统的冷启动问题。随着收集到更多的用户行为数据，系统可以逐步迭代更新图神经网络参数，从而不断改进推荐结果。对于电商推荐系统，我们可以将上述例子中的电影替换为物品，虚拟用户节点替换为新用户节点，电影之间的关联信息替换为物品之间的关联信息。

假设有一个电商推荐系统，希望解决新用户在没有足够购物历史数据时的推荐问题。我们可以构建一个基于物品的图神经网络，其中节点表示物品，边表示物品之间的关系，如共同的品牌、类别、购买行为等。当一个新用户进入系统时，系统可以通过对其进行问卷调查或利用其他方式获取一些关于用户兴趣的信息，例如用户的兴趣爱好、购买习惯、所在地区等。然后，系统可以使用这些用户属性生成一个虚拟用户节点，并将其加入物品关系图。通过将虚拟用户节点与物品节点连接起来，系统可以利用图神经网络计算虚拟用户节点与物品节点之间的相似度或相关性。根据相似度或相关性，系统可以推荐与虚拟用户节点相似的物品节点，例如，可以计算虚拟用户节点与物品节点之间向量的余弦相似度，将相似度高的物品节点作为推荐结果。这种基于物品的图神经网络方法可以在新用户缺乏购物历史数据时，利用物品之间的关联信息进行推荐，从而解决电商推荐系统的冷启动问题。随着系统收集到更多的用户行为数据，系统可以逐步迭代更新图神经网络参数，从而不断改进推荐结果。

8.1.3　可解释性

在前文中，我们讲到了可解释性。在这里，我们将具体讲解推荐系统的可解释性。从字面上理解，推荐的可解释性指不仅要提供推荐结果，还要解释推荐原因。这样可以提高推荐的说服力、可信度和用户满意度。这一问题长期以来困扰着学术界和工业界。由于推荐算法很复杂，因此推荐结果并不能很直观地被解释。如何将推荐理由的构建与推荐系统使用的算法紧密结合，得到更细致、准确和有说服力的推荐理由，引导用户查看甚至接受推荐结果，这是我们需要考虑的重要问题。

可解释的推荐包括解释生成和人机交互两个部分。前者关注如何生成解释，后者关注推荐结果如何呈现。推荐的解释生成在推荐系统中有两种技术路线：一种是推荐模型在生成推荐的同时，生成对推荐结果的解释；另一种是先推荐，再生成推荐结果的解释。可解释的推荐系统的快速发展源于很多技术的融合和方案的改良，如图 8-2 所示。

可解释的推荐方法大致可以分为 5 类，分别是基于用户或物品的解释、基于特征和基于内容的解释、模板解释、文本解释和视觉解释。推荐生成的技术路线不同，主要有以下几种。

- 基于用户或物品的解释常见于协同过滤推荐系统。做法是通过相关用户或物品特征提供解释。值得注意的是，在基于协同过滤推荐系统中，相关用户一般被定义为行为模式相似的用户。在该定义下，用户之间可能并不了解，所以解释效果大打折扣。
- 基于特征和基于内容的解释是根据匹配用户特征和候选物品内容特征进行直观解释。
- 基于文本的解释是以文字的形式提供解释，从灵活度上可以分为基于模板的文本解释和生成式文本解释。
- 基于模板的解式首先需确定一些解释语句的模板，然后填充模板，为不同的用户提供个性化解释。生成式文本解释借助自然语言生成等技术直接生成推荐解释，可以较好地解决解释的个性化问题。

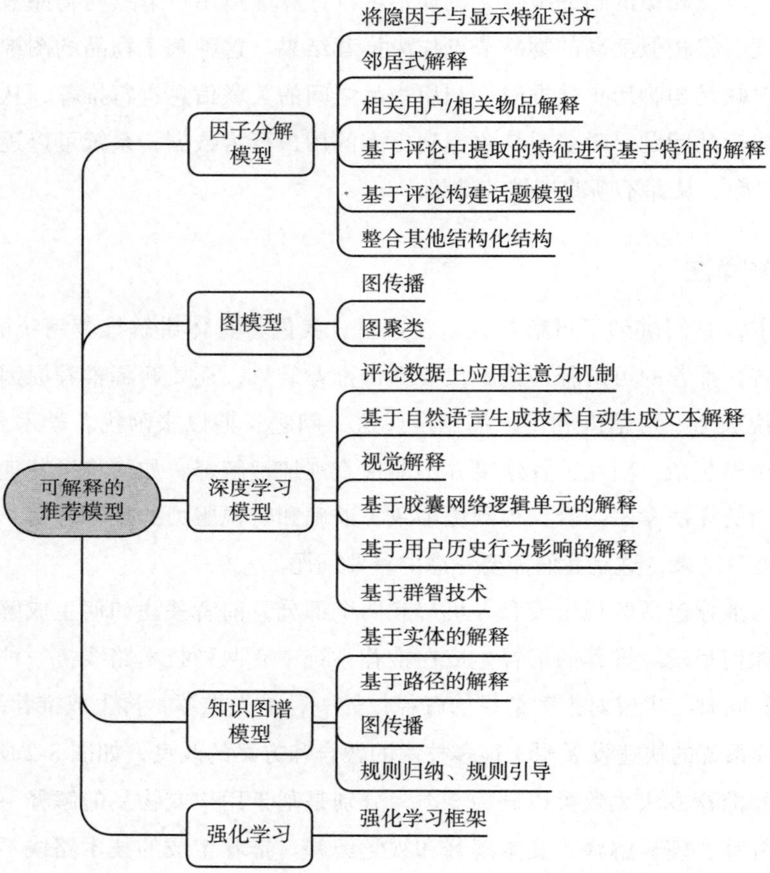

图 8-2 可解释的推荐系统模型总结

- 基于视觉的解释是根据高亮或框选出图片中生成推荐的主要特征所对应的部分进行解释。模型可以通过人工或注意力机制等方式捕获图像中最重要的区域作为解释。关于基于视觉的解释的研究尚处于初级阶段，相关资料较少。

8.1.4 探索和利用

探索和利用（Exploration Exploitation，EE）问题是推荐系统的经典问题。探索是指探索未知领域，利用是指根据当前信息，由训练模型做出最佳决策。

为了能够准确地估算每件物品的响应率，推荐系统可以将每个候选物品展示给一部分用户，并及时收集物品的响应数据，以此对候选物品进行探索；然后利用响应率估值较高的物品来优化目标。但是，探索的过程中存在机会成本。如果仅根据当前收集的数据估算物品响应率，那么实际上，候选物品可能并没有机会展示给用户。这是一个权衡和博弈的过程。

如果过于依赖利用，模型容易陷入局部最优；如果探索过度，模型收敛速度又会变得非常缓慢。这就是 EE 问题。EE 问题的核心在于平衡推荐系统的准确性和多样性。因此，解决 EE 问题的目标是获得一种长期收益最高的策略，但可能会对短期奖励造成损失。在实际中，我们可以使用多臂赌博机（Multi-armed Bandit，MAB）方法来解决 EE 问题。

表 8-1 介绍几个最常用的 Bandit 算法。

表 8-1　最常用的 Bandit 算法示例

汤普森采样	UCB 算法	Epsilon- 贪婪算法
1. 每个臂是否产生收益，其背后有一个概率分布，产生收益的概率为 p 2. 重复 k 次实验，估计出一个置信度较高的概率 p 的概率分布就能近似解决这个问题了 3. 计算成功 Win 与失败 Lose 的 Beta 分布，将 Win、Lose 作为 Beta 分布的参数 4. 每个臂都维护一个 Beta 分布参数。每次实验后，选中一个臂摇一下，有收益则该臂的 Win 参数增加 1，否则该臂的 Lose 参数增加 1 5. 每次选择臂的方式是：用每个臂现有的 Beta 分布产出一个随机数 b，选择所有臂产出的随机数中最大的那个臂去摇	1. 初始化：先对每个臂尝试一遍 2. 按照下面的公式计算每个臂的分数，然后将分数最高的臂作为选择的对象。 $\overline{x}_j(t)+\sqrt{\dfrac{2\ln t}{T_{j,t}}}$ 其中，$\overline{x}_j(t)$表示一个臂到现在为止的收益均值，$\sqrt{\dfrac{2\ln t}{T_{j,t}}}$叫作 bonus，它是均值的标准差，反映了臂效果的不确定性，t 是目前实验的次数，$T_{j,t}$是臂 j 到 t 时刻为止累积被选中的次数 所以，均值越大，标准差越小，被选中的概率会越来越大，同时那些被选次数较少的臂也会得到实验机会	它有点类似退火的思想。 1. 选一个（0，1）之间较小的数ε 2. 每次以概率ε在所有的臂中随机选择一个，以$1-\varepsilon$的概率选择平均收益最大的那个臂 ε值可以平衡对探索和利用的控制。ε越接近 0，表示在探索上就越保守 实际的做法可能更为保守：先试几次，等每个臂都统计到收益之后，一直选均值最大的那个臂

Beta 分布：可以看作一个概率分布，公式为$\text{Beta}(a,b)=\dfrac{\theta^{a-1}(1-\theta)^{b-1}}{B(a,b)}\propto\theta^{a-1}(1-\theta)^{b-1}$，其中 Beta 函数是一个标准化函数。

下面介绍 Bandit 算法在推荐系统中的应用。表 8-2 是推荐系统与 Bandit 算法的对应关系。

表 8-2 推荐系统与 Bandit 算法的对应关系

	Bandit 算法	推荐系统
臂（Arm）	每次选择的候选项	每次推荐需要选择的候选池
回报（Reward）	选择一个臂后得到的奖励，有时候也叫作收益	用户是否喜欢推荐结果，喜欢就是正向的回报，不喜欢就是负向的回报或者零回报
环境 (Context)	系统无法控制的那些因素	推荐系统面临的用户

如何衡量选择的好与坏？我们可以用一种累积遗憾的方法来衡量。

$$R_T = \sum_{i=1}^{T} w_{\text{opt}} - W_{B(i)} = TW^* - \sum_{i=1}^{T} W_{B(i)} \quad (8.1)$$

公式（8.1）由两部分组成：一部分表示的是遗憾，另一部分表示的是累积。其中，$W_{B(i)}$表示每次实际选择得到的回报，w_{opt}表示假设每次运气好都能选到最好的，所能得到的回报。二者之差表示量化的“遗憾”。在 T 次选择后，就有了累积遗憾。在公式（8.1）中，为了简化 MAB 问题，选择每个臂的回报为伯努利回报，即每个臂的回报不是 0 就是 1。

在推荐系统中，我们采用 3 种方法解决 EE 问题，包括贝叶斯方法、极小 / 极大方法以及启发式赌博方法。这里只介绍前两种方法。

1. 贝叶斯方法

MAB 问题可以转化成马尔可夫决策过程（MDP）。MDP 的最优解需要通过动态规划（DP）的方式获得，虽然存在最优解，但是求解成本极高。

MDP 是一个研究序列决策问题的框架。其利用状态空间、奖励函数以及转移概率定义一个序列问题。贝叶斯方法的目标是找到与 MAB 问题对应的贝叶斯最优解，如表 8-3 所示。

2. 极小 / 极大方法

在解决 EE 问题时，我们还可以使用极小 / 极大方法。

在解决推荐系统中的探索与利用问题时，通常会涉及多臂赌博机（Multi-armed Bandit）模型。每条臂代表一个物品或一个推荐策略。每次推荐时需要选择一条臂进行探索或利用，从而在推荐中探索发现新的物品或推荐策略。在利用过程中，根据已知信息选择最优的物品或推荐策略。

表 8-3 贝叶斯方法解决 MAB 问题

问题定义	一个β二项式 MDP
解决方法	为了最大化奖励，玩家需要估计每条臂的中奖概率。时刻 t 的状态 θ_t 代表玩家在 t 时刻前从实验数据中收集到的知识。这个知识由每条臂的参数β分布表示，即$\theta_t=(\theta_{1t},\cdots,\theta_{Kt})$，其中$\theta_{it}$是第 i 条臂在 t 时刻的状态，$\theta_{it}=(\alpha_{it},\gamma_{it})$包含臂 i 的β分布的两个参数，γ_{it}表示玩家在 t 时刻前拉第 i 条臂的次数，α_{it}表示到 t 时刻为止拉第 i 条臂获得的总奖励。第 i 条臂的β分布$\beta(\alpha_{it},\gamma_{it})$的均值$=\alpha_{it}/\gamma_{it}$，方差$=(\alpha_{it}/\gamma_{it})(1-\alpha_{it}/\gamma_{it})/(\gamma_{it}+1)$，均值表示根据当前收集到的数据计算出玩家中奖概率的经验估值，方差表示经验估值的不确定性
状态空间	玩家拉了第 i 条臂之后，通过观察输出结果，获得了关于第 i 条臂的额外信息。该信息可用于更新知识，即从当前状态θ_t转移到新的状态θ_{t+1}。因为有两种输出结果：中奖和未中奖，所以对应两种新的状态。 1）玩家中奖的概率为α_{it}/γ_{it}，更新臂 i 的状态从$\theta_{it}=(\alpha_{it},\gamma_{it})$到$\theta_{it+1}=(\alpha_{it}+1,\gamma_{it}+1)$ 2）玩家不中奖的概率为 1- α_{it}/γ_{it}，更新臂 i 的状态从$\theta_{it}=(\alpha_{it},\gamma_{it})$到$\theta_{i,t+1}=(\alpha_{it},\gamma_{it}+1)$ 每次拉臂，只有当前臂 i 的状态需要更新，其他臂 j 的状态保持不变，即$\theta_{j,t+1}=\theta_{j,t}$，这是经典赌博问题的一个重要特征。转移概率 p（$\theta_{t+1}\mid\theta_t$）表示拉第 i 条臂之后从状态θ_t转移到状态θ_{t+1}的概率。给定当前状态，新的状态只有两种情况，因此除了这两种状态外，其他状态的转移概率都为 0
奖励函数	奖励函数$R_i=(\theta_t,\theta_{t+1})$定义了拉第 i 条臂获得的期望即时奖励
转移概率	从状态θ_t到状态θ_{t+1}的状态转移概率。如果臂 i 的状态从$(\alpha_{it},\gamma_{it})$转移到$(\alpha_{it}+1,\gamma_{it}+1)$，则获得奖励
最优策略	探索和利用策略π是一个输入为θ_t，输出为下次要拉的臂$\pi(\boldsymbol{\theta}_t)$的函数。假设有 K 条臂，$\boldsymbol{\theta}_t$是一个 $2K$ 维非负整数向量，策略π需要将每个 $2K$ 维向量映射到某条臂上 这个问题可以进行如下理解：奖励衰减的 K 臂赌博机问题的最优解可以通过求解 K 个独立的单臂赌博机最优解得到。在单臂赌博机问题中，拉动一条臂耗费一定的成本，因此我们需要决定拉或不拉。每次拉臂产生的固定成本，可以使用贝叶斯最优化方案产生的净奖励为 0。所以，我们可以根据基廷斯指数进行求解。单臂赌博机的问题可以转化为求解基廷斯指数最高的臂，即$\pi(\boldsymbol{\theta}_t)=\arg\max\limits_i g(\theta_{it})$，其中$g(\theta_{it})$表示臂的二维状态$\theta_{it}$下的成本。从上述内容可知，计算一条臂的基廷斯指数成本很高

ε-greedy 是一种利用极小 / 极大值解决推荐系统探索和利用问题的典型方法。

1）初始化：对于每条臂，初始化的累积收益和被选择次数为 0，设置探索概率 ε（$0<\varepsilon<1$）。

2）选择臂：根据当前的探索概率 ε，以 $1-\varepsilon$ 的概率选择具有最大累积收益的臂（利用策略），以 ε 的概率随机选择一个臂（探索策略）。

3）推荐与反馈：根据选择的臂进行推荐，用户对推荐结果进行反馈，更新该臂的累积收益和被选择次数。

4）更新探索概率：根据具体的更新策略，更新探索概率 ε，如随时间推移逐渐缩小 ε，以便在推荐过程中逐渐从探索转向利用。

重复执行步骤 2~4，直到满足停止准则为止，如推荐轮数达到预定值或达到一定的时间限制。

通过使用极小 / 极大方法，我们可以在推荐系统中实现探索和利用之间的平衡，从而在推荐过程中不断探索新的物品或推荐策略，同时根据用户反馈进行利用，提高推荐系统的性能和用户满意度。

例如，一个电商网站向用户推荐物品，当用户访问网站时，系统需要从一组候选物品中选择物品进行推荐。系统需要在探索新物品和利用已知用户偏好之间进行平衡，以提高用户满意度和完成网站业务。

极小 / 极大方法的核心是找到一种方案，使该方案的最差性能在合理范围内。性能可以由遗憾来衡量。假设臂中奖概率是固定的，那么中奖概率最高的臂就是最优臂。所以在 T 次拉臂后，遗憾就是拉最优臂 T 次获得的期望总奖励与根据拉臂方案获得总奖励之间的差值。在极小 / 极大方法中，UCB 解决方案最为流行，其通常会不断探索以提高性能。

8.1.5 茧房效应

信息茧房、回音室和过滤气泡这三个概念相似，大致指社交媒体或带有算法推荐功能的资讯类应用程序可能会使我们只看到自己感兴趣和认同的内容，走进自己的小世界，彼此很难沟通。

虽然在某种程度上，智能隔离对信息过载起到了自然防御作用，但它也有很多负面影响，比如选择性曝光（只关注符合个人世界观的信息）或确认偏差。在社交媒体中，知识隔离有助于产生回音室。相同的想法在相对封闭的同质群体中重复、相互确认并逐步放大。在社交媒体和搜索引擎中，个性化的最大负面结果就是产生信息茧房效应。

2021 年，Tim Donkers 在他的文章中介绍了一种破除茧房效应的方法。文中指出，回声室是一种社会现象。它在社交媒体中扩大了共识并压制反对意见，导致用户群体的分裂和两极分化。在这之前，回声室效应常见于社会信息传播领域。虽然大多数科学工作将回声室看作两极化社区之间认知失衡的结果，认为回声室内的成员积极抵抗着来自外部的不同意见，以保持相对连贯的世界观。所以，社交媒体环境中就会出现两种不同类型的回声室——认知回声室和意识形态回声室。认知回声室主要因其结构产生信息差，而意识形态回声室系统地排除不一致的态度信息。在这种情况下，通过简单地扩大所涵盖的主题和观点的范围来破除回声室效应的做法可能是无效的。这篇文章提出基于主体的建模方法，不仅依靠知识图嵌入技术生成推荐结果，还展示了如何在嵌入空间利用逻辑图查询来多样化推荐结果。通过实验评估表明，破除两种不同类型的回声室需要采取不同的策略。

8.1.6 用户隐私

为了实现个性化、准确的推荐，推荐系统必须充分掌握用户的历史交互信息和实时需求。推荐内容的质量取决于系统收集数据的规模、准确性、多样性和及时性等。但是，大量用户行为记录及用户私有属性信息的采集，不可避免地会带来隐私泄露的担忧。因此，我们在构建推荐系统时需要权衡隐私和个性化。

近年来，国内外出现了多起用户数据泄露事件。用户对其隐私数据的关注度越来越高。各国也颁布了相关法律法规。除了法律法规，研究人员通过改进原有的算法和设计推荐系统架构来保护用户隐私。这些方法分为以下 3 类：基于体系结构的方案、基于算法的方案和基于联邦学习的方案。

基于体系结构的方案的目的是将数据泄露威胁最小化。例如，分布式存储用户数据可以有效减少单一数据源暴露带来的破坏，分布式推荐可以增加未经授权访问数据的难度。因此，一些旧有的架构被改造，以提高安全性，例如，提出一种候选架构方法，让用户持有本地配置数据，决定哪些数据提供给服务商，只有持有特定证书的用户才能通过 API 访问配置数据的相应部分，并将其用于推荐计算。

基于算法的方案将对原始数据进行修改，即使数据或模型输出被第三方获得，也不会暴露用户隐私。这类方法主要包括数据扰动和同态加密算法。数据扰动方法是通过设计有效的数据扰动技术实现用户隐私的保护，例如，给用户评分添加符合零均值高斯分布的噪声，对拥有的数据进行扰动后发送至服务器，从而实现隐私保护。但这类方法的主要缺点是计算时间长、存储空间大和通信成本高，只适用于小规模的推荐系统。

联邦学习是 2016 年谷歌提出的一种隐私保护机器学习框架，可以在不收集数据的前提下实现模型的更新，后来被扩展到更多的应用场景。联邦学习的优势在于能够保证各参与方在数据不出本地、独立的情况下，共建模型，共同提升机器学习效果。在联邦学习机制下，技术实现面临更多挑战。传统的机器学习方法需要将训练数据集中在一台机器或一个数据中心。而联邦学习通过成千上万个用户的分布式协作完成机器学习模型的训练，训练过程中所有用户的数据只保存在用户自己的设备中，互相共享中间计算结果而不是数据本身，从而达到用户隐私保护的目的。

8.1.7 评估问题

关于推荐系统的评估问题，前文已经提到过。这里再次强调评估的重要性，因为推荐系统的评估是非常具有挑战性的。推荐系统的评估主要有 3 种方法：离线评估、在线评估和用户调研。

离线评估是在离线环境中根据某些评估指标完成对推荐系统的测试评估。离线评估需要考虑测试结果的全面性和可靠性。数据集应该覆盖所有的应用场景，测试集的划分应该注意留出法和交叉验证法。不同的评价指标会从不同的角度评价推荐系统的性能。

在线评估通常采用 A/B 测试，即把用户分为两组，分别采用不同的方案向用户推荐。一段时间后收集每组用户的反馈并比较两种方案的优劣。A/B 测试原理简单、易于实施，已被广泛应用于推荐系统的测试和评估。

上面两种方法在前文已有详细的讲解，这里重点讲解用户调研。推荐系统中会有一些不可计算的评价指标，对于这些指标的评估，用户调研是一种较好的方法。用户调研是通过招募用户体验推荐系统来获取用户的真实使用感受，以便在面向真实使用场景时调整和优化推荐系统。在用户调研过程中，组织者应确保需要调研的用户群和真实用户群的分布一致。在测试过程中，研究人员应该尽可能地帮助和引导用户完成在线和离线评估。这样能够帮助评估组织者获得在真实场景下的用户使用感受，这对于推荐系统的调整和优化具有重要意义。

8.2 推荐系统研究方向

本书关于推荐系统研究热点数据来自业界比较重要的会议，比如 SIGIR、RECSYS、AAAI、WSDM 等。这些会议每年都会收到学术界和工业界研究人员的投稿。我们可以从近些年的投稿中发现，图神经网络、强化学习、因果推荐等仍然是关注的热点。

通过几百篇论文的归纳总结，我们对推荐系统的主要研究方向有了清晰的认识，如图 8-3 所示。图 8-3 从侧面反映出推荐系统在人工智能领域的重要地位。

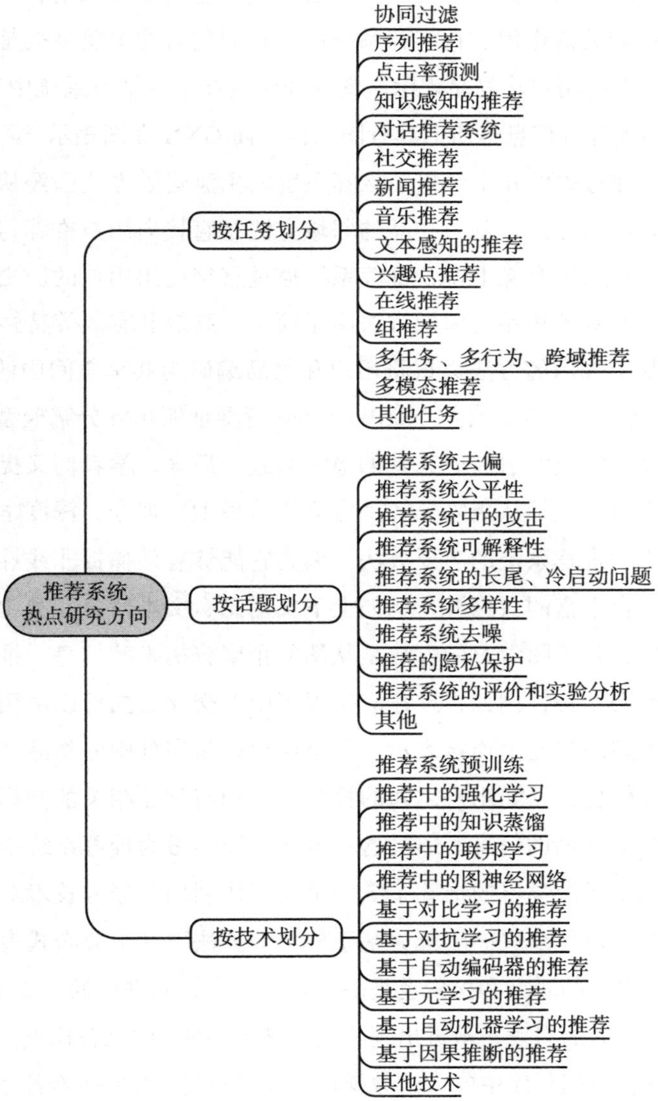

图 8-3　推荐系统热点研究方向

8.2.1 推荐中的图神经网络

图神经网络一直是推荐系统研究的热点。第 6 章已经介绍了关于推荐和图神经网络的很多相关知识和模型，例如，基于图神经网络的 NGCF 和 LightGCN 模型。关于图神经网络和推荐系统结合的研究不断涌现。随着在线信息的爆炸式增长，推荐系统在缓解信息过载方面发挥着关键作用。在推荐系统中，我们面对的主要挑战是从系统的交互和辅助信息中学习有效的用户、物品表示。图神经网络技术在推荐系统中得到了广泛应用，因为推荐系统中的大部分信息本质上具有图结构，而 GNN 在图表示学习方面具有优势。

从广义上讲，在过去的几十年里，推荐系统的主流建模方式已经从基于物品的邻域方法演变为基于表示的方法。基于物品的邻域方法是直接向用户推荐与他们交互的历史物品相似的物品。从某种意义上说，推荐系统通过直接使用用户的历史交互物品来代表用户的偏好。早期的基于物品的邻域方法由于简单、高效和有效等特性在现实应用中取得了巨大成功。基于表示的方法尝试将用户和物品编码为共享空间中的连续向量（即嵌入），从而使它们直接可计算。自从 Netflix Prize 竞赛证明矩阵分解模型优于经典的邻域推荐方法，基于表示的模型引起研究者的极大兴趣。后来，学者们又提出各种方法来学习用户和物品的表示，包括从矩阵分解到深度学习模型。如今，深度学习模型已经成为学术研究和工业应用推荐系统的主要方法，因为它能够有效捕捉非线性的用户 - 物品关系，并可以轻松整合丰富的数据源，例如上下文信息、文本信息和视觉信息。在所有这些深度学习模型中，基于图学习的方法是从图的角度分析推荐信息。推荐系统中的大多数数据本质上具有图结构，例如，推荐应用程序中的交互数据可以由用户和物品节点的二分图表示，观察到的交互由连接表示。甚至用户行为序列中的物品转换也可以构建为图。结构化的外部信息，例如用户之间的社会关系和与物品相关的知识图，都可以为推荐任务提供更多的额外辅助信息。通过这种方式，图学习为推荐系统中丰富的异构数据建模提供了可能。基于图学习的推荐系统的早期工作利用图嵌入技术对节点之间的关系进行建模，这些方法还可以进一步分为基于分解的方法、基于分布式表示的方法和基于神经嵌入的方法。之前的研究和探索也是围绕着这三个方向进行的。受 GNN 在学习图结构数据方面的卓越能力的启发，最近出现了大量基于 GNN 的推荐模型。然而，提供一个统一的框架来对推荐应用程序中的大量数据进行建模只是 GNN 在推荐系统中被广泛应用的部分原因。还有一个原因是，与隐式捕获协作信息的传统方法不同，GNN 可以自然而明确地编码关键的协作信号以改善用户和物品表示。事实上，使用协作信号来改进推荐系统中的表示并不是源自 GNN。早期的模型如 SVD++ 和 FISM，已经证明交互物品在用户表示学习中的有效性。这些先前的模型可以看作使用单跳邻居来改进用户表示学习。GNN 的优势在于它提供了强大而系统的网络来探索多跳邻居关系，这已被证明对推荐是有益的。凭借这些优势，GNN 在过去一段时间在推荐系统领域取得了显著效果。而且在工业界的地位越来越高，更多企业愿意花一定的时间和资源去探索 GNN 的各种应用。在学术界，许多研究表明基于 GNN 的模型优于以前的方法，并在公共基准数据集上取得更好的结果。同时，研究人员提出许多 GNN 变体并将其应用于各种推荐任务，例如基于会话的推荐、兴趣点 (POI) 推荐、群组推荐、多媒体推荐和捆绑推荐。在工业界，GNN 也被部署在大规模推荐系统中，以产出高质量的推荐结果。例如，Pinterest 在 30 亿节点和 180 亿条边的图上开发并部署了基于随机游走的图卷积网络 (GCN) 模型 PinSage，并在在线 A/B 测试中获得了用户参与度的大幅提升。

8.2.2 推荐中的强化学习

推荐系统已广泛应用于不同的现实生活场景，以帮助我们找到有用的信息。基于强化学习的推荐系统因其交互性和自主学习能力，近年来已成为一个新兴研究方向。一些公司和研究机构的实验结果表明，基于强化学习的推荐方法通常优于监督学习方法。然而，在推荐系统中应用强化学习存在各种挑战。强化学习方法可以应用于 4 种典型的推荐场景，包括交互式推荐、会话式推荐、序列式推荐和可解释式推荐。

个性化推荐系统能够提供符合用户偏好的有趣信息，从而缓解信息过载问题。推荐技术通常利用各种信息为用户提供潜在的物品。最近，在深度学习快速发展的推动下，各种基于神经网络的推荐方法被开发出来。但是，对各种信息进行建模是不够的。在现实场景中，推荐系统需根据用户 – 物品交互历史数据来推荐物品，然后接收用户反馈再进一步优化推荐。换句话说，推荐系统旨在从交互中获取用户的偏好，并推荐用户可能感兴趣的物品。然而，现有的推荐方法（例如监督学习）通常会忽略用户与推荐模型之间的交互，没有有效地捕获用户的及时反馈来更新推荐模型，从而导致推荐结果不尽如人意。

一般来说，推荐任务可以被建模为一个交互过程（即用户被推荐一个物品），然后为推荐模型提供反馈（例如跳过、点击或购买）。在下一次交互中，推荐模型从用户的显式、隐式反馈中学习最优策略，并向用户推荐新物品。从用户角度来看，高效的交互意味着帮助用户尽快找到自己喜欢的物品。交互式推荐方法已应用于现实中的推荐任务。但是，交互式推荐方法难以解决一些问题，例如冷启动、数据稀疏、可解释和安全问题。

强化学习作为一种关注智能代理如何与其环境交互的机器学习方法，通过试错搜索来学习策略，这有利于解决顺序决策问题。因此，它可以提供潜在的解决方案来模拟用户和代理之间的交互。特别是深度强化学习（DRL），它能够从具有巨大状态和动作空间的历史数据中学习到有价值的信息，以解决大规模系统问题。它具有强大的表示学习和函数逼近特性，并可应用于各个领域，例如游戏和机器人。强化学习在推荐中的应用已经成为研究推荐系统的新趋势。具体来说，强化学习使推荐代理能够不断向用户推荐物品，并学习到最佳推荐策略。基于强化学习的推荐系统框架如图 8-4 所示。

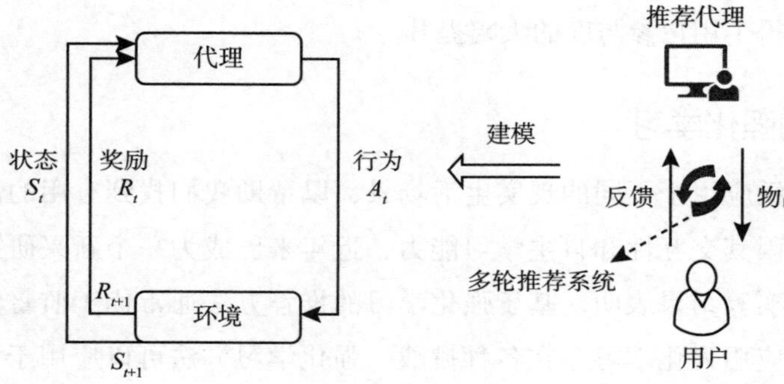

图 8-4 基于强化学习的推荐系统框架示意图

在图 8-4 中，左侧的图反映了马尔可夫决策过程。马尔可夫决策过程可以表述为代理与环境之间的交互。基于 RL 的推荐系统将交互式推荐任务建模为马尔可夫决策过程。

在一个典型的推荐系统中，假设有一组用户 U 和一组物品 I，其中 $\boldsymbol{R}\in R^{X\times Y}$ 表示用户–物品交互矩阵，其中 X 和 Y 分别表示用户和物品的数量。令 r_t^{ui} 表示用户 u 和物品 i 在时间步长 t 内的交互行为。推荐系统的目的是生成一个预测分数 $\hat{r}_t^{ui}$，以描述用户对物品 i 的偏好。关于这个问题的求解，我们通常可以采用马尔可夫决策过程。在每个单位时间里，推荐代理通过在当前状态向用户推荐物品来与环境交互。在下一个单位时间里，推荐代理接收来自环境的反馈并以新状态向用户推荐新物品。用户的反馈包含显性反馈和隐性反馈。推荐代理旨在通过策略网络学习最优策略以最大化累积奖励。可以将推荐问题形式化一个五元组 $\langle S,A,P,R,\gamma \rangle$，具体如下。

- 状态 S：S 指连续状态空间，描述固定长度历史轨迹中的环境状态，其中状态 S_t 表示时间步长 t 处的交互历史。
- 行为 A：离散动作空间，包含一组推荐候选物品行为。一个动作 A_t 表示在单位时间 t 内推荐一个物品 i。基于记录的数据，系统可以从用户 – 物品历史交互中采取行动。
- 转移概率 P：状态转移概率。在推荐代理收到用户的反馈（即奖励 r）后，状态根据概率 $P(s',r|s,a)$ 从 s 转移到 s'。
- 奖励函数 R。一旦推荐代理在状态 s 采取行动 a，它就会根据用户的反馈获得奖励 $r(s, a)$。
- 折扣系数 γ。对未来奖励的折扣率参数。

假设基于 RL 的在线推荐环境中，推荐代理向用户 u 推荐一个物品 i_t，而用户在第 t 次交互时为推荐代理提供反馈 f_t。推荐代理获得与反馈 f_t 相关联的奖励 $r(S_t, A_t)$，并在下一次交互时向用户 u 推荐一个新物品 i_{t+1}。基于对多轮交互的观察，推荐系统生成一个推荐列表。推荐代理旨在学习目标策略 π_θ，以最大化采样序列的累积奖励，形式化表示为：

$$\max_{\pi_\theta} \mathrm{E}_{\tau\sim\pi_\theta}\left[R_\tau\right] \tag{8.2}$$

其中，θ 表示策略参数，$R_\tau=\sum_{t=0}^{|\tau|}\gamma^t r(S_t, A_t)$ 表示关于采样序列 $\tau=\{S_0, A_0, \cdots, S_T\}$ 的累积奖励。推荐代理经常会通过与真实用户在线交互来学习目标策略。另一种方法是采用离线学习的方式，从记录的数据中学习行为策略 π_δ。在使用离线学习时，应该注意解决策略偏差以学习最优策略 π^*，因为目标策略 π_θ 和行为策略 π_δ 之间存在显著差异。

下面介绍交互式推荐、会话式推荐、序列式推荐和可解释式推荐场景下 RL 方法的使用情况。

1. 交互式推荐

在典型的交互式推荐场景中，用户 u 被推荐一个物品 i_t 并在第 t 次交互时提供反馈 f_t。推荐系统基于反馈 f_t 推荐新物品 i_{t+1}。这样的交互过程可以很容易地表述为马尔可夫决策过程，其中推荐代理不断与用户交互并从反馈中学习策略以提高推荐质量，如图 8-4 所示。这个形式化的描述已经讲过。下面介绍在该场景下，价值函数、搜索策略和行动器 – 评判器。

RL 算法存在样本效率低的问题，这可能导致推荐策略的学习效率低。为了解决这一问题，在交互式推荐系统中将知识图谱引入 RL 算法。知识图谱可以提供丰富的补充信息，降低了用户反馈的稀疏性。为此，研究人员提出了知识图谱增强 Q-Learning 模型，以有效地进行顺序决策。除此之外，Double-Q 和 Dueling-Q 的 DQN 方法可以对长期用户满意度进行建模。在时间间隔 t 内，用户与物品 i_t 的交互历史为 o_t，推荐代理获得的奖励为 R_t，将经验存储在重放缓冲区 D，通过最小化均方损失来提高模型性能，如下：

$$L\left(\theta_q\right)=\mathbb{E}_{\left(o_t,i_t,R_t,o_{t+1}\right)\sim D}\left[\left(y_t-q\left(S_t,i_t;\theta_q\right)\right)^2\right] \tag{8.3}$$

其中，$\left(o_t,i_t,R_t,o_{t+1}\right)$是学到的经验，$y_t$是最优$q^*$的目标值。此外，研究人员还提出了一种基于 DQN 的推荐框架。该框架结合了卷积神经网络（CNN）和生成对抗网络（GAN）。

交互式推荐系统采用了一种树结构的策略梯度推荐框架（TPGR），以实现大规模交互式推荐的高效性和有效性。为了最大化长期累积奖励，Reinforce 算法被用来学习做出推荐决策的策略。这样解决了大多数现有的 RL 方法无法缓解交互式推荐系统中离散动作空间大的问题。

另外，交互式推荐系统的行动器 - 评判器基于一个 RL 的框架——FairRec，动态实现了公平性与准确性的平衡。其中，系统的公平感知状态和用户的偏好结合形成状态表示。FairRec 框架包含两部分：行动网络和评判网络。行动网络根据公平感知状态表示生成推荐。行动网络由评判网络训练而来，并通过 DPG 算法进行更新。评判网络估计行动网络输出的价值并通过差分学习进行更新，从而解决基于 RL 的交互式推荐系统中的对抗性攻击问题。

2. 会话式推荐

与交互式推荐系统相反，会话式推荐系统主动与用户交互，明确获取用户的主动反馈，做出用户真正喜欢的推荐。为了实现这个目标，会话式推荐系统不是基于历史交互推荐物品，而是基于自然语言理解和生成技术，通过实时的多轮交互式对话与用户交流后推荐物品。在这种情况下，对话和推荐策略的探索和开发成为关键。会话式推荐系统探索用户看不到的物品，通过多轮交互来捕捉用户的偏好。然而，与利用已经捕获的相关物品相比，探索可能不相关的物品会损害用户体验。RL 提供了应对这一挑战的潜在解决方案。如图 8-5 所示，策略网络会刺激会话推荐系统中的奖励中心，将探索与多轮交互结果结合起来。

根据上面的介绍，这里会产生一系列问题，例如，在每个会话轮次，策略学习的目的是决定要问什么，推荐什么，以及什么时候问或什么时候推荐。因此，会话式推荐系统的价值函数采用了自适应 DQN 方法，将决策过程转换为统一的策略学习任务。为了学习到用户偏好，系统可以采用动态规划方法学习到更好的策略。此外，研究人员还提出了一种基于强化学习的对话策略。该策略利用了基于用户话语的推荐结果，对于用户意图由长短期记忆 (LSTM) 网络进行预测。当然，我们现在可以使用更有效的预测算法。会话式推荐系统可以使用增量评论作为用户反馈，在每个会话轮次根据用户的偏好检索物品。为了实现这一目标，研究人员提出了一种通过将兼容性分数与相似性分数相结合来改进质量度量的新方法。为了评估用户评论的兼容性，奖励函数可以采用蒙特卡罗方法和差分方法。然而，随着时间的推移，整个系统就很难再捕捉到用户的偏好了，因为推荐系统通常只能获得对用户偏好的部分观察。在这种情况下，研究人员将观察用户偏好转换为可观察马尔可夫决策过程。会话式推荐系统框架如图 8-5 所示。

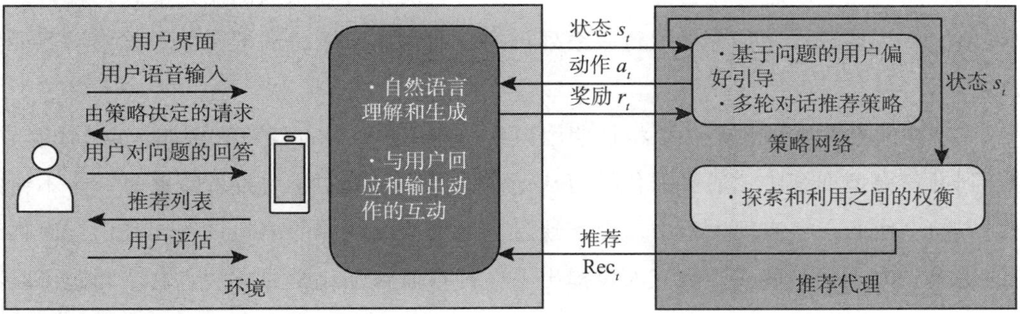

图 8-5　会话式推荐系统框架

为了模拟用户当前的个性化推荐意图和长期偏好，我们可以利用深度学习技术来训练会话推荐系统。因此，会话式推荐系统采用了深度策略网络，根据用户当前的话语和推荐模块学习的长期偏好来指导对话管理。会话推荐模型（CRM）由 3 个模块组成：使用信念跟踪器的自然语言理解模块、基于策略网络的对话管理模块以及基于因子分解机的推荐模块。具体地说，自然语言理解模块将用户话语转化为表示向量；然后为了最大化长期回报，在深度策略网络中从每回合的对话状态中选择一个合理的动作，并采用 Reinforce 算法优化策略参数；最后，利用分解机训练推荐模块，为相应的用户生成个性化物品推荐列表。

会话式推荐的行动器－评判器引入了两个行动器：选择行动器作用是为对话的目标

找到最相关的单词，管理行动器根据用户的话语返回单词的相关顺序。这种方法很好地解决了训练问题。该方法专为解决面向任务的对话系统的训练问题而提出，是一种具有对抗性学习的会话式推荐方法。会话式推荐过程分为 3 个阶段：在信息提取阶段，对话状态跟踪器首先从用户的话语中推断出当前的对话信念状态 b_t；在信息编码阶段，神经意图编码器提取并编码用户的话语意图z_t；在对话响应生成阶段，神经策略代理（即行动器）在当前对话状态下生成类似人类的动作，自然语言生成器通过所选动作更新来自评论网络的对话响应。

3. 序列式推荐

与通过持续交互、根据用户反馈生成推荐的交互式推荐系统不同，序列式推荐系统预测用户未来的偏好并在给定一系列历史交互的情况下推荐物品。序列式推荐系统的目标是推荐不在历史交互中的物品。一些尝试结果表明 RL 算法可以很好地处理序列式推荐问题，因为这些问题可以自然地表述为马尔可夫决策过程来预测用户的长期偏好。在这种情况下，推荐代理很容易执行一系列排序，通常离轨策略从记录的数据中学习最优策略。

在序列式推荐中，我们必须将长期用户参与和用户 – 物品交互（例如，点击和购买）融合到推荐模型训练中。通过强化学习从记录的隐式反馈中学习推荐策略是一个不错的研究方向。然而，在实现过程中，由于缺乏负面反馈和纯粹的离轨设置，我们会面临很大的挑战。为了应对挑战，研究人员提出了一种自监督强化学习方法。这个问题可以看作“下一个物品推荐问题”，它被建模成一个马尔可夫决策过程，其中推荐代理按顺序向相关用户推荐物品以实现累积奖励最大化。

在序列式推荐系统中，捕获用户的长期偏好是一个非常重要的问题，因为用户 – 物品交互可能很稀疏或非常有限。因此，强化学习算法通过使用随机探索策略来学习用户偏好是不可靠的。为了解决这些问题，研究人员提出了一种知识引导强化学习（KERL）框架。该框架采用 RL 算法对知识图谱提出建议。在建模马尔可夫决策过程中，环境包含交互数据和知识图谱信息，这些信息对序列推荐很有用。在这种情况下，推荐代理选择状态S_t中的动作 a 向用户 u 推荐物品i_{t+1}。在每个推荐过程中，智能体都会获得一个中间奖励。

如前文所述，序列式推荐引入了一种新颖的自监督 RL 方法，从序列推荐中记录的隐式反馈中学习推荐策略。为了优化推荐模型，自监督行动器 – 评判器（SAC）将自监督层视为执行排序的行动器，并将 RL 层作为评判器来估计状态 – 动作值。然而，SQN 和 SAC 都使用固定长度的交互序列作为输入来训练模型，会影响最终推荐的准确性，因为用户通常具有各种序列模式。因此，研究人员提出了一个适应模型来调整交互序列的长度。最后，优化联合损失函数，以使行动器 – 评判器的累积奖励与推荐准确度保持一致。

4. 可解释式推荐

可解释式推荐的目标是解决推荐系统中的可解释问题。可解释式推荐系统不仅提供高质量的推荐，而且为推荐结果生成相关的解释。当推荐系统对知识图谱进行路径推理时，视觉解释似乎变得更加智能了，因为知识图谱中包含丰富的用户和物品关系，可以进行直观的解释。图 8-6 展示了 RL 和知识图谱用于可解释式推荐的通用框架。知识图谱作为马尔可夫决策过程中环境的一部分，代理执行推荐的路径推理。

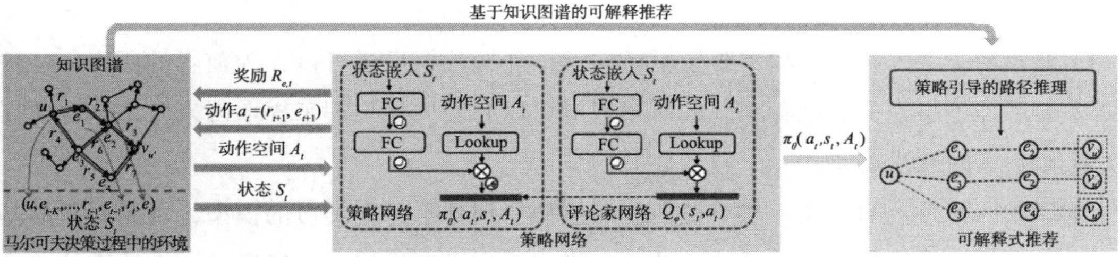

图 8-6 可解释式推荐系统

该解释方法侧重于文本句子解释和视觉解释。在文本句子解释方面，有一个多任务学习框架，它可以同时进行评分预测并根据用户评论生成解释。评分预测由上下文感知矩阵分解模型执行，该模型学习用户和物品的潜在向量。推荐解释由对抗性端到端序列模型执行。此外，为了利用实体的图像信息，而不只是关注异构知识图谱中丰富的语义关系，研究人员提出了一个多模式知识感知 RL 网络（MKRLN），其中推荐路径的表示包括结构和视觉信息的实体。推荐代理从用户开始，并在多模式知识图谱上沿着分层注意路径搜索合适的物品。这些路径可以提高推荐的准确性并明确推荐的原因。

现实中的知识图谱重要作用是利用图帮助寻找更合理的路径。从这个方面看，MKRLN 应用了一种名为策略引导路径推理（PGPR）的强化知识图谱推理方法，它通过在知识图谱上使用 Reinforce 算法来推演实际路径。具体来说，推荐问题被视为知识图谱上的确定性马尔可夫决策过程。在训练阶段，根据软奖励和用户条件动作修剪策略，智能体从给定用户开始，找到用户感兴趣的物品。在推理阶段，代理通过策略引导路径推理算法对不同的推理路径进行采样，并生成真实的解释来回答为什么将物品推荐给用户。

通过学习寻路策略，行动器获得了它在知识图谱上的搜索状态和潜在的动作，如果当前状态的寻路策略符合观察到的交互，参与者获得奖励$R_{e,t}$。为了整合专家路径，该模型设计了一个基于两个评判器（即元路径评判器和路径评判器）的对抗性模仿学习模块。这些评判器经过训练可以区分专家路径和参与者生成的路径。当行动路径与元路径或路径评判器中的专家路径相似时，参与者从模仿学习模块获得奖励$R_{m,t}$或$R_{p,t}$。评判器会合并奖励$R_{e,t}$、$R_{m,t}$或$R_{p,t}$以准确估计每个动作值。之后，通过学习的动作值对行动器进行奖励梯度的无偏估计训练。最后，该模型的主要模块联合优化以找到可解释的路径，从而带来准确的推荐。

8.2.3 因果推荐

推荐系统可以在用户购买眼镜框后向其推荐镜片，后者可以作为前者的原因，这种因果关系是不可逆的。推荐系统的研发人员可以利用因果推理来提取因果关系，从而提升推荐系统的推荐效果。

细数推荐系统的发展，从早期的浅层模型，到基于深度学习的模型，再到最新的基于图神经网络的模型，推荐系统的技术和模型正在迅速发展。一般来说，推荐系统的目的是通过收集的用户配置文件、物品属性或其他上下文信息，了解用户偏好和拟合用户的历史行为。因此，推荐系统会触发更多的交互行为，并且在很大程度上受推荐策略的影响。然后推荐系统从物品候选池中过滤并选择符合用户偏好和需求的物品。部署后的系统会收集新的交互来更新模型，从而使整个框架形成一个反馈循环。

第 4 章推荐模型的总结中提到协同过滤算法主要关注用户的历史行为，比如用户的点击、购买等行为，假设具有相似历史行为的用户倾向于表现出相似的未来行为。最具代表性的矩阵分解（MF）模型使用向量来表示用户和物品，然后使用内积来计算用户和物品之间的相关性分数。

为了提高模型容量，研究人员利用深度神经网络匹配用户与物品，例如神经协同过滤网络利用多层感知器（MLP）来替换 MF 模型中的内积。此外，广义的协同过滤是在考虑附加信息的情况下对相关性进行建模。点击率预估模型侧重于利用用户、物品或上下文的丰富属性和特征来增强推荐。主流的点击率预估模型旨在通过适当的特征交互操作，例如因式分解机（FM）中的线性内积、DeepFM 中的多层感知、AFM 中的注意力机制、AutoInt 中的堆叠自注意力机制等学习高阶特征。

当今，推荐系统的基础还是对相关性进行建模，例如，协同过滤中的行为相关性建模，特征与特征之间建模或是点击率预估中的特征与行为之间相关性建模。但是在现实世界中，事物之间大多依靠因果关系相关联而非相关性关联。

推荐系统中广泛存在两方面因果关系：用户方面和交互方面。用户方面的因果关系是指用户的决策过程是由因果关系驱动的。例如，用户可能在买了手机后又买了充电器，后者可以作为前者的原因，这种因果关系是不可逆的。交互方面的因果关系是指推荐策略在很大程度上影响用户与系统的交互。例如，未被观察到的用户 - 物品交互并不意味着用户不喜欢这些物品，这可能只是未曝光造成的。因果推断定义为根据实验数据或观察数据确定和利用因果关系的过程。由于遵循相关性驱动的范式，现有的推荐系统仍然存在严重的瓶颈，具体表现在以下 3 个方面。但是，因果推理可以作为一个有效的解决方案。

- 数据偏差。因为我们所收集的数据，例如，最重要的用户 - 物品交互数据，是观察性数据并非实验性数据，容易导致从众偏差、流行偏差等各种偏差的产生。非因果关系的推荐系统不仅学习了用户偏好而且学习了系统的数据偏差，这就导致推荐性能变差。
- 数据缺失和数据噪声。受限于推荐系统收集数据的过程，产生数据丢失或噪声问题，因为用户只与一小部分物品进行了交互，大部分用户 - 物品反馈无法被收集到，或者在电子商务网站上那些以差评结尾的点击行为或一些错误的行为，本身就是数据噪声。
- 超越精度的目标很难实现。对于推荐系统，我们除了需要考虑准确性之外，还应该考虑其他目标，例如公平性、可解释性、透明度等。达成这些目标可能会损害推荐准确性，例如，考虑用户行为多个驱动原因的模型，为每个原因分配分离和可解释的嵌入，可以很好地提供准确和可解释的推荐。另外，与高同质性列表相比，高多样性物品推荐列表可能无法满足用户兴趣，因此因果关系可以辅助捕获用户为什么消费特定类别的物品，从而实现推荐准确性和多样性。

根据上面内容，我们可以知道因果推理是一种解决推荐准确性问题的行之有效的方法。基于因果推理的解决方案也是针对上面 3 类问题分别提出的，如图 8-7 所示。

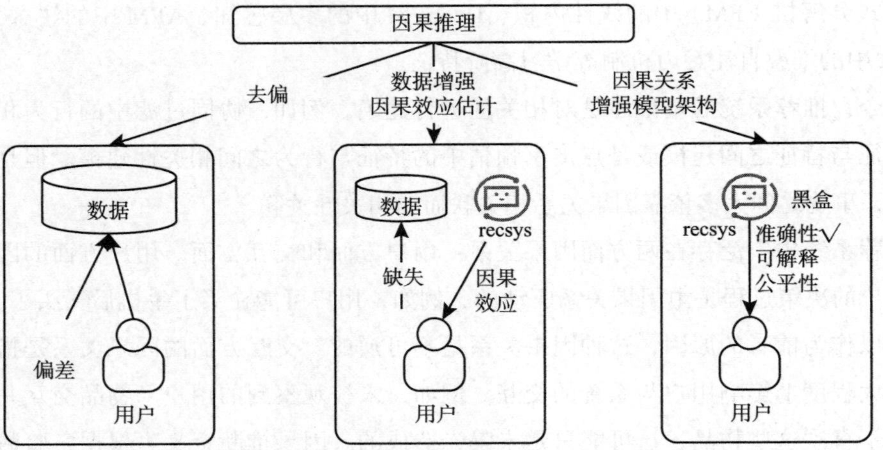

图 8-7 因果推理方案

首先，因果推理可以让我们通过推荐数据的生成过程找出数据偏差的根本原因，通过因果推理建模来消除或弱化这种影响。其次，因果推理可以提供对数据生成的解释，这些解释可以视为数据驱动模型的先验知识。再次，数据缺失的负面影响可以被削弱。最后，非因果关系的推荐系统可能会陷入忽略其他重要目标（包括可解释性、公平性、多样性等）而仅实现更高准确性的陷阱。为了解决这些问题，Tan 等人提出了基于反事实解释的 CountER 可解释推荐模型。该模型利用事实和反事实世界的差异来解释模型推荐。他们提出了一个优化任务，目的是找到与原始物品距离最小的物品，以逆转反事实世界中的推荐结果。CountER 还使用因果发现技术从历史交互和推荐的物品中提取因果关系，以增强解释。

近年来，因果推理已成为推荐系统研究的一个重要课题。可以毫不夸张地说，它重塑了我们对推荐系统模型的认知。

8.3 本章小结

本章主要系统地阐述了推荐系统的热点问题和研究方向，首先提出了推荐系统在工程实践中经常遇到的问题，针对这些问题，大量的学者和研究人员投入了时间和精力进行研究；然后介绍了近年来推荐系统中的研究方向，这些方向与推荐系统面临的挑战密切相关，因此吸引了许多研究人员深入研究。

第9章 Chapter 9

推荐系统实践

推荐系统是一个复杂的系统，其构建过程也是相对复杂的，涉及深度学习、大数据、后端和前端技术等多种技术，可能产生一些无法避免的问题。为了缓解这种问题，本章介绍一些在实践中总结的经验。前端和后端的技术栈各不相同，它们产生问题的概率也不尽相同。由于篇幅限制，这里不会对各种技术栈做详细讲解，会重点讲解模型训练、优化、检索、实时流等内容。

由于针对每个领域都可以构建一套完整的推荐系统，不同领域的推荐系统千差万别，因此，本章首先从架构层面讲解了工业级推荐系统架构，然后根据实践总结了在搭建工业级推荐系统时存在的问题及解决方案，最后总结了一些业界比较成功的案例。

9.1 工业级系统架构

移动互联网时代，每时每刻都会产生数据。同时，深度学习技术和大数据技术的快速发展让企业能够很好地满足用户需求。从用户角度来看，推荐系统可以缓解信息过载带来的时间成本；从企业角度来看，推荐系统可以帮助企业进行精准营销，解决长尾营销，最大化企业收益。因此，推荐系统的搭建对互联网企业来说至关重要。

9.1.1 工业级推荐系统的特点

由于不同行业的特点不同，推荐系统的构成也不尽相同。但总体来说，一个工业级推荐系统有一些共同的基本特征，比如可扩展性、可解释性、可维护性和可调度性。在复杂的业务环境下，推荐系统需要满足更多复杂的性能指标，表现如下。

1）主流的推荐系统绝大多是基于机器学习算法构建的。对于不同的业务来讲，模型的训练至关重要。训练周期应该与实际的业务紧密结合。首先，模型训练周期要足够短，保证能够及时捕获大量用户的线上反馈。其次，模型训练效率要有保证，在设计和开发过程中应该预先考虑到。在某些特殊场景中，线上学习或强化学习可以替代传统的离线学习以达到更好的效果。

2）用户特征以及物品特征往往维度很高，这些高维度特征在不同的场景下可以生成准确的推荐结果。但是，高维度特征在机器学习模型训练中是一个挑战。特别是对于基于深度学习的推荐算法来说，参数调优是决定模型最终推荐效果的关键。在自然语言模型中，参数有可能只需要调整一次，所以总体而言开发成本不是很高。但是对于推荐系统而言，参数调优是一个不断迭代的过程，因此最好在设计之初就考虑能方便、快速地进行模型的参数调整。

3）不同算法的复杂度相差甚大，所以在工业级推荐系统中，针对不同场景中的推荐任务，往往会部署多个推荐模型。这就需要系统有一定的兼容性和可扩展性。而且在某些业务场景下，推荐结果会直接影响经济效益，所以工业级推荐系统对于鲁棒性也是有很高要求的。

4）推荐的评估指标非常重要。对于推荐系统来说，我们在设计研发阶段就应该关注推荐结果的评估体系。所以，搭建工业级推荐系统和搭建推荐评价体系同等重要。当然，这个复杂度也是不言而喻的，因为推荐评价体系往往滞后于推荐结果。而且线上评价和线下评价的效果和作用也是不一样的。

5）工业级推荐系统应该是一个完整的工业级产品。在构建推荐系统时，产品设计及商业业务人员需要加入。所以，工业级推荐系统是数据、技术、算法和产品设计的合力。

未来，推荐系统与AI的结合会越来越紧密。推荐系统已经成为AI赋能的重要场景之一。如何构建一套友好的推荐系统，在技术实现上是一件极具挑战的事情。

9.1.2　推荐系统的常见架构

由于不同的业务需求不同，各个公司可以根据不同的业务场景搭建适合自己的推荐系统架构。推荐系统从诞生到现在已经进入第 3 阶段。前两个阶段相对比较简单，这里不再重点讲述。到了第三个阶段，推荐系统已经不再局限于 PC 端的单一推荐场景，而是扩展到移动端及多场景的推荐。现今，从拼多多、快手、抖音的商品推荐和短视频推荐，再到百度、头条的信息流推荐，推荐系统已经成为一个网站的灵魂，驱动着各种各样的业务。在这一阶段，智能化、工程化、标准化、注重开发效率和成本已成了技术探索的新方向。总体看来，推荐系统的发展是一个从无到有、从有到精的过程，无论工程、算法还是场景业务都有了快速发展。推荐系统也已经成为 AI 典型的应用场景之一。

推荐系统从业务方面来说呈现 4 个趋势。第一，场景更丰富。早期的推荐系统开发门槛和成本很高，一个网站人员集中精力才能维护好一个场景。那时，最经典的场景可能就是主页下方的“猜你喜欢”。到了现在，更多的细分场景都会有推荐需求。在技术层面看，过去一个系统支撑一个场景或者一种模式，或者为了简单，一个架构、一个数据流、一个模型勉强支持多个场景。现在，一个推荐系统需要支持很多场景，而不同的场景有不同的数据流、业务逻辑和模型。另外，早期做推荐系统是一个门槛很高的事情，对工程、算法的要求比较高，且业务逻辑高度定制，很难标准化、低门槛地开发。而现在随着场景越来越丰富，推荐需求旺盛，原来的工作模式力不从心，推荐场景开发需要向灵活化、标准化、规模化方向发展。第二，运营更精细。运营从之前的简单规则，比如置顶、置底、黑白名单过滤向复杂规则转变，通用规则向个性化规则转变；推荐效果好坏不再全是由技术决定，还受到内容物料、规则玩法等的影响。第三，服务更实时。早期推荐模型都是基于历史数据采用离线批量的方式构建。离线特征、离线模型导致系统时效性差，用户实时或近实时行为的影响无法体现在推荐结果中，用户体验差。为了让用户能够更快感受到推荐变化，推荐系统从原来的批量非实时架构向流式实时闭环架构发展，使推荐效果得到了提升。第四，系统更智能化。早期的一些简单算法或者规则被更丰富、更复杂的 AI 算法所替代。

第 4 章已经给出一个常用的推荐架构。下面以电商网站为例，给出一个具体的推荐系统架构，如图 9-1 所示。

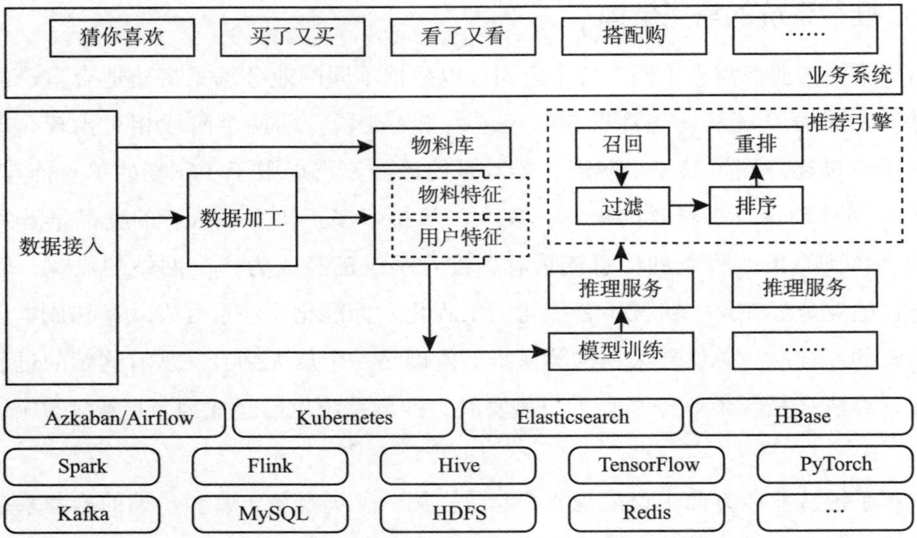

图 9-1 电商推荐系统架构示意图

在图 9-1 中，电商推荐系统的基本架构一般分为 5 个模块。

- 数据流：推荐系统的性能和数据流高度相关，因此在技术层面需要解决数据来源、数据使用、数据加工处理、数据的正确性和时效性等问题。
- 离线模块：涉及数据加工、任务处理、模型生产、指标报表等离线任务，还需要协调这些任务的有序高效执行，并获得正确、有效的结果。
- 在线模块：对外提供实时推荐能力，涉及许多在线处理过程和规则。如何在适应业务快速变化的同时保证系统可用性和性能是至关重要的。
- AI 模块：涉及 AI 模型从生成到提供服务的全生命周期。如何从系统层面支持 AI 模型全生命周期并有机地集成到系统是一个巨大的挑战。
- 基础设施：涉及数据分析、模型、工程生产、产品设计、业务领域知识等，需要许多中间件和基础组件的支持。如何管理和运维基础设施，减少彼此之间的依赖并有效地利用是一个重要任务。

从技术角度来看，一般的推荐系统按照部署方式可以分为离线推荐系统和实时推荐系统。

（1）离线推荐系统

离线推荐工作流，如图 9-2 所示。

图 9-2　离线推荐工作流

离线推荐系统的最大特点是，推荐模型生成的结果可以在模型训练结束后生成并保存在离线介质中。因此，在这种体系结构下，计算的最大开销来自数据处理和模型训练。离线推荐系统的延时来自对推荐结果的获取。总体来说，离线推荐系统易于构建和维护，对数据预处理和模型训练的延时要求较低，对底层架构组件，尤其是数据库的性能要求较高。这种架构适用于对推荐结果的实时性要求不高，但数据规模相对较大的场景。

（2）实时推荐系统

实时推荐工作流如图 9-3 所示。实时推荐系统需要对原始数据进行预处理，然后才能训练模型。与离线推荐系统不同的是，实时推荐系统不需要将推荐结果离线生成并保存在数据库中。通常，它会将模型部署在前端，根据前端的访问数据对模型进行实时评分并生成推荐结果。

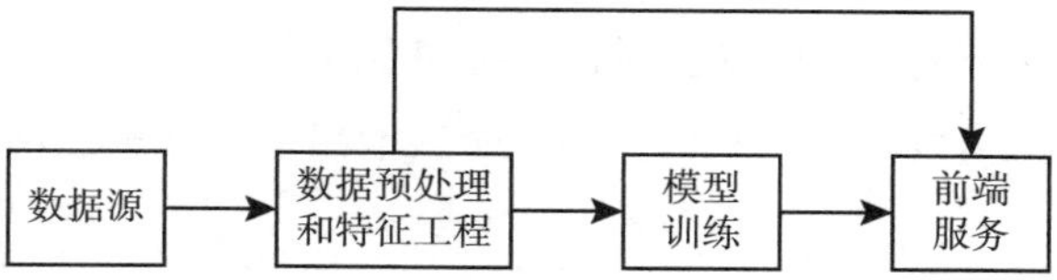

图 9-3　实时推荐工作流

实时推荐系统的主要特点是能更好地捕捉数据，提供多样化的推荐结果，从而提高推荐质量。但是，实时推荐系统在工程实现上比较困难。

在实际工作中，我们常常将两种模式混合起来实现和部署，以满足更多业务场景的实际需求。

9.1.3　工业级基于图神经网络的推荐系统

图计算已经成为业界的一个重要研究方向。其中，图神经网络广泛应用于图的表征学习。与传统的图学习相比，它不仅能够学习图网络的拓扑结构，还能够聚合邻居特征，从而有效地学习到图网络中的信息，对于后续的推荐工作起到关键作用。图在推荐中的应用有知识图谱和表征学习。知识图谱又可以融入推荐系统的召回和排序阶段。GNN 可以应用在很多推荐场景，首先构建网络，例如针对社交、移动支付、电商购物等场景构建网络；其次引入 GNN，获取嵌入；最后应用到更多下游推荐任务，例如推荐召回、缓解推荐冷启动问题、构建用户画像等。

前文介绍了深度神经网络和图神经网络的基本理论知识。接下来，我们将讲述这两者之间的区别。传统神经网络有多层，每一层使用的不同的参数；图神经网络只包含一张图，图中的计算通过多步迭代完成节点间的消息传递和节点状态更新。这种迭代式的计算类似于神经网络的多层，但是迭代中使用的是同一套参数，这一点又像单层的循环神经网络。当然，我们还可以堆叠多个图，下层图向上层图提供输入，让图神经网络有“层”的概念，这样做会增加复杂度。图神经网络中的节点与传统神经网络中的单元不同。图神经网络中的节点是有状态的，一层计算完输出给下一层后，这层单元的生命周期就结束了。节点的状态可表示为一个向量，在下次迭代时更新。此外，我们还可以考虑为边和全局定义状态。在计算图神经网络时，有一个计算框架可以遵循。这个计算框架为初始化每个节点的状态向量，包括各条边和全局状态；计算节点到节点的消息向量，计算节点到节点的（多头）注意力分布，对节点收到的消息进行汇总计算，更新每个节点的状态向量（可以包括各条边和全局状态）。

接下来，我们介绍一个工业级基于图神经网络的推荐系统架构，如图 9-4 所示。

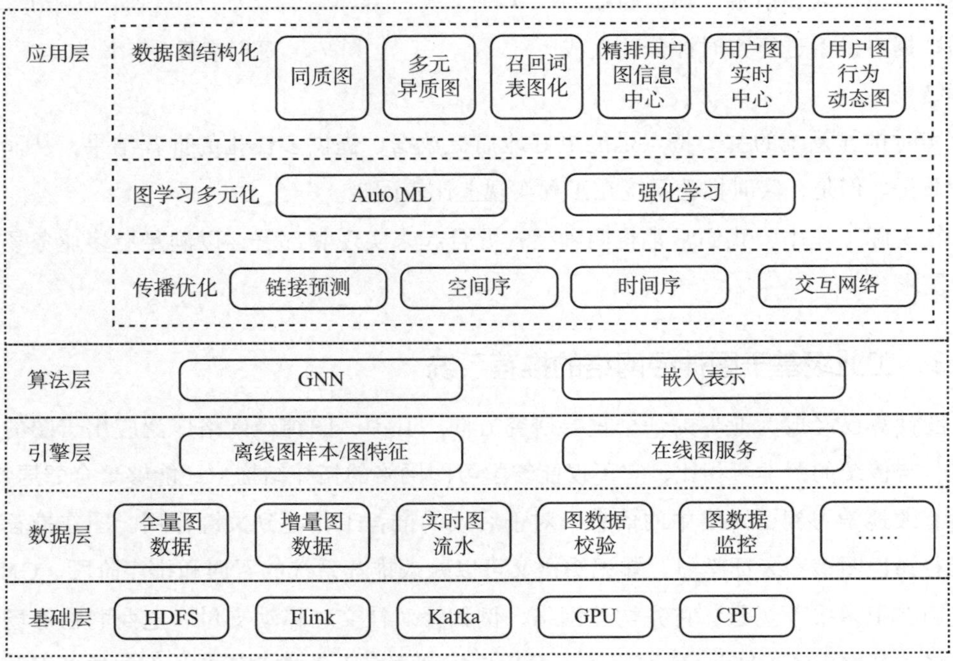

图 9-4 工业级基于图神经网络的推荐系统架构

在工业级图神经网络中，我们可能会面临以下挑战：超大规模的图样本生成和存储问题；图服务及时性问题；训练框架和大规模训练问题；端对端建模和联合训练问题。关于这些挑战，在实际的工程实践中也有一些解决的办法。由于篇幅所限，这里不重点讲解。

9.2 工业级推荐系统问题及解决办法

9.2.1 冷启动问题及解决办法

冷启动对于推荐系统来说是一个巨大的挑战，原因是现有的推荐算法在召回、粗排和精排模块中都不太友好于新用户、新物品。在实践中，这些算法过度依赖系统收集的用户行为数据，而新用户和新物品的数据很少。这导致新物品的展示机会减少，新用户的兴趣也无法准确地建模表示。

对于某些业务，及时推荐新物品，让新物品获得足够的展示，对于平台的生态建设和长期受益来说都非常重要。例如，对于时效性要求很强的新闻资讯，如果不能及时获得展示机会，其价值就会大大降低。自媒体平台如果不能让新发布的内容及时获得足够的展示，就会影响内容创作者的积极性，就会影响未来收纳的高质量内容的数量。相亲交友平台如果不能让新加入的用户获得足够多的关注，就可能不会有源源不断的新用户加入，从而失去活跃性。

解决冷启动问题的常用方法和策略可以总结为 4 个方面。

1）泛化推荐的内容。对新物品进行泛化，在属性或主题上向更宽泛的概念延展。例如，新上架商品可以推荐给以往喜欢同品类的用户，从商品推至品类；新上线短视频可以推荐给关注了该视频作者的用户，从短视频推至作者。还有一种基于内容的推荐，例如，新发布的新闻资讯可以推荐给喜欢同一主题的用户，例如把介绍“梅西和大力神杯”的文章推荐给运动爱好者，从新闻资讯推至运动主题。

当然，为了获得更好的推荐效果，我们有时需要同时利用多个不同的上推概念推荐商品，例如，除了上推至品类，还可以上推至品牌、店铺、款式、颜色等。上推概念有时是新商品天然就具有的，例如商品的各种属性一般在商家发布商品时就填好了；也有些属性并不是本来就有的，例如文章的主题，这篇文章属于军事、体育、美妆等哪个主题是需要算法来挖掘的。

除了在标签或主题上的泛化，利用某种算法得到用户和物品的嵌入向量，通过向量距离、相似度来做用户和物品的匹配也是一种常用的方式。矩阵分解、深度神经网络等都可以生成用户和物品的嵌入向量，但常规的模型构建还需要依赖用户和物品的交互行为数据，并不能很好地泛化到冷启动的用户和物品上。

2）通过快速转化的方法解决。所谓的冷启动物品，就是缺少用户历史交互行为的物品。我们可以快速地收集到用户与新物品的交互行为，并在推荐系统中加以利用。常规的推荐模型和数据更新都是以天为单位，基于实时处理的系统可以做到分钟级、甚至秒级的数据及模型更新。这类方法通常是基于强化学习和多臂赌博机类的算法。这种方法的思路是通过加速冷数据的转化来解决冷启动问题。

3）从成型的数据中学习到建模的方法。迁移学习是一种通过调用不同场景中的数据来建模的方法，可以将知识从源域迁移到目标域。例如，新开了某个业务，只有少量样本，需要用其他场景的数据来建模，此时其他场景为源域，新业务场景为目标域。又例如，有些跨境电商平台在不同国家有不同的站点，有些站点是新开的，只有很少的用户行为数据，这时可以用在比较成熟的其他国家的站点的用户行为数据来训练模型，并用当前国家站点的少量样本做微调。在使用迁移学习技术时，我们要注意的是源域与目标域需要具有一定的相关性。

4）通过少样本学习方式。顾名思义，少样本学习技术是只使用少量监督数据训练模型。一种典型的少样本学习方法是元学习。

以上 4 种方式中，最简单且应用最广泛的解决方法是第一种，后三种方法通常比较复杂。在选择具体的解决方法时，我们需要考虑各个方法的性价比。

9.2.2 模型问题及解决办法

关于推荐，最有吸引力并吸引更多高层次的工程和技术人员研究的是和模型相关的问题。涉及模型的问题主要包含以下几方面。

1）模型的选择问题。模型的选择是指在推荐算法实现的各个阶段如何选择模型。在深度学习爆发之前，从业者缺乏对浅层机器学习主导的工业界技术史的了解。而这一历史对今天的工业级深度学习研究人员在遇到瓶颈时有着极大的参考价值。

与如今流派纷繁多样、技术创新不断的局面截然不同，早期 LR、GBDT、SVM、CF

等模型几乎统治了整个工业界。能够讲明白 GBDT 的原理、能手推 SVM 优化、会 MPI 并行开发的已经是一流的高手；如果有幸在大型互联网公司工作过、懂得大规模分布式 LR 模型的调优和并行训练、对大规模特征工程有经验更是各大公司争抢的顶端人才。

站在今天来看，那是一片贫瘠的技术荒原，时间大致在 2005 到 2015 年。尤其是 2010 年之后的 5 年，谷歌和百度是绝对的技术统治者。工业界相关的论文更是凤毛麟角。当时技术的主流路线是：不停改进线性回归模型的分布式算法以提高训练速度，不停地堆叠特征、人工交叉组合以提高模型精度。算法工程师很大一部分工作是围绕着特征工程构建工具、试验特征离散化方案、调整参数、评估模型。

然而，用工程的解法来提升算法精度，明显是有天花板的。因此有人把目光转向了非线性模型。这时出现了两个流派：通过前置的非线性模型结合 LR 自动执行特征工程，例如 GBDT+LR 方案、PLSA+LR 方案等；后来深度学习的先驱者，他们使用的方案是端到端训练大规模非线性模型。

深度学习出现之后又分为两个阶段：第一阶段是试水阶段，第二阶段是深水区阶段。在前一个阶段，研究人员也在不停地尝试和迭代，到了后一个阶段，深度学习模型更加成熟，尤其是双塔模型的出现，带动了深度学习应用的深度。所以，各种模型层出不穷，出现的大量文章都是围绕深度学习模型进行优化和延伸的。此时，选择合适的模型成为关键所在。

2）模型的训练问题。在训练模型时，我们需要考虑一些问题：首先，编排的服务资源是否支持当前模型训练？选择云原生方式训练、部署，还是选择自建服务集群方式？训练是否能够加快速度？如果模型参数多，如何实现部署？

为了支持推荐场景下千亿特征模型的在线训练和实时预估，推荐团队可以构建有效的平台和工程服务。对于在线预估服务的参数服务器，我们可提供有针对性的训练框架和线上工程服务。在推荐模型在线学习中，存储嵌入的参数服务器需要精准地控制内存的使用，提高训练和预估效率。为了解决这些问题，我们可以在工程上设计一个合理的技术方案。

一个公司的推荐系统的高度取决于该公司平台化建设是否完备以及工程师的基本素养。

3）模型的优化问题。模型优化问题是一个过程性问题。为什么说它是一个过程性问题？理论上讲，每个模型在使用过程中都可以进行优化，优化的方向以模型的最终预测效果为基准。模型效果评估也是一个需要关注的问题。总体来说，模型优化与工程师的经验有关。

模型优化问题归根结底也是一个与人专业素质相关的问题，即工程师的专业素质基本上决定了模型优化的方向。至于模型评估和部署上线，也基本上取决于人的专业素质。而面对复杂的系统，我们应该使用科学的工程理论。对于推荐系统中的模型优化问题，解决思路更多还是要从工程角度考虑。

9.3 工业级推荐系统增长方案

工业级推荐系统已经成为影响电子商务网站用户体验的基石。对于拥有用户超百万，商品过千万的跨境电商网站来说，个性化推荐无疑是一种高效的转化方法。跨境电商网站用户可以产生大量交互行为，包括浏览、喜欢、收藏、购买等。我们可以基于业务场景利用这些行为数据构建一套完备的推荐系统。

9.3.1 召回

在推荐系统中，召回的作用不言而喻。匹配是衡量用户对物品兴趣的过程，也是推荐召回中最重要的工作内容。在机器学习中，匹配是通过输入表示和标记数据学习一个匹配函数的过程。随着海量数据、强大的计算资源和先进的深度学习技术的出现，深度学习匹配成为搜索和推荐的前沿技术。深度学习方法成功的关键在于其强大的表示学习能力以及匹配模式的泛化能力。

用于匹配的深度学习简称为深度匹配，已经成为搜索和推荐领域的先进技术。与传统的机器学习相比，深度学习通过 3 种方式提高了匹配精度。

1）使用深度神经网络为对象（即文档、用户和物品）的匹配构建更丰富的表示。

2）使用深度学习算法构建更强大的匹配函数。

3）以端到端的方式联合学习表示和匹配。

深度匹配方法的另一个优点在于可以灵活地扩展到多模态匹配，可以学习公共语义空间以普遍表示不同模态的数据。

在推荐系统中，深度召回分为两大类：表示学习类方法和匹配函数类方法，如图 9-5 和 9-6 所示。总体上，表示学习类深度召回模型根据输入数据的形式和数据属性又可以分为无序交互行为类、序列化交互行为类、多模态内容类和连接图类。匹配函数学类深度召回模型包括双路匹配类和多路匹配类。

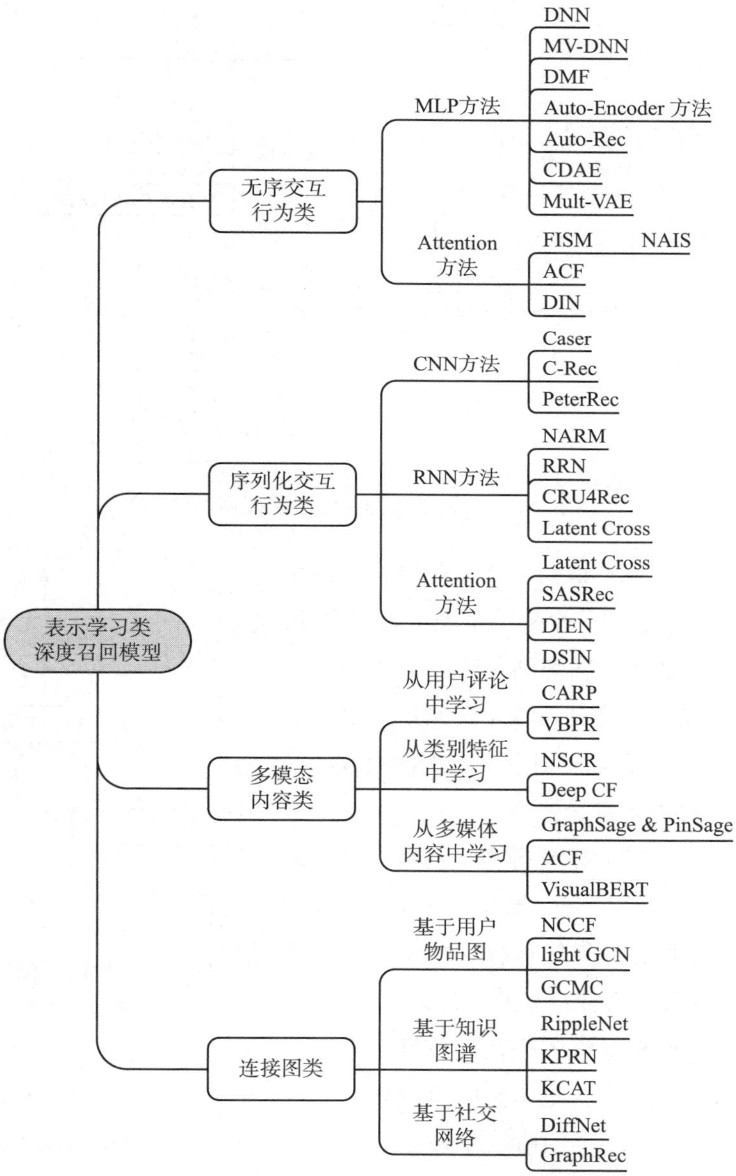

图 9-5　表示学习类深度召回模型举例

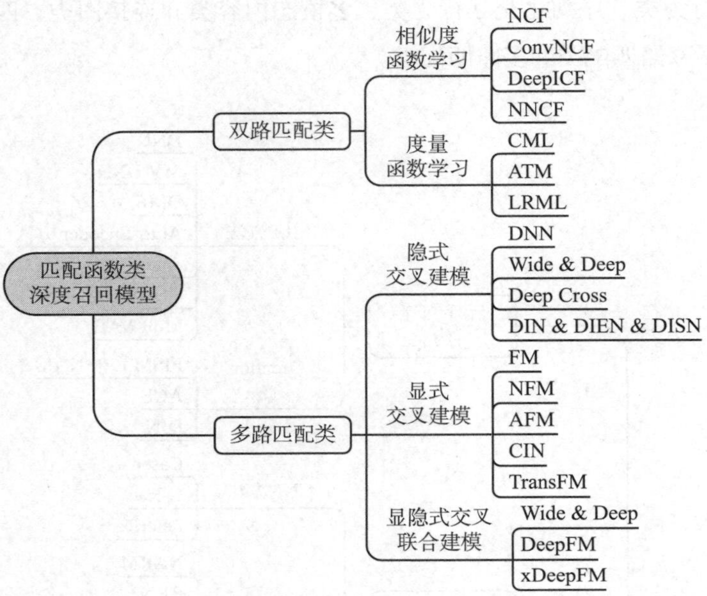

图 9-6　匹配函数类深度召回模型举例

匹配也有一个一般性框架。该匹配框架将两个匹配对象作为输入，输出一个数值来表示匹配程度，如图 9-7 所示。该框架在底部和顶部有输入层和输出层。输入层和输出层之间有 3 个连续层。输入层接收两个匹配对象，可以是词嵌入、ID 向量或特征向量。表示层将输入向量转换为分布式表示。这里可以使用 MLP、CNN 和 RNN 等神经网络，具体取决于输入的类型和性质。交互层比较匹配对象（即两个分布式表示）并输出多个（局部或全局）匹配信号。矩阵和张量可用于存储信号及其位置。

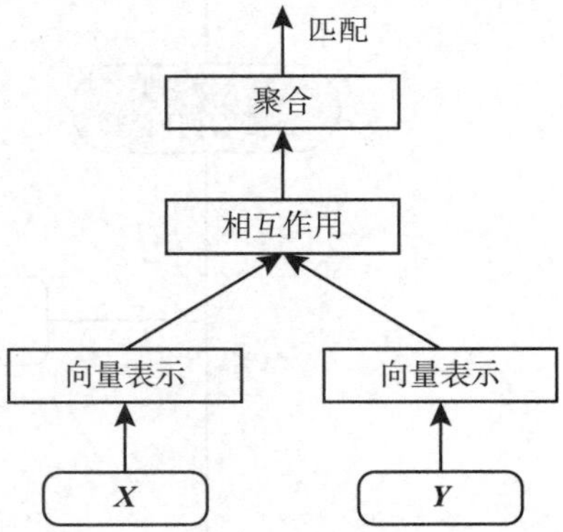

图 9-7　一种用于深度匹配的通用神经网络架构

在图 9-7 中，聚合层将各个匹配信号聚合成一个高级匹配向量。该层通常采用深度神经网络中的池化和级联等操作。输出层输出匹配分数，可以使用线性模型、MLP、神经张量网络（NTN）或其他神经网络。目前，针对搜索中的查询 – 文档匹配和推荐中的用户 – 物品匹配开发的神经网络架构都可以抽象成这个框架。

9.3.2 排序

通俗来说，召回就是找到用户可能喜欢的几百个物品，排序则是利用机器学习方法对这几百个物品进行排序。用户对每个物品的偏好程度一般使用点击率衡量。排序最常用的方法是单文档法。关于排序学习及其分类详见《智能搜索推荐系统》，本章不再赘述。

推荐系统最常用的是二元分类单文档法，这是因为二元分类单文档法复杂度通常比文档对方法和文档列表方法要低，而且可以借助用户的点击反馈自然地完成正负样例的标注。而文档对方法和文档列表方法需要更高的标注成本。将排序问题转换成分类问题意味着机器学习中常用的分类方法，例如 LR、GBDT、SVM 等都可以直接用来解决排序问题，甚至包括结合深度学习的很多推荐排序模型都属于单文档法的范畴。

在实际工程实践中，我们也总结了很多经验，这些经验和业务场景紧密相关。本章只给出一个电商精排模型演进图作为参考，如图 9-8 所示。而这个演进是持续不断的。

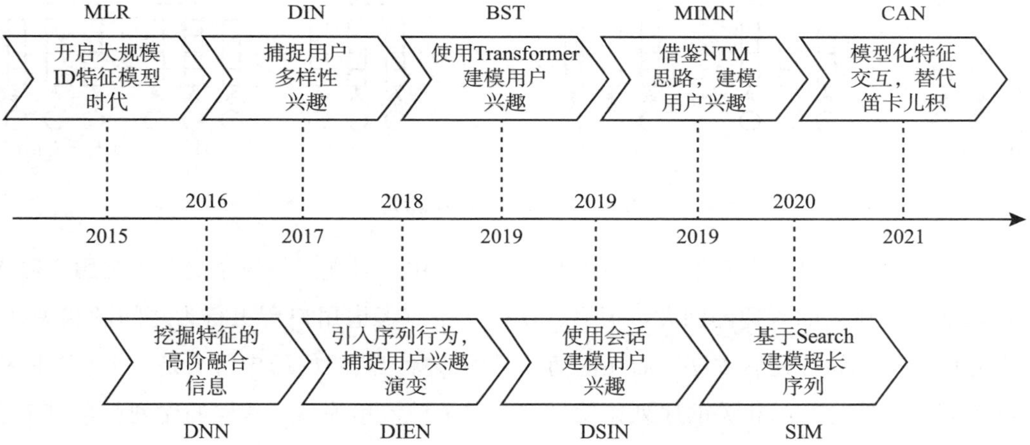

图 9-8　电商精排模型演进示意图

在 2017 年，DIN 模型被提出，其通过注意力机制学习用户的兴趣。DIN 模型示意图如图 9-9 所示。在 CTR 预估场景中，最重要的是能够准确表达用户兴趣。DIN 模型旨在精准刻画用户兴趣。在 DIN 之前，对于用户兴趣的表达是直接将所有历史点击相加，这导致所有历史行为都没有得到区分，而实际上用户当前的兴趣应该只与历史上某些行为有关。

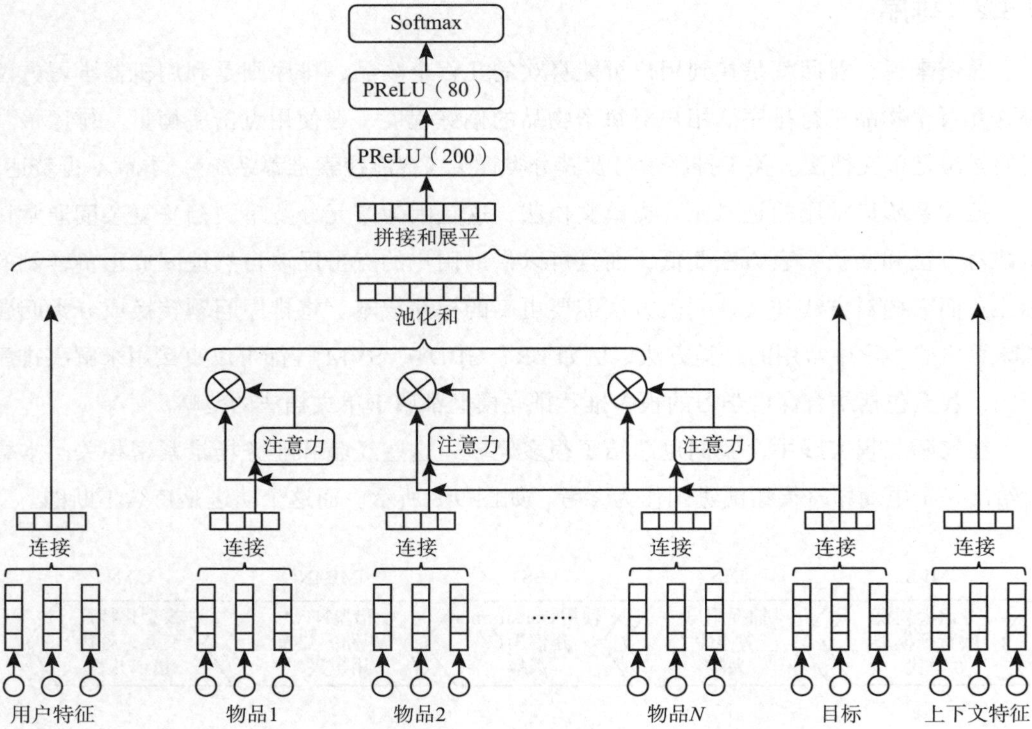

图 9-9 DIN 模型示意图

DIN 的成功主要在于基于注意力机制动态刻画用户兴趣，解决了之前 k 维用户嵌入只能表达 k 个独立的兴趣的问题。但是，DIN 并没有考虑用户历史行为之间的相关性，也没考虑行为之间的先后顺序。而在电商场景中，特定用户的历史行为是一个有时间排序的序列，既然是时间相关的序列，就一定存在某种依赖关系。这样的序列信息对于推荐无疑是有价值的。但是在 DIN 模型中，这种序列信息并没有得到利用。

比如在电商场景，用户的兴趣迁移非常快，一个用户在上周挑选了耳机，这位用户上周的行为序列都会集中在耳机这个品类的商品上，但在他完成购买后，本周他的购物兴趣可能变成一套篮球服。

序列信息的重要性在于它加强了用户最近行为对下次行为的影响。比如在上面的例子中，用户近期购买篮球服的概率明显会高于买笔记本的概率。此外，序列模型能够学习到购买趋势信息。在上面的例子中，序列模型能够在一定程度上建立笔记本到篮球服的转移概率。如果这个转移概率在全局统计上足够高，那么用户在购买笔记本时，推荐篮球服也是合理的。直观上，购买笔记本和购买篮球服的用户群体很可能是一致的。

如果摒弃了序列信息，那么模型学习时间和趋势这类信息的能力就会变弱，推荐模型就只能基于用户所有购买历史综合推荐，而不是针对“下一次购买”推荐。DIEN 的提出就是为了解决前面 DIN 没有考虑序列信息的问题。DIEN 模型示意图如图 9-10 所示

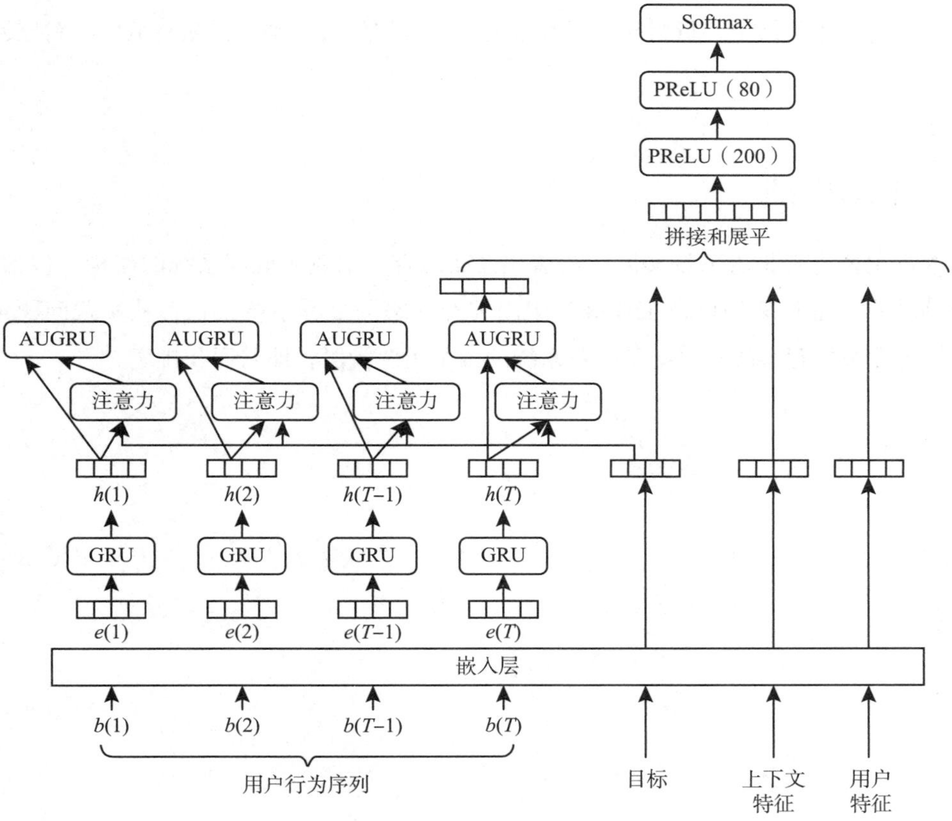

图 9-10　DIEN 模型示意图

DIEN 模型和图 9-9 中 DIN 模型架构相似，输入特征分别经过嵌入层、兴趣表达层、MLP 层、输出层，最终得到 CTR 预估。两者的区别在于兴趣表达不同，DIEN 模型的创新在于构建了兴趣进化网络。

DIEN 的兴趣进化网络分为 3 层，分别是行为序列层、兴趣抽取层和兴趣演化层。每层的作用总结如下。

- 行为序列层：主要作用是将原始的用户行为序列转换为嵌入向量。
- 兴趣抽取层：主要作用是通过序列模型模拟用户兴趣迁移，从而抽取用户兴趣。
- 兴趣演化层：主要作用是在兴趣抽取层的基础上加入注意力机制，模拟与目标广告相关的兴趣演化过程。兴趣演化层是 DIEN 最重要的模块，也是最主要的创新点。

在兴趣进化网络中，行为序列层和普通的嵌入层没有区别，只是将 ID 类特征转化为嵌入。

9.4 本章小结

本章主要讲解推荐系统实践，覆盖 3 方面内容：工业级推荐系统的架构，包括推荐系统的特点、常见架构以及工业级基于图神经网络的推荐系统架构；从实践问题角度，讲解了工业级推荐系统；总结了推荐系统的两个重要阶段，即召回和排序。

推 荐 阅 读

深入浅出图神经网络
GNN原理解析
Learning Graph Neural Network

图数据库
原理、架构与应用
The Essential Criteria of Graph Database

知识图谱实战
构建方法与行业应用
Knowledge Graph in Action

异质图表示学习与应用
HETEROGENEOUS GRAPH REPRESENTATION LEARNING AND APPLICATIONS
Heterogeneous Graph Representation Learning and Applications

业务驱动的
推荐系统
方法与实践
Business-driven Recommendation Systems
Methods and Practices
付聪 著

计算机科学丛书
原书第2版
推荐系统
技术、评估及高效算法
Recommender Systems Handbook
Second Edition
Recommender Systems Handbook

智能搜索和推荐系统
原理、算法与应用

构建企业级
推荐系统
算法、工程实现与案例分析
Building Enterprise Recommendation System

Elasticsearch
搜索引擎构建入门与实战
高印会 编著
Elasticsearch

推荐阅读

ChatGPT
原理与实战
大型语言模型的算法、技术和私有化

ChatGPT
驱动软件开发
AI在软件研发全流程中的革新与实践

深入浅出
Embedding
原理解析与应用实践
Embedding
Inside Out
Principle Analysis
and Application Practice

Reinforcement Learning
Theory and Python Implementation
强化学习
原理与Python实战

Python强化学习
算法、核心技术与行业应用
Mastering Reinforcement Learning with Python

我在摩根的
收益预测法
用Excel高效建模和预测业务利润

基于NLP的
内容理解

内容理解
技术、算法与实践
CONTENT
UNDERSTANDING
TECHNOLOGY
ALGORITHMS AND PRACTICE

MLOps
工程实践
工具、技术与企业级应用
MLOps Engineering Practices
Tools, Technologies and Enterprise Applications